大河向上

——从太河水库到淄博水脉的高燃刻度

◎蒋新 著

中国水利水电出版社
www.waterpub.com.cn
·北京·

内 容 提 要

面对鲁中一座大型水库和越来越科学的城市水网，作者以流畅的笔调，抒写了从中华人民共和国成立到当下的淄博水利事业。从引水上山、水渠建设宕开笔墨，写为什么用三十年修建一座水库的前因后果。故事生动，情节跌宕起伏，人物特色鲜明。为摆脱山区缺水的穷困日子，改变山河旧貌，一代代人用最原始的工具，在大山里艰苦创业、不怕牺牲，坚持奋斗底色，赓续红色血脉，终于改变了贫穷面貌，实现了山乡巨变。

近年来，淄博水利建设与改革开放同步，推进新质生产力发展，生态环境发生深刻变化，使一个缺水严重的工业城市实现了“水润天蓝”的梦想。该作品坚持历史真实性，叙写多样性，报告与文学交相辉映，融入着作者对上善若水、水润万物的一些哲理思考，阅读能够给人带来启迪作用。

图书在版编目（CIP）数据

大河向上 ：从太河水库到淄博水脉的高燃刻度 / 蒋新著. -- 北京 ：中国水利水电出版社，2024. 10.
ISBN 978-7-5226-2752-6

Ⅰ. I25

中国国家版本馆CIP数据核字第2024LT5861号

书　　名	**大河向上——从太河水库到淄博水脉的高燃刻度** DAHE XIANGSHANG——CONG TAIHE SHUIKU DAO ZIBO SHUIMAI DE GAORAN KEDU
作　　者	蒋　新　著
出版发行	中国水利水电出版社 （北京市海淀区玉渊潭南路1号D座　100038） 网址：www. waterpub. com. cn E-mail：sales@mwr. gov. cn 电话：（010）68545888（营销中心）
经　　售	北京科水图书销售有限公司 电话：（010）68545874、63202643 全国各地新华书店和相关出版物销售网点
排　　版	中国水利水电出版社微机排版中心
印　　刷	天津嘉恒印务有限公司
规　　格	170mm×240mm　16开　20.5印张　312千字　4插页
版　　次	2024年10月第1版　2024年10月第1次印刷
定　　价	**89.00**元

淄川峨庄赛龙水渠遗址

淄博驯淄工程纪念

山区乡村

ZIBO RIBAO

腰斩淄河 擒锁蛟龙 大力改变自然面貌

我市大型水利工程

金鸡山水库动工兴建

1960 年太河水库兴建报道

毛主席语录

水利是农业的命脉。

淄博日報

愚公移山 改造中国

在伟大领袖毛主席「备战、备荒、为人民」七字方針鼓舞下

我市八千民兵会战太河水库干劲冲天

在毛主席「以农业为基础、工业为主导」的战略方针指引下

各行各业大力支援太河水库大会战

太河水库会战报道

太河水库万人誓师大会

建设者劈山凿石

太河水库上的“娘子军”

工地上文艺演出

开挖溢洪道

黑旺沟水渠

驻军部队参加水库建设

工地上的“泰山车”

总干渠放水了！

工地女石匠

仍在使用的桐古渡槽

大口头村遗址与移民石碑

万米山洞出水口

“引太入张”奠基仪式

杨寨座谈会

序

水利远行的力量

于亦恩

在中华人民共和国成立 75 周年前夕，我看到了《大河向上——从太河水库到淄博水脉的高燃刻度》这部反映淄博水利建设及发展历程的书稿。作品虽然主要聚焦以太河水库为代表的淄博水利工程建设往事和当下的水利工作，但折射出了淄博水利在防汛抗旱、城乡供水、生态修复、工农业生产、人民生活及生态文明建设中所作出的重要贡献。

水是生命之源、生产之要、生态之基，是不可或缺与不可替代的基础性自然资源和战略性经济资源，是生态环境的控制性要素，更是经济社会发展的命脉所在。淄博十年九旱、旱涝急转，是全国 110 座严重缺水城市之一，又是全国 80 座重点防洪城市之一，水利在全市经济社会发展中具有举足轻重的地位和作用。

治水与管水，历来就是水利的主责和主业。

回望中华上下五千年的历史，可谓是一部宏大的治水史。从大禹治水到李冰父子修建都江堰，从大运河再到今天星罗棋布的水库湖泊和伟大的三峡大坝、南水北调工程，无不书写着历代治水管水的卓越功绩和巨大成就。

淄博发展史与治水兴业史一直息息相关。

齐国故都（现淄博市临淄区）现今留存着春秋时期的治水用水遗迹——古排水道口；桓台县马踏湖至今流传着齐桓公会盟诸侯的传说；跌宕起伏、纵贯淄博5个区县和3个功能区的长长孝妇河，不但流淌着孝女颜文姜的感人故事，也孕育出范仲淹、蒲松龄、王渔洋、孙廷铨、赵执信等许多历代齐文化的代表人物。淄博东部由南向北的淄河流域，不仅藏有龙山文化、大汶口文化的炊烟陶器，还是一条红色文化传承的生态文化旅游带。这里是抗战时期的著名的马鞍山战斗、太河惨案的发生地，以及淄河流域抗日联军办事处的所在地。

淄博水利史与淄博发展史同样密不可分。

淄博对河流、湖泊、水系、灌区的治理，始于新中国的成立。20世纪50年代以来的70多年间，淄博人民在党中央和省委省政府、市委市政府的领导下，勠力兴修水利，先后修建起大型水库2座，中型水库5座，小型水库157座，大中型灌区19个，设计灌溉面积136万亩，在防洪减灾、供水保障、农田灌溉、生态建设等方面发挥了重要作用。

淄河流域的太河水库始建于20世纪60年代，前后花费了30年时间，是淄博市用时最长、用人最多、治理流域最广的一项国家大型水利工程。广大建设者克服经济薄弱、资源匮乏、技术落后、自然灾害等困难，用激情、用热血、用汗水、用志气、用智慧，用艰苦奋斗和坚韧不屈的精神，用简易的劳动工具和朴素的劳动智慧，修建起了淄博市最大的水库，凿成了堪称当时亚洲最长的一干渠万米山洞，架起了被称作山东第一的桐古渡槽……进入新世纪，太河水库的功能也在发生着变化，特别是2008年建设的“引太入张”供水工程，让中心城区人民喝上了优质的太河水，太河水库成为淄博市最重要的地表生活饮用水水源地。

回望太河水库建设历史，既给后人留下了一座越来越重要的“城市水仓”，也有珍贵的精神遗产，即艰苦奋斗、敢教日月换新天的精神！淄博人民勇毅向前的拼搏，追求胜利和自强不息的斗志，这些已与中华民族的优秀传统、红色文化基因融为一体，以淄博艰苦创业的群体代表，雕刻为河湖水系中的恒久雕像。

近年来，淄博水利局认真践行习近平总书记“节水优先、空间均衡、系统治理、两手发力”治水思路，大力发扬“忠诚、干净、担当，科学、求实、创新”的水利精神，深入落实河长制、湖长制，持续推进骨干河道全流域治理、城乡供水基础设施建设和水旱灾害防御重点工程建设，在完成小清河、孝妇河、淄河防洪治理提升工程的基础上，聚力实施“八水统筹，水润淄博”水资源保护利用行动、“现代水网”建设及孝妇河生态修复工程，建成了孝妇河、马踏湖、文昌湖等一批美丽幸福河湖，全市河湖水系面貌发生了巨大变化，大大提升了人民群众的幸福感、获得感和满意度。

作者蒋新先生系中国作协会员，山东省资深作家，他用数年时间，克服疫情困难，沿着相关线索深入采访，翻阅大量历史资料，创作了这部作品，填补了淄博水利文化建设领域没有文学作品的空白。希望更多的作家关注淄博水利事业，用更多的笔墨反映淄博水利的人和事，创作出更多贴近生活贴近实际的好作品，讲好淄博水利故事。

“问渠哪得清如许，为有源头活水来”。站在中国式现代化建设新的历史起点上，一代又一代淄博水利人不忘初心、牢记使命，秉承传统、继往开来，踔厉奋发、勇毅前行，定当以治水管水、兴水惠民的新业绩，追寻水利先辈的光辉足迹，开创水利现代化建设新局面，共建人水和谐、河湖璀璨的美好未来。

是为序。

2024 年 7 月 10 日

（作者系淄博市水利局党组书记、局长）

在我们五千多年中华文明史中，一些地方几度繁华，几度衰弱。历史上很多兴和衰都是连着发生的。要想国泰民安，岁稔年丰，必须善于治水。

——摘自习近平 2021 年 5 月 14 日在河南调研南水北调座谈会上的讲话

小引

大河奔流的姿态，正是昂奋向上的写照。

山东省淄博市的水脉治理，伴随着新中国发展的脚步不断前行。位于该市东南部的淄河流域及其坐落于此的太河水库，是齐鲁水脉上的一颗璀璨明珠。

水库从抡起第一锤、开挖第一锨土开始，到全面完成工程设计和两次强坝健体，整整花了30年时间。党的十八大以后，大力推进生态文明建设，加强环境保护和河湖治理，如今水库上下天接地阔，气势恢宏，环境优美怡人，成为山水相依的旅游打卡地和爱国主义教育基地。

淄博两大主要水脉孝妇河和淄河，在20世纪50年代初就留下了治理改造的痕迹。在两河之上兴建周村萌山水库和博山石马水库之时，太河水库也于1960年2月动工修建。前后有10万人在寂静偏僻的大山里劳作，用原始的大锤、铁锹、钢钎和独轮车等劳动工具，劈山、炸石、推土、修坝、挖洞、筑渠，像雕刻一枚精致硕大的工艺品，一茬人接着一茬人在山坳里挥汗打拼，甚至流血牺牲，在蓝天下绘制淄博亘古未有的“两库相连”“三河相通”和“东水西调”（两库相连：指位于淄博市淄川区东部的太河水库与位于周村区的萌山水库连接起来，两库相距80余里。三河相通：指淄博境内的淄河、孝妇河与范阳河水脉相互贯通。东水西调：指把淄川东部的淄河水调往淄川中西部和周村山区的枯水地域。）的治水大梦。

这座镶嵌在大山间的水库，以及蜿蜒到张店、淄川、临淄三区的水渠和“引太入张”管线，现在不仅继续发挥供水、灌溉、防洪、发电等相关功能，创造经济效益，保障人民生命财产安全，更成为淄博人离不开的一座城市水仓。

“高峡出平湖”。这项前无古人的大型水利工程，是在中国共产党坚强领导下，淄博人民用血汗书写在齐鲁大地上的一部自力更生、艰苦奋斗的创业史；是一座奋发图强、改造山河、勇于摆脱贫穷、治水致富的立体雕像和“淄博红旗渠”；是一幅凝结人民智慧，各行各业团结协作，一不怕苦，二不怕死，敢于拼搏和敢于胜利的壮美画卷；是对“幸福是奋斗出来的”的生动诠释。

淄博水利人秉持历史赋予的优秀文化传统，铭记使命，艰苦创业，勠力前行，不断改革创新、推动水利事业蓬勃发展。河湖、水库、池井、塘坝，抑或小溪在他们手上，旧貌换新颜，不但满足了人们和社会用水需求，还用水的妩媚装点着乡村和城市。

水是一座平铺的大写丰碑！

谨以此书献给新时代，献给中华人民共和国成立75周年，献给为淄博水利建设、河湖流域治理和全市水脉管理付出青春、心血、汗水、乃至生命的淄博人民。

目录

第一章　治水：没有休止符

2020 年 1 月 20 日，农历腊月二十六，大寒。是己亥年二十四节气里的最后一个节气，也是淄博市桐古村春节前最后一个大集，俗称年集。年集比以往人更多、货更丰，气象更加灿烂。熙熙攘攘、摩肩接踵的人群，将宽阔的马路挤得密不通风，也没有了冰冷的寒意。割肉的、买菜的、写春联的，摆地摊吆喝卖年糕、水果和点心的，相互交流做菜经验的，手里提着鲜鱼与活鸡的，还有作揖提前拜年的，都在这条长长的马路上汇集着、流动着，一派过年的热闹景象。

桐古村位于淄川区太河镇，是淄博市最东面的一个大村和古村，环村皆山，与潍坊青州市土接着土，村连着村。

此刻，我慢慢穿过热闹集市，驻留在太河水库大坝上。我是来看水的。

时在腊月，水库里的水位已经降低许多，水面上似乎也没有深冬的寒意。水在风的作用下，迭出层层涟漪，吹向目不能及的远处。没有千里冰封的北国风光和冬日姿色，当然有些遗憾。望着荡击大坝的水波和一望无际的蓝色库面，那句“为有源头活水来”的老话也像赶集的人，顺着风跑了过来。

活着，对生命特别是动物类生命而言，似乎是件不太复杂的事儿。无论寒冬还是暖冬，酷暑还是爽夏，只要空气、阳光、水与食物这 4 种物质得以保证，没有骇人的瘴气、病毒、疫情、战争等天灾人祸的干扰侵袭，倔强顽强的生命体就能够在地球上自由呼吸、依性成长、自然生息繁衍。

摩肩接踵的桐古大集便是身边的明证。水库里没有结冰的水也是明证——水为生命而生，为生命的美好延续而来。

水声鼓荡敲击着属于自己的音乐，把鼓荡的阵阵声浪释放在辽阔空间。

1. 水——演奏生命的乐章

人或者动物，维持和强大生命，离不开阳光、空气、食物和水。

食物获取是人类或者动物必须做的一件事情。无论东方的女娲，还是西方的亚当夏娃，他们在制造地球生命的时候，都想到了，不能让生命，尤其直立行走的人太安逸，必须让他们或者它们动起来、干起来才行。或走或跑或游，或上树或爬山或入海，总之要干些自食其力的事儿，通过干活来实现延长生命和颐养天年。

历史是一抔土和一碗水。在人类史的伟大演进中，人类沿着漫长的路，由洞穴到平川，告别旧石器；由采摘果实到打磨石器猎取食物，走进人类快速进步的新石器时代。1964 年北京“东胡林人”的遗址发现，改写了“新石器时代起源于西亚”的论断，让我们看到万年前的“东胡林人”已经在用石器来改变自己的生活。这种顽强和不屈不挠改变形态的重要标志，离不开一种姿势和动作，那就是有意识地去劳动去“干活”。

“干活”这个十分普通的词组很有哲学意味，高度浓缩着女娲创造人类的质朴思想——只有干，才能活；要想活，必须干。干起来，动起来才有饭吃。于是人类有了劳动，有了活动，有了行动，有了运动，有了生命演化的无穷生动，有了天道酬勤的生命流动。

翻阅厚厚的典籍，可以看到穿越历史的生命线索。寻找野果、打磨石器、钻木取火、狩猎抓鱼，到铸造青铜、开垦荒野、垒砌草房、养蚕畜鸡、种麻织布、炙肉烧烤、做酱调料等，无不因了一个“干”字而完成。从遥远的冰川时期到上古时代，从栖身的山洞到平原，从旧石器到新石器，从三皇五帝到唐宋元明清，人与社会的几万万年的演变与进步、淘汰与创新、失败与胜利，无不是在“谋食”中选择、推进和发展。“民以食为天”是对这个漫长过程的精准概括和最好总结。

现在人们依然在为“食”的吃与喝上用力量。用智慧和科技手段改变、博弈、探求身边的一切可能，只是“吃”的内容、品种、样式、方法不断被颠覆，发生了革命性的改变。

在吃喝的内容中，无论古今都离不开水。

水比食物的获取相对要省力和省心。河水、泉水、湖水，甚至雨水、雪水，以及井水等，只要里面不掺杂危及生命的细菌、病毒，大都能够举手可得，满足生命的需要。但是，水与食物的最大区别在于，人类的大多数食物，尤其植物类食物，不管是挂在枝子上、秧子上，还是藏于地下或者沙漠石缝里，只要成长挂果结穗，没有外力往往不会自己跑掉，至多掉在树下或者秧下。水则不一样。少了，容易被火热的太阳蒸干，造成干旱；多了，就会骄傲自满，肆无忌惮地咆哮，像脱缰的野马四处奔跑胡窜，形成骇人的洪水。

大旱与大涝，对陆地上的所有生命体来说，都是灾害和灾难。人们渴望和祈盼“风调雨顺”。北京的“祈年殿”就是古代皇帝为祈求风调雨顺而修建的。

最早的陆地生命，包括人的祖先，对水的本能反应大概只有一个选项：适应。没有水了，就四处迁徙，寻找养育生命的水源，或者去找能够依水而居的地方；水多了“发脾气”了，就躲到不被大水冲刷淹没的高地或山洞，避其汹涌的锋芒。我想到了长江三峡两岸高山上的人家，“适者生存”成为那个漫长远古时期的真实写照。

人，是地球上最聪明的生命。终于有一天，脑际产生了革命性的飞跃——不能再“随波逐流”，让水牵着人的鼻子走；不能再让肆无忌惮的江河大水任意冲荡生命的部落，淹没采摘或猎取到的食物，掠走辛苦饲养的家畜与飞禽。

“治水”由此作为一个词汇，一种壮举，在人类历史上翻开崭新篇章。

治水求生养命，应该是人类生命的一次耀眼大觉醒。

究竟是谁在哪个地方首开治水先河，历史上没有明确记载。中国治水的历史，相传是开始于“舜时代”的大禹父子。

他们作为早期的治水英雄，千百年来这个妇孺皆知的故事结构没有任何变化，都在说那个叫鲧的部落领袖，按照舜的旨意，曾经带领众人治水。

治水很辛苦，鲧采用“堵塞”之法，结果事倍功半，收效甚微。其子禹以肩负起鲧治水未果的重任，认真总结治水经验和教训，不仅去堵塞，还增加了“疏通”之法，于是事半功倍，取得了极大的成功。

事倍功半与事半功倍，一法之间彰显高下。

“大禹治水 13 年，三过家门而不入”的传说，跳出文献记载在民间流传。在上下五千年的历史长河中，还有谁的作为能像大禹那样，以一句凝练的话语，让他的生命与功绩让后人铭记和流传？

超越有字碑文的最好纪念就是老百姓的口碑。

我以为，在鲧禹父子治水之前，肯定有更早的祖先在用生命探索治水、用水的方法，只是他们的付出没有文字记载也没有流传下来。

鲧禹治水的时代，大约是公元前 22 世纪到公元前 21 世纪前后，距今不到五千年。五千年对人类和华夏民族而言，真的只是宇宙长河中的一小段。美国著名演化生物学家、生理学家、生物地理学家贾雷德·戴蒙德在《枪炮、病菌与钢铁》一书中说：“有化石证明，五十多万年前，中国便已有人类存在了。”还说：“中国由西向东的大河（黄河、长江），方便了沿海地区与内陆之间作物和技术的传播。”

五十多万年是个什么概念？我们想象不出来，只能在有文字出现的记载和传播里，去寻觅治水、导水、借水、用水的故事。沿着上面的简单陈述，上古神话《山海经》里，似乎都隐藏着这些生命的秘密，上苍让人类生存、成长、茁壮和繁衍，给人类留了一半静，也留了一半动。动的这部分，恰恰激发人类迅速觉醒，不断向文明高地持续进军。

水，伴随着人类文明的觉醒，用川流不息的飞浪激励人类不断前行。

翻阅有文字记载的中华民族五千年奋斗史、生存史、发展史，有相当大的成分在围绕“吃喝”二字上打转转。《孟子·告子上》中，也老老实实告诉人们：食色性也。

“人们首先必须吃、喝、住、穿，然后才能从事政治、科学、艺术、宗教等等”，马克思、恩格斯也总结了这个最朴素的道理。

正因如此，无论在粮食、水果与蔬菜的发现与培养种植上，还是在鸡鸭马牛等家禽动物的驯化上，中国无不走在世界前列，为人类解决吃喝问题和社会进步作出了巨大贡献。开创中国文脉先河的《诗经》，那些抑扬顿挫的平仄响板，无不充满稻谷香气与“在河之洲”的妩媚诗意。这种千年探索，现在也没有停步，依然以探索的方式在努力的路上继续着。中华人民共和国成立 70 周年的时候，被授予“共和国勋章”的中国工程院院士、世界著名杂交水稻专家袁隆平就是无数探索者、前行者、奔跑者中的一位杰出代表，也是中国人的骄傲。

包括治水在内的兴修水利也是如此，是世世代代炎黄子孙坚持不懈干着的一件只有开头、没有结尾的大事。因为生命无论在何时何地何年月，都离不开水的滋润和浇灌。

正如鲁迅先生所言，在中华民族前行的历史长河中，有为民请命、勇于探索、敢于担当的人，也有无数舍命的“脊梁”。毫无疑问，这支队伍里，也有果敢无畏、自强不息的治水者。

先说孙叔敖吧。这位楚国政治家、军事家和水利专家，为水利之事昼思夜想，他发现了水的力量，于是想利用这种让他兴奋不已的力量做事。公元前 605 年，他主持兴建了我国最早的大型引水灌溉工程——期思雩娄灌区。后又挂帅修建了淮河流域上的古陂塘灌溉工程，工程灌田亩上万顷。

再看李冰父子。秦昭王灭周后，李冰到蜀州任职，面对滚滚不息的长江大水，他没有在官位上享受风光，而是挽起袖子和裤脚，带着儿子在长江上大兴水利。都江堰工程成为一座让后人仰慕的治水丰碑。如今的都江堰，不仅以“古董”身份发挥着巨大的排水灌溉效益，还成为人们回望历史的风景高地。

再看西门豹，这位是非分明、敢怒敢为的先生在任河南邺县令时，因“智斗三老和巫婆”而家喻户晓。除此之外，治水的功绩也让他彪炳青史。为了减少漳河泛滥，他在该河之上兴建了无坝取水枢纽和十余座低溢流堰，不但使养命的万亩良田得以灌溉，还让漳河规规矩矩流淌。邺县人铭记他的恩德，在漳河岸边修祠建庙，纪念这位“西门豹治邺，民不敢欺”的历史人物。

秦代监御史官史禄，虽然很少进入现代人的视野，却是一位不该忘记和忽略的水利专家。他熟悉水的秉性就像熟悉自己的掌纹，不但巧妙构建起引水灌溉的灵渠，又大胆创意，科学地将长江水系和珠江水系奇妙地连为一体，这是多么伟大的成就啊！

将中原和岭南用水连接起来，形成世界上最早的船闸式运河。这一壮举，不仅在世界水利建筑史上，也在中华民族进步史上写下了浓墨重彩的一笔。

东汉时期的王景，秉承齐国人“善技巧”的智慧基因，对钻研技艺如醉如痴。永平十二年（公元 69 年），受命带领几万人治理黄河和汴河，使桀骜不驯的黄河竟然安安稳稳流淌了八百年。“王景治河，千载无患”的千年赞誉，至今熠熠闪光。

将生命的华章留在治水历史上的何止这几位先贤。

西汉的贾让，唐代的白居易，宋代的范仲淹、苏轼，元代的郭守敬，明代的潘季驯，清代的林则徐、陈潢等，无不在自己的生命史上修筑过河堤大坝，治理过泱泱河水、江水和湖水。王安石任宰相时，制定了我国第一部农田水利法《农田水利约束》，这部法律文书的实施，调动起农工商兴修水利的积极性，形成“四方争言农田水利，古堰陂塘，悉务兴复”的兴农景象。

2019 年，中华人民共和国水利部公布了第一批“历史治水名人”，除了上面说到的那些治水先贤以外，还有东汉时期的马臻，唐代的姜师度，近代著名水利学家和水利教育家、黄河水利委员会委员长李仪祉先生等。

治水宛如一条开掘起来的万年长河，伴随人类前行和世代更替，穿越和浸润整个华夏历史，历史有多长，治水、修水和利水的路就有多长。

2. 按下新中国治水启动键

治水由简单驱害向借水兴利的方向发展，让波涛汹涌的水、兴风作浪的水、惊涛拍岸的水、纤细潺潺抑或珍贵如油的水都来为人民服务。

对中国而言，真正做到、完全实现，并且持续努力和实践借水兴利的，是中华人民共和国成立后的事情。

众所周知，新中国是建立在“一穷二白”国情基础上的。生灵涂炭、民不聊生，连年战争给中国大地留下满目疮痍，“三座大山”的压迫与列强的侵占掠夺，使国家积贫积弱、民生凋敝，国民经济支离破碎，工业、农业、商业、渔业、交通运输业、水利等各行各业的生产力都远远落后于世界。

新中国建设面临的困难和挑战，毫无疑问是空前的。不用说飞机、汽车、机床、拖拉机这些具有时代气息的大小工具设施不能生产制造，即使水泥、汽油、自行车这些普通产品也很少能够独立生产。如今，六十岁以上的人都还有记忆，20 世纪 60 年代之前，人们常常把水泥叫“洋灰”，把煤油叫“洋油”，把细纱布匹叫“洋布”，把面粉叫“洋粉”，甚至把小小的钉子叫“洋钉”，把火柴叫“洋火”等等。从这些“洋”字打头的苦涩称谓里，可见当时中国的国力状况和生产力发展水平。在解放战争即将取得胜利的前夕，美国时任国务卿艾奇逊在给总统杜鲁门的信件中，分析当时中国国情，言中国由于人口多，吃饭成为最大的负担，而且这负担“一直到现在没有一个政府使这个问题得到了解决”，并预言中国共产党即使取得政权，也必然因此而归于失败。他的预言道出了中国贫穷落后的模样。

为了达到让中国共产党“失败”的目的，新中国成立不久，美国联合一些西方国家，对中国进行外交、军事、经济等多层封锁，在第一岛链拉起“半月形包围圈”。企图将年轻的中华人民共和国扼杀于摇篮。

中国人死都不怕，还怕封锁吗？

开辟建设路径，发展国民经济，夯实工业基础，保证粮食生产，提升国防能力，保卫国家安全，剿匪平乱，净化社会，荡涤黄赌毒等一切污泥浊水，成为新中国建设的紧迫任务。

水利也是这样。尽管历年历代都有兴修水利的项目在，但切实发挥作用的寥若晨星。祖国许多大小河流和湖泊，大多处在“自由形态”，任其流淌、泛滥、膨胀或萎缩，各地史书典籍记载的洪涝旱灾就是明证。

百废待兴，水利也在待兴。水利不仅是所有“待兴”内容之一，而且是不容忽视的重中之重。“民以食为天”的“食”的综合概念里，离不开水的滋润和科学使用。“治国必先治水”，“水利兴则天下兴”。治水作为重要任务，摆在了新中国掌舵人的面前。

“导淮工程”成为新中国启动水利建设、“根治”水患的第一颗按钮。新中国治水大幕也由此拉开。

紧接着，1950 年 10 月 14 日，政务院颁布了《关于治理淮河的决定》，在制度、技术、资金、时间、质量等方面都提出明确要求。新中国水利建设事业的第一个大工程，在新中国成立 1 周年之时，拉开了全国兴修水利的大幕。

三门峡大坝和水力发电站经过多年努力，以卓然不凡的身姿挺立在中华民族的治水史上。

面对黄河上的第一颗璀璨明珠，全国欢欣鼓舞。大家看到，“敢教日月换新天”不仅是动人的诗句，更是实实在在的建设成果。许多著名作家和大诗人汇集到三门峡。面对前所未有的三门峡工程，他们激动了。郭沫若以特有的激情，高唱《颂三门峡水库工程》；光未然以《黄河大合唱》的磅礴气势，创作了《三门峡大合唱》；著名作家徐迟留下了脍炙人口的《三门峡序曲》；《白毛女》的作者、著名诗人贺敬之面对三门峡则放声高吟：

望三门，三门开：“黄河之水天上来！”神门险，鬼门窄，人门以上百丈崖。黄水劈门千声雷，狂风万里走东海。

望三门，门不在，明日要看水闸开。责令李白改诗句：黄河之水手中来！

这，就是新中国开篇治水的大气魄！

治水，以从未有过的崭新姿态和历史高度，不断改变着红星照耀下的中国。

七十年间沧桑巨变，从治理大小河流、疏通河道，到修建库堤、利用水资源的行动一直未停止。根治淮河、黄河和海河，修建水库，利用水力发电，搞运输，再到南水北调、引黄工程、黄河小浪底水利枢纽工程、葛洲坝水利枢纽工程、三峡水利枢纽工程，世界第二大的白鹤滩水电站等等，一代接一代的水利人在持续接力。从北京官厅、密云，安徽淠史杭，山东位山，河南红旗渠，甘肃景电提水等一大批水利项目，出现在新中国版图上。

“端牢饭碗”是最基本的国计民生，而要将饭碗端牢，离不开水利——“水利是农业的命脉”。

3. 水利的担当

“水利是农业的命脉”，是水的担当和荣光。

五行中，其中之一是水。水和金、木、火、土一样，代表一个方位、一个季节、一种颜色和人的一种气质、身体的一个器官，同时具有《尚书》所说的功用：“水火者，百姓之所饮食也。”

改造好、利用好一切水资源，建设水库，拦洪蓄水，根本目的在于“化害为利”，保证农林牧副渔生产和人民生活用水，让所有水域更好地为人民服务。

水是无可替代的生命支撑。一位年近八旬的老先生在孝水河畔悠然钓鱼，瞅着鱼竿跟我拉呱。人不吃饭，可以熬个七八天，少晒点太阳也没啥关系，但没有水喝，一切都玩儿完。他抖动一下手里的鱼竿说，鱼儿离不开水，人能离开水吗？简单拙朴的话语，透着尊重生命规律的虔诚。

在中华人民共和国水利建设之路上，治水、用水、利水、爱水、保障人民喝上干净的水，成为一条贯穿全程的鲜明主线和生命长链。除了河道疏通与治理，水库兴建成为挂在这条主线上的一颗闪烁明珠。中共中央从新中国成立初期号召全国大力兴建水库，目的很明确，水是一切生命首要的保障，是稻谷、小麦、玉米、地瓜、高粱等一切农作物的保障。概括成一句话：水是农业的命脉和生活的命根子。“命”的选项无疑是重大而严肃的，水的干涸与泛滥，社会主义时代不需要，也不允许。治理、治理、再治理，成为推进社会进步、提升人民幸福指数的主旋律。

1957 年 9 月 24 日，在总结修建北京、安徽等地水库和长江上游修建狮子滩水电站等经验基础上，中共中央、国务院颁发了《关于今冬明春大规模地开展兴修农田水利和积肥运动的决定》（以下简称《决定》）。要求各地根据农田水利条件，切实贯彻执行好小型为主、中型为辅，在必要和可能的条件下兴修大型水利工程。《决定》发出后，在各级党委和政府领导下，全国很快形成了群众性农田水利建设高潮，也拉开了全国建设水库的大幕。

这个《决定》应该是新中国第一份关于全面开展以水库为重点的水利建设文件。国家为什么在那个时候提出这一农业水利建设方针，让我们沿着时光隧道，回溯到 20 世纪 50 年代，去领略曾经的风采。

在三年经济恢复和第一个五年计划实施期间，面对落后的城市工业和乡村农业，医治满目疮痍和战争创伤，把贫穷落后的帽子早一天抛到太平洋里去，满足人们最基本的生活需要，成为“上下同欲”的共识。

那些年，国家通过平衡财政收支，稳定了全国市场物价。通过土地改革，恢复工业生产，国民经济建设实现了“开门红”。通过抗美援朝，打出了中国人的骨气和精神，巩固了新生的人民政权。以美国为首的西方资本主义国家的经济、政治封锁，遏制中国发展的美梦彻底破灭。基础设施、工农业生产恢复与建设，在华夏神州创造着人间奇迹。

各行各业的工人、农民、职员、知识分子和各级干部，焕发出从未有过的干劲，恨不得一天当作两天使，夜以继日地拼命工作和劳动。

天道酬勤，此言不虚。在中华人民共和国成立 70 周年时，我去北京展览馆参观新中国成立 70 周年成就展。铁路、电力、钢铁、机械的恢复与建设，石油的勘查与钻探，在国民经济中遥遥领先。于 1956 年制造出第一辆解放牌汽车、第一架喷气式飞机和第一辆蒸汽机车；宝成铁路、康藏和青藏公路实现通车；长江上有了第一座飞架南北的武汉长江大桥……这些中国人从来不敢想的成绩和成果，像燃烧的火焰，鼓舞着全国人民建设家园的热情和干劲。

水利作为农业命脉和人民生活保障，在耕地、生产与生活用水日益增加的情况下，保证与保障比历史任何一个时期都显得重要和艰巨，当然也更具有使命感。

水利是保卫农业丰收、提升人们幸福生活指数的前沿卫士。

按照国务院文件精神，还有被工业成果鼓舞起来的全国水利战线干部职工迅速行动。1958 年 1 月 21 日，北京十三陵水库修建工程破土动工。

那天是农历十二月初二，大寒节气来临的第二天，寒冷的天气没有挡住水库建设者的高涨热情。首批五千多名农民、工人、职员等各界人士自带行李、粮食和炊具，来到插满彩旗和标语的工地，挥动大镐铁锹，喊着劳动号子，拉开了水库建设的大幕。

“义务劳动”作为新社会倡导的奉献精神与新社会的种子，在 960 多万平方公里国土上播撒和激荡。

靠着艰苦奋斗、自力更生的精神，还有渴望“旧貌变新颜”的社会主义建设热情，大大小小的水利设施与座座水库雨后春笋般崛起在大江南北。

我手边有份从 20 世纪 70 年代初至 80 年代水库建设的数字表，简略记载新中国水库建设成果。30 多年的时间，在中华人民共和国版图上，先后崛起水库 85635 座，其中大型水库 308 座，中型水库 2127 座，小型水库 83200 座。这些大大小小的水库群，在防洪蓄水、调节水量、保障人民生命财产安全、农田灌溉和粮食生产、促进水产养殖、保证人民生活用水、改善生态环境等方面，发挥着不可替代的作用。

而在 1949 年之前，中国大陆全境仅有 1200 余座中小型水库，大型水库一座也没有。即使这千余座水库，有的因战争或年久失修，岌岌可危，很难发挥和达到防洪、排水与蓄水灌溉农田的基本作用。

托起这些水库的过程极其不容易，因为按照自己道路倔强发展的中国，还没有改变落后面貌。一穷二白和不发达的现实存在，只能靠人拉肩扛来实现，其艰苦程度难以想象。那些浸有千千万万人体温的鲜活数字，以民族的豪迈精神和不屈不挠的斗志立在中华人民共和国的前头，闪烁着让今天、明天，以致永远自豪的光辉。

按捺不住的神思让我在一座一座水库间跳跃飞驰。

思绪首先飞到了北京市延庆县。延庆在北京城的西北方向，北依八达岭长城，西与河北省怀来县接壤，妫水河傍城逶迤流淌。2019 年国庆节前夕，我又一次来到群山环绕的美丽延庆。但那次去，不是奔向长城和妫水河，也不是去欣赏康西草原和玉渡山，而是去看世界两千多种奇异花卉的大集合，2019 年中国北京世界园艺博览会在延庆举办。那次，不仅饱了眼福，认识了许多闻所未闻、见所未见的异国异地的花卉，接触到了各种肤色和国籍的人，也知道了大名鼎鼎的官厅水库就在这里。官厅水库面积很大，像辽阔的太湖，一眼望不到边际。跨河北、北京两界，是新中国成立后建设的第一座特大型水库。我不知道这座已经整整七十岁的水库开工时的激动情景，也不清楚 1954 年建成竣工、提闸放水时的动人场面，但我知道，这座跨地界的大型山谷水库，蓄水达 22 亿立方米，曾是保证北京用水的第一水仓。

思绪继续由北京往南飞，登上了曾经创造世界最高拦洪坝纪录的安徽金寨县梅山水库。1954 年建成的安徽省霍山县的佛子岭水库，堤坝高达 75.9 米，没想到，两年后的梅山水库刷新了自己创造的坝高纪录。

思绪继续向前飞越。到了开凿悬崖绝壁五十余处，把不可能变成可能，让许多带偏见和怀疑的蓝眼睛们，不得不翘拇指赞叹的河南林县红旗渠。这件在山间穿越的伟大作品，体现着中国人民改变贫穷落后的胆识与气魄。思绪沿着红旗渠，穿越大别山，奔向数千里之外的辽河。220 多座水库立于辽河上游和支流其间，920 多处电力排灌站，星罗棋布在 450 公里的河面之上，摇曳着绿色的 1100 多万亩农田，享受着辽河之水的灌溉和滋润。

我更熟悉横亘于齐鲁山谷田野之间的水库。无论是山东最大的潍坊峡山水库，还是坐落在蒙阴、沂水、烟台、曲阜的岸堤、跋山、门楼和尼山水库，还是我没有到过的那三十多个蓄水量都过亿的水库群，它们都以“水库”做名字落户口，诞生于新中国的年代，承担着拦洪、浇灌、调节用水等共同职责，忠实地坚守在远离闹市的地方。

在这些水库中，有座水库在2019年“利奇马”台风肆虐齐鲁大地的时候，引起我的特别关注。它以无畏者的勇气任风吹雨打，阻挡着汹涌不断的山洪。千米大坝宛如宽大厚实的胸膛，抵挡拦截上游扑来的大水飞浪，保护着下游村庄、集市、铁路、大片良田和鳞次栉比的工矿企业。咆哮的“利奇马”在坚硬的胸膛面前无计可施，也没有了骄横的脾气。折服“利奇马”的，就是位于淄博市东南山区的太河水库。

太河水库的容水量刚刚过亿，与潍坊峡山、蒙阴岸堤和沂水跋山等水库相比，库容量很不靠前。可是，它的名称、经历、位置、作用却无法替代，不仅披着山色月光，载着时空包浆，还以四四方方、结结实实的大坝，创造亚洲纪录的万米山洞，东水西调和南水北调的逶迤长渠，用鲜明的红色印记，记录着一个时代艰苦创业、改造山河的足迹。

我在数次踏进这座水库，越来越了解它的历史后，觉得太河水库不仅是淄博水利建设史的重要篇章，也是山东水利建设史或者水库建设史上的一座艰苦奋斗的丰碑，一个旧貌变新颜的代表，一个“今天我吃亏、幸福后来人”的典型。水库以自己的成长经历和独特站位，把“水与人”“水与粮”“水与地”“水与城”“水与生态”“水与自然”的种种关系阐释在青山绿水之间。谦虚的水库与水库的谦虚，仿佛一本徐徐展开的厚重教科书，以无字碑的形式，在碧波荡漾的浩荡水面上，诠释时代传奇与“数风流人物，还看今朝”的精神风采。

第二章　淄　江　向　北

太河水库坐落在淄博市太河镇，位于淄河上游与中游交汇处。

说淄河或者淄江，不能不先说淄博市。淄博是座历史包浆十分厚重的工业城市，西与济南接壤，东与潍坊连水。北边望东营、滨州二市，南边与临沂、济南错落贯通，辖张店、淄川、博山、周村、临淄五区和桓台、高青、沂源三县。改革开放以来，为推进地域经济发展，在所属的5965平方公里土地上，又先后划分出了高新区、经济开发区以及文昌湖区等，但市辖区域面积基本没有变化。

淄博市很古老，又很“新兴”和“年轻”。

说古老，在于这里是中华民族的一块亘古摇篮之地。淄川区太河流域、博山区峨眉山附近出土的陶器罐片告诉人们，这里属于大汶口文化的一部分，是“东夷文化”中心区域的板块。那些历经上千年的瓦罐陶器，用自己的语言，告诉人们一个事实，五千年前的河滩山间，就有了袅袅炊烟和犬吠鸡鸣。

说年轻，是因为在中华人民共和国成立之前的历朝历代版图上，找不到“淄博”这一行政区域的名称和概念。在其辖区的地界中，只有博山、淄川、桓台、长山、临淄、益都、高青、沂源等县地。如今淄博市委、市政府所在地的张店区，是由当时一个村镇扩建而来，其地域一部分属于淄川县，一部分属于桓台、长山和临淄县。

因为古老，因为年轻，淄博以超越时空和特有的组群式魅力，牵手历史，拥抱现代，闪烁着具有个性的“四地”特色和灿烂文明。

这“四地”是：

齐文化的重要发祥地和蹴鞠诞生地。齐地是中华文明最早的发祥地之一，也是优秀传统文化产生的重要源泉。党的十八大以后颁布的社会主义核心价值观中，三大内容12组词汇里，其中富强、和谐、公正、法治、诚信、友善等9组词汇，皆可在《六韬》《管子》《晏子春秋》这些代表齐文化的典籍中看到方方正正的字影。蹴鞠在《史记》《战国策》早已记载，作为中国非物质文化遗产，已得到世界公认。

中国文脉的重要汇集地。这里不仅留有孔子的足迹和声音，有姜太公、齐桓公、管子、晏子等先贤书写的霸业春秋，位于临淄城内的稷下学宫，更以“百家争鸣”和“和而不同”而卓然不俗，在中国文脉上闪烁着光芒。

山东近现代工业的重要聚集地。近两百年来，煤炭、冶金、陶瓷、纺织、琉璃、机械不断扩大规模，现代新崛起的石油化工、医药在山东国民经济中都占有很大的比例。

山东红色文化的重要传播地。1922年6月，中共“一大”代表王尽美、邓恩铭在淄博组建山东第二个工会组织，发展党员和团员。1924年有了第一个直属中央领导的党支部。五四爱国运动、土地革命战争、抗日战争、解放战争以及南下的支前大军里，都有淄博人民前仆后继的身影和生命贡献。县委书记的好榜样焦裕禄从这里奔赴兰考，成为中国共产党红色谱系中的一个榜样。

1. 齐文化的因子

淄博人之所以用30年的时间治理山水，因素是多方面的，既与社会主义思想的灌输与教育有关，也与当地优良传统文化影响有关。每个人的精神与精髓深处，都有离不开乡愁和潜移默化的基因作用。众所周知，齐文化兴盛于春秋时代的齐国。齐国曾是五霸之首，是让人向往的东方名都。

古老的齐国开创于周武王的首席谋士和军事统帅姜尚，之后是齐丁公、齐桓公、公孙无知、齐威王、管仲、晏子、邹忌、田忌、孙膑、田单、孟尝君他们施展才华、激扬文字和霸业争雄的地方。

齐国能够脱颖而出，做大做强，让世人刮目相看，源于与其他诸侯国不同的做法与价值取向。礼贤下士，以道为本，兼容并蓄、和而不同和顺势而为的社会导引，形成了不拒细流和海纳百川的开放性、包容性和创新性。这些文化的形成与发展，又无不与穿越城镇和山野田间的河溪紧密相连。

流经淄博区域的主要水脉，既有远道而来的黄河，也有近在咫尺的小清河，还有两条南北贯通的淄博母亲河——孝妇河与淄河。除此之外，范阳河、沂河、涝淄河、支脉河、北支新河、乌河、猪龙河、青杨河、白杨河、范河、杏花沟等大小河流，手挽手滋润着这片肥沃的土壤，养育辛勤劳作的民众与先哲。人们又从激荡不息的河溪唱曲中参悟开智——唯有流水不腐，因势而为和与时俱进，才能成为站在历史大潮上的弄潮儿，彰显英雄本色。

记载齐国地域文化的书籍很丰富，除了《管子》《晏子》《六韬》《战国策·齐策》等熠熠生辉的史籍外，还有三部典籍值得珍视：一是春秋时代的《考工记》；二是北魏贾思勰做高阳（临淄）太守时撰写的《齐民要术》；三是清代“帝师”孙廷铨的著作《颜山杂记》。这三部书的文字虽不太多，但无一不与当时社会经济发展紧密相连。无论农业、养殖业、皮货业、酿造业与手工业的开展与延伸，还是煤、铁、陶业的萌芽，字里行间无不浸透着水的传奇作用。谷物菜蔬的种植，家禽家畜的饲养，酒油酱醋的酿造，青铜铁器、锄镰镐耙等各种工具的制作，再现数百年或数千年前，先民改造自然与改造自己的无边智慧与胆识。技艺的发明、使用、改进，还有如何发现煤炭、烧制陶器琉璃、冶炼铜铁、打造青铜剑器等等，无不让今天的我们击掌赞叹。

2023 年春季蹿红全国的“淄博烧烤”，其火焰早以“炙”的旺盛火苗，在《齐民要术》里燃烧上千年。齐文化作为中国文化的一枝奇葩，以卓然不俗的姿态，在靠近东海、渤海和黄河的鲁中，靠着恒久的倔强与老牛耕地的劲儿，摇曳着自己的风采。

齐国尽管作为曾经存在的符号早被历史长卷收藏，但博大精深的齐文化基因，没有因朝代更替和岁月转换而泯灭消失，而像绵延不息的黄河和蜿蜒起伏的泰沂山脉，穿越秦皇汉武、唐宗宋祖，在淄博大地上延伸和传承，更像清新的空气，在这片土地上吹拂鼓荡，燃出魅力无穷的一城烟火。

历史迈入近代，淄博又以煤炭、陶瓷、琉璃、冶铁、丝织等门类的生产，成为山东省的工业重地和聚集地，走上了中国经济重镇的历史舞台，清代著名诗人、文坛领袖王士祯，现代著名经济学家许涤新等都给予肯定和点赞。

清朝同治时期，德国地理学家费迪南·冯·李希霍芬，曾七次远征来中国考察地理地貌。1869 年 3 月，这位德国学者或骑骡马、或坐人力车来到山东。他由徐州入鲁，经临沂至泰安，然后到济南。4 月 14 日又沿孝妇河畔由北南行，来到被 1300 多个山头包围着的博山县。一进古镇，他坐在孝妇河边的一块石头上歇息，一面听汩汩流淌的水声，一面像个认真的小学生，用眼睛数来来往往推煤的独轮车，以科学家的大脑估算这里的煤炭产量。面对这座繁忙的山城，他幽默地告诉同行的伙伴，这里不该叫“颜神镇”，应该叫“烟囱镇”—— 博山在清代雍正年间立县，立县之前叫“颜神镇”，隶属青州府。烟囱与磁窑林立，是博山旧工业发达的一个显著标志。

因为煤炭、黏土、石英石等矿藏资源丰富，因为有陶器、有琉璃、有冶铁、有“旱码头”，1898 年，淄川县洪山“大荒地”竖起了世界先进的采煤井架；1904 年，火车的汽笛声在这片土地上鸣响；1906 年有了电力照明。清政府也看好这片富庶之地，在火车鸣响的当年，山东巡抚投资 5 万两白银，在孝妇河上游东岸建起第一座官办玻璃公司，即现在鲁耐窑业公司的前身，为山东近代大工业起步留下了厚重的一页。

淄博作为山东红色文化重要传播地，也同样让人瞩目。

这里矿山多，煤井多，从事劳动的产业劳工自然也多。费迪南·冯·李希霍芬在他的《中国旅行日记》中，记录下他眼睛里的博山县：“这是我在中国见过的最大的工业城镇。在路上的时候就遇到长长的推车队伍，装载着煤、焦炭、铁器、陶器、烟草、谷物和一些包裹严实的货物(看来是玻璃)。我数了数，1 个小时内就有 65 辆装烟煤的车经过。”而且估计“每年能出 150000 吨煤”。

为了唤醒劳工，中共“一大”代表王尽美在中国共产党第一次代表大会结束后，即按照中央部署，顶风冒雪来到淄川县和博山县，了解煤炭产业工人状况——为组织工会、开展工人运动、发展党员做准备。1922 年 6 月 25 日，在王尽美主持下，“矿业工会淄博部”在淄川炭矿附近的马家庄成立。他在会后撰写的《矿业工会淄博部开发起会志盛》中，高度称赞矿业工会淄博部的成立是“中国劳动运动之曙光”，是“山东劳动界空前之盛举”。“工会”组织从此出现在大小煤井和各种作坊。淄博也以正式名称，出现在党的文件和往来信函中。

过去这里只有县域名称，没有像上海、广州、天津、济南、南京、武汉那样的地市名称。作为一个地域特色鲜明的组群式城市，将淄川县、博山县各取一字合并为“淄博”，王尽美应该是山东红色革命史上第一人。

一个城市之名源于革命先驱和中共“一大”代表，大概只有淄博市有此荣耀。淄河就在这片为红色文化浸漫的土地上穿越和激荡。

2. 淄　江　不　老

淄河又名淄水、淄江，是条名副其实在大山里跌宕穿行的“山里河”，也是山东省境内由南到北的重要纵向河流。

淄河老矣。《尚书・禹贡》中记载：“潍淄其道（导）。”北魏郦道元的《水经注》二十六卷中有“淄水”专章，记录和确定淄水的出处和流向。之所以将河名取为“淄”，源于该河河水曾呈墨色。“淄”通“缁”，皆为黑色之意。河水为什么会呈黑颜色？今人考证，应是地下浅层或露头煤炭为水日夜冲刷，导致河水变为黑色之故。古人看到了这一现象，便很形象地将该河以“淄”来命名。

由此可知，淄博蕴藏着丰富的煤炭，是古已有之的大煤城。

第二章　淄江向北

淄河倔强，数千年流经河道脾性不改，沿着河床一路奔腾向北。河床宽度不一，上游为 20～300 米，中下游则达 300～1500 米不等。

淄河的主源头在泰沂山脉的莱芜（今济南市莱芜区）常庄碌碡顶，后与东麓原山、禹王山，还有山东第二高峰鲁山山脉多座山泉形成的石马河、南博山河、下庄河、池上河四大支流，手挽手汇成一支强大水军，穿越淄博、潍坊、东营三市，流经博山、淄川、青州、临淄、张店、广饶等区县。绵延不断的长河，其流域面积达 1397 平方公里，淄博市境内面积占 993 平方公里。大河奔腾的地方，恰是淄博煤炭蕴藏量丰富的主要区域。该河出淄博市后，蜿蜒至东营广饶县，汇入小清河，东向潍坊寿光市而入渤海。

《汉书·地理志》："淄水所出，世谓之原泉。"淄河流域一带山多、泉旺、水长，太河水库以上有谢家店、泉河头、上龙湾、下龙湾和口头城子等数座大泉群。山泉河水流经千年不涸，成为祖先选择的居住地之一。

1964 年，当地农民在淄河途经的口头乡（今太河镇）大口头村修建农田时，挖出许多彩绘红陶壶、红陶罐、白陶单耳杯等文物。经省、市文物部门考察确定，这里属于大汶口文化遗址，方圆超 8000 余米。坛坛罐罐的出土，不但将博山、淄川生产陶器的时间大大前移，也进一步证明在大汶口文化时代，淄博之地就已是人类繁衍和赖以存在的故土。他们依河而居，在这里繁衍生息，耕耘日月，传承人脉与文脉。

淄河出山后，流经的第一个地方就是临淄。临淄曾是齐国的国都，淄江像条护城河，紧护着临淄城前行，这里就成为进出齐国、直通鲁国的南大门。往来人口越来越密集，成为方圆有名的乡镇和贸易集散地。

现在的临淄，作为淄博市的一个辖区，早已成为齐鲁石化集团驻地。临淄以石化城的特色，洋溢着现代石油工业的浓郁气息。

淄河流域高山连绵耸立，江水环绕，这样的地理位置不仅是农耕时代的好地方，更是历来兵家倚重的战略要塞。据史书记载，淄河上游的马陵村，春秋时期就是齐国的外围大城马陉。马陉地势平坦，土地肥沃，四面环山，淄河沿村而过，村中有一条贯通南北的古道，由临淄经马陉，过博山，直通齐鲁边境的青石关。这条官道与《水经注》记载的淄河水道十分吻合，《水经注》言："淄水迳莱芜谷，有北迳马陉，俗名长峪道"。古代前辈沿水道修路道，给我们留下更多丰富的联想。

何止如此呢。除了山下流淌不息的河道，车轱辘日日碾压和行人走的官道，古老的齐长城亦如一条舞动飘逸的历史长带，在起伏的山间逶迤，守护着这片江山。如今博山、淄川境内的原山、荆山、岳家北峪、西河、东坪薛家峪、三泰山、鹿角山、黑虎寨、油篓寨、涌泉达摩山（蟠龙山）、劈山、雁门寨等地，还断断续续留有齐长城的遗迹。

长峪道上，故事连绵。

这里既作为兵家战略要地和齐国南向门户，又是战乱年代逃难避灾的求生之处，从古代到近代，莫不如是，各个山头上的石寨遗迹就是明证。《续修博山县志》里有篇《修石门山寨记》的文章，记录近代战乱年代，百姓在此修建山寨以谋生的情况。文章写道：

> 吾乡人纷纷议筑土堡，或以淄城（淄川城）坚，竟相移入。乃与家大人议。以城虽坚，而我无田可供食。窎桥（村名，在淄川城北）虽有田，而土堡终不如山寨之险。坚壁石门，以耕以守计甚得。于是岁五月朔鸠工庀材。度古寨地狭，莫容。乃于古寨南之高峰起寨。其地势尖峰巉削，东南皆悬崖，惟西面稍坦。巉者平之，四围周以石垣。石取诸山，故价廉而工省。其悬崖处，垣无庸高也；其坦处，则甃以重垣，上施铳眼二。非重垣不足防冲突也。其门，则石券，仅容人出入，上小屋一间，以备风雨瞭守。门则东北向，以登山之路在北也。四维既张，无以御寒暑焉，不可，于是房屋备；枵腹焉，不可，于是仓廪备、庖湢备；峰高，无水，尤不可以不储，于是即寨之西偏最凹处凿池，上覆以石，而灰泥其中。不泥则漏卮为患；不覆则冻裂堪虞。夏日急雨骤涨，皆入池中，盛水约二千石……

至于这位先生笔下的山寨，修建在哪座山头，已经无法考证，但证明这里曾经是藏身和生活的安全之地，而且注重“凿池盛水”。

抚长城，走官道，捧淄水，不但能够抚摸历史的久远，体味一方水土养一方人的真实，也能够感受到一方水土养一方文化的伟大。

3. 引水浇灌，从这里开始

新中国一经成立，治水作为保证农业粮食生产、减少洪涝灾害的一项大课题，便摆在上至党中央、国务院，下至地方各级党委和人民政府的面前。

淄博也如是。《淄博市志》和《淄博市水利志》（1994 年）记录了淄博的治水脉络，无论当下“五区三县”中的哪一个，都有无尽的“水事”在笔墨间流淌。

我沿淄河流向由西向东，再折向北行，走进了博山区石马村、北博山村、南博山镇、崮山村、源泉村，继而步入淄川区的口头村、峨庄村、东下册村、东崖村、桐古村等，治水的话题如同夏日蓬勃的大树，成为超越一个甲子且历久弥新的不朽话题。

——你相信吗？那个时候俺这里吃湾水。

啥叫湾水？就是在一个地势低的地方，或者大堰下面挖个大坑存水，既接山上流下来的山水泉水，也接天上的雨水和雪水，朱家庄的一个老村民比划说。朱家庄隶属北博山镇。

为啥不打井？

打过呀，打不出来呀，大山青石都是从地底下长出来的，带根，打井碰上大石头，咋啃得动？

为了保险起见，村民宁愿用湾水喝浑水，也不去花钱冒险打井，当然更想不到去修水渠、建水库的事儿。盆泉村这样，下庄村这样，天津湾村这样，还有许多山村也这样。

别看现在的鲁山、岳阳山、齐山、潭溪山、马鞍山都遮天蔽日，到处是山果树，绿油油的喜煞人，过去，山上哪有这么多树，光秃秃的全是石头——人穷，山也跟着穷。

你没有听说过“金郭庄，银源泉，朱家庄的破提篮”这话？啥意思？旱了，没啥吃了，挎个篮子就去讨饭吃罢。

被水逼得讨饭活命何止一个村。苦涩曾经覆盖着许多无奈的山村和山里人。王复荣说，淄川佛村一带缺水是历史性的。过去，西峪村有户人家，大年二十九没有水了，儿媳妇到大张村去挑，回到山坡上，不小心把盛水的罐子碰碎了，正月初一全家人为水闹家务，挑水打了罐子的媳妇无奈，上吊走了绝路。

老于是新华制药厂职工，淄川罗村人，刚退休不久。他跟我讲，常听家里老人念叨，那时下雨就要赶快拿盆、拿锅等家什去接，接下来倒到大缸里。七十多岁的博山区崮山镇刘女士对此很有同感，说她姐姐有次将洗衣水泼到院子里，让奶奶吵了一顿，絮叨了若干天——你不知道挑担水要跑七八里路？

珍惜水与一水多用是家家户户的常态。看那首苦涩的诗：

有女不嫁土湾村，提起吃水痛煞心。
十里之外去担水，挑起水筲骂媒人。

山里的水，冬天不够使，夏天用不了。雨季一到，山洪一来，人们就担心河道窄。水一旦下慢了，就会张牙舞爪乱窜，决堤、淹地、泡房、冲人。雨季一过，深泉还能够汩汩冒些时日，浅泉冒不了多久就会干涸。临近旺泉、大泉的，取水还省些力气，远的只好翻山越岭到有水的地方去用肩挑，或吃攒下的雨水、湾水。

知名肖像印篆刻家国先鹏，七十五岁，老家在博山区刘家台村，是位老革命的后代。他告诉我，盆泉村缺水，村民常常翻山越岭到他们村挑水吃。这种状况，何止一个盆泉村呢？

参加太河水库建设的杨寨村民回忆施工经历，说他们民兵连住在淄川土湾村。村民朴实热情，腾出房子给他们住，但告诉不能用湾里的水。那湾在村头崖下，有七八十个平方米，湾里的水不足1米深，浑浑地泛着青苔，飘着乱草，还有跟头虫（孑孓虫）。这样的水，竟是全村人的活命水。

解决山区村民用水吃水问题，成为中共淄博工矿特区委员会（淄博市委前身）治水的第一要务。封山育林、水土保持、修湾坝堰、整沟蓄水，开始在山村用镐头、铁锨、肩膀来书写。这是新中国淄博治水第一章。

淄博无论哪个区县，可以说都不那么缺水，关键存在严重的旱涝不均。《淄博市水利志》记载："淄博的水资源包括地表水和地下水，均系降水形成。由于降雨的随机性，水资源的年际变化大，各年丰枯悬殊……春旱秋涝，晚秋又旱，几乎年年出现。"这种状况，导致旱涝灾害频繁。

解决和改变"丰枯悬殊、春旱秋涝"的状况，必须治水。这便是淄博治水第二章的内容。

这章的开头始于1952年。那年是龙年，年初有人向博山县委建议，为什么不把泉河头那股大水引到山上浇地呢？

泉河头是片大水泉，水很旺，颇如济南趵突泉，在如今博山区南部的源泉镇。那里曾是博山县委、县政府所在地。

无论源泉和泉河头，名字里都湿漉漉地流满了水。大概到处是泉眼、四季冒水，从来不断流之故，与泉相依相连的群山之间，既藏有被称作"北国第一洞天"、挂满奇异钟乳石的开元溶洞，还有峻峭迷人的鲁山、马鞍山、青龙山、二郎山、鹿角山、五阳山等数百个山头。

泉河头在青龙山下，有两处大泉眼，分别形成上龙湾和下龙湾两个泉群部落。泉水天天喷珠吐玉，扬花飞溅，长年不竭，是涌入淄河的一个重要水源地。

向博山县委提建议的是淄博市农委水利处的青年技术员马守信，那年他二十出头。

请水龙王献水、引水上山，马守信的建议很大胆，但绝对不是心血来潮。他已经在泉河头来来回回不知走了多少趟，用脚板和眼睛丈量地势和落差，认为修条绕村上山的水渠完全可能。一旦修成，至少几个村的村民会解放天天担水的肩膀，甚至结束喝土湾水的历史。

市农委和博山县委的领导很赏识这位年轻大胆的技术员，在他的建议上都投了同意票，但给了他四个沉甸甸的字：只许弄好。

马守信如初生的牛犊，憨厚地回了领导四个字：保准弄好。

农民从来没有见过能把水搬到山上的新鲜事儿，祖祖辈辈的生活经历告诉他们，山上和地里的水，一是天老爷赏赐的，二是用自己的肩膀挑上去的。把水像牵羊似的牵到山上地里去，他们认为是天方夜谭，不大可能。保守的生活经验让他们采取了保守的生活态度。尽管他们半信半疑，有的完全不信，但出工修渠的农民们，依然按照马守信画在纸上的杠杠，用力在崎岖的山间挥动镐头和大锨。

经过施工，淄水的源泉流段，坝起一条高 80 米、宽 60 米的石头水渠，河上第一次出现了转动提水的木制水磨轮。

哗啦哗啦的水，经过水磨轮，第一次被引上了山，流进开始返青的麦田里。

水被牵上山，成了大新闻，人们奔走相告。眼见为实的农民撵着水跑，捧着水喝，笑了，信了。

水不能上山的迷信被引上山的水彻底冲走了。用上水的农民高兴地将这事儿当神话说。成功比任何磨破嘴皮的语言都有力量。

1953 年，蛇年，俗称小龙年。那年龙飞蛇舞，干劲冲天，邀兔崖、东马岭、牟庄、东下册村等，都出现了引水浇地的小型水渠。

据说，就在那年，马守信第一次在源泉喝醉了酒。周围很静，没有酒醉的探戈，却有叮当叮当的泉水声，弹奏着自己的青春五线谱。

如果说马守信主导修建的水渠是治水第二章的开头，这章的精彩处就留刻在了峨庄乡。

4. 淄博治水第一渠

淄博治水第一渠在峨庄乡，现隶属于太河镇。在源泉镇东北方向二十里处，20 世纪 50 年代初隶属博山县，1958 年划入淄川区的版图。

峨庄乡很大，有31个村，18000余人。峨庄乡很高，无外来水源，地势南高北低，用无人机拍摄，地貌颇似简化汉字“丰”的模样。明代乡绅取“峨”为庄名和乡名，名副其实。峨庄是淄博市境内最高的群居地，属于“山上的部落”。

走进这片大庄，道路曲折，满眼是起伏逶迤的山连山，还有拔地而起的陡崖峭壁，以及相互交错的奇峰、怪石、深沟、险壑、石路。在林立的460座山峰中，最高峰是充满故事和传说的黑石寨，海拔932米。还有二郎山、三佛山、凤凰山、悬羊山、潭溪山、昭阳洞等十余座望之蔚然的耸立名山。如今潭溪山、齐山、阳明山一带已成为旅游胜地。

峨庄乡过去很穷。当地有民谣：“峨庄峪，峨庄峪，穷山薄岭尽石头，十年就有九年旱，一年收成吃半秋。”还说：“进了峨庄峪，神仙都发愁……”

穷根之一依然在水。

这里不像盆泉、朱家庄那样缺水，峨庄山峪里泉眼很多，水也丰，只是不集中，也没有办法把细细长长的“尿泉”“锅泉”之类的水弄到山上去浇地。种粮的地大多挂在山腰上，本来石头多于耕地，地又不肥，一缺水，麦子或玉米就像奶水不足的娃娃，稀稀拉拉地站在地里。即使风调雨顺好年景，每亩山地，一年忙活下来，顶多能收二百多斤粮食。

“泉水白流地里旱”，成为“山上部落”的无奈。“摘星族”们靠天吃饭，望泉兴叹。

昭阳洞很壮美，前有自然形成的两座石桥，名字也富有联想力，一座叫上天桥，一座叫下天桥。村民期盼，什么时候能够沿着天桥走上种地用水不发愁的路呢？

源泉成功引水上山让峨庄人开了眼界，顿悟了，明白了。幸福不会从天降，都是奋斗出来的，人家能修渠坝堰，咱们为啥不能垒坝拦水建水渠呢？

1955年下半年，一条名叫“赛龙水渠”的引水工程在山多沟深的峨庄被抡起的大锤开启建设之路。

1955 年 1 月，中共中央在北京召开了全国水利工作会议，周恩来总理要求全国各地“积极兴办农田水利”。

淄博市原农委主任翟慎德与水打了大半辈子交道，当时任博山县委组织部部长，他在回忆录里记下了这件事情：

> 为了贯彻会议精神，博山县委派建设科科长王衍军、七区区长（峨庄峪为博山县第七区）占佃元两位同志负责，带着刚刚分配来的水利技术员去峨庄考察。他们爬山头，查水源，提出了拦河蓄水、挖渠引水的意见和兴建赛龙工程的初步方案。县委、地委批准了方案后，说干就干。五年间，在峨庄峪的上游，建起了“湖泊争鸣”“青年”“前沟”“紫峪”4 座小型水库。顺着东西两山开挖了 3000 多米渠道，建筑了 12 座渡水桥，灌溉 3000 多亩土地……

文字很朴素，脉络很清晰。这位中华人民共和国成立前参加革命工作的老人在简略的文字里，潜藏了许多信息让我们去寻找和捕捉。

> 可不容易呢，垒坝的沙都是从淄河滩挑上来的，一担百十斤，来回一趟少说也有 20 里路。
>
> 峨庄人皮实（结实之意），听老辈人说，那时干活，不光要手脚麻利肩膀硬，还要有个像鸡一样的好嗉子（嗉子，胃的意思），能将吃进肚里的粗糠野菜变成干活的力气。
>
> 那时哪有炸药？破山碎石就靠双手加大锤和钢钎。听爷爷说，打锤扶钎的，手没有一个不带伤的。

翟慎德在回忆录里记下一件真实的事，有次他代表博山县委去“赛龙”工地慰问，见一个三十多岁的汉子，光着脚丫子在山上抬石头。他拽住大汉问：为啥不穿鞋？那汉子幽默，嘿嘿一笑回答，在这石头巴烂里抬石头，几天就得一双（鞋），老 mei（娘的意思）和媳妇连鞋底也纳不出来，不如光脚利落。再看脚底板，全是层棘刺也扎不透的厚硬老茧。

我沿着这些简略的故事在看在想，那是一种怎样的付出啊！无论立在山上的渠道、桥梁、水库，都不像垒砌猪圈鸡窝一样的小打小闹，而是一块大石头接一块大石头垒出来的大工程。我们知道，即使现在，在平地上挖沟建桥都不是件容易的事儿，何况在峭峰林立的群山之间？难度、险度可想而知。

难和硬，打磨出许多英雄好汉。这项艰巨的山顶工程，在全市和全省产生了很大积极影响。1959 年 1 月 15 日，山东省水土保持现场会在淄博市委所在地博山区召开。时任山东省副省长李登之主持会议，全省各专区水利建设指挥部的指挥、各山区县的县长、水利局的局长等 120 多人参加。国务院水土保持委员会也派员出席会议。与会人员在李登之副省长带领下，到峨庄参观“赛龙工程”。

山上修长渠，峨庄在全省开了先河。

工程叫“赛龙”，十分形象。三千多米在山头间缠绕的水渠，宛如正月十五舞动的闹元宵长龙，在弯弯曲曲的群山之巅回环盘旋。

从此，这里的粮食亩产量翻番。峨庄人留下这样的记录：

> 1949 年，粮食亩产 123 公斤；1954 年，粮食亩产 136 公斤。1955 年兴修水利后，粮食亩产 245 公斤。1984 年，粮食亩产 418 公斤。

兴修水利后，亩产翻了一番。有了水，地里的庄稼立马茁壮起来，似乎骄傲地告诉人们，它们也“脱贫”了。

何止粮食呢？他们还在互联网告诉世界：在 93 平方公里的全乡土地上，这里的山早已不再光秃秃的，封山育林收获了满山遮天蔽日的绿，46％的林木覆盖率和超过 90％的植被覆盖率让村民直起了腰杆子。

两块在阳光下熠熠闪光的国家级匾牌，嘉奖着峨庄人的付出：一块是“全国小流域治理先进单位”，一块是“全国水土保持先进单位”。

用镐和锹写在山间的杰作没有终止。另一条夺人眼球的更长蛟龙出现在淄河滩上，那就是曾经轰动全国的“驯淄工程”。

5. 没有走远的驯淄工程

如果说“赛龙水渠”是深山治水的一颗璀璨明珠，驯淄工程则是挂在大山之间的一串闪烁的珍珠长链。

“赛龙水渠”长3000多米，“驯淄工程”全称叫“驯服淄河工程”，设计长度则为61公里。该工程南起“一人把关、万夫难攻”的巍峨马鞍山下，北到临淄区的金山脚下。蔚为壮观的逶迤长渠，蛟龙般沿着淄河滩飞驰。

1958年3月15日，天刚蒙蒙亮，一辆旧吉普车驶出博山县委四合院，沿着土路朝马鞍山方向驶去。车上坐着博山县委书记崔兰亭、县长兼工程指挥战金林、县委组织部部长兼工程政委翟慎德。他们要去参加“驯淄工程”开工仪式。

路上，一队一队的人马，举着红旗、扛着铁锹、大锤、钢钎，推着装脸盆、水桶、铁锅和被褥的小推车，说笑着往马鞍山方向汇集。

寂静的马鞍山下顿时热闹起来。

七时半许，一千多人的施工队伍陆陆续续到齐。战金林一边与走过身边的老乡打招呼，一边对正在与技术员说话的崔兰亭说：“书记，队伍到齐了，请下达启动命令吧。”

依然是打仗的口气和习惯。

崔兰亭望着兴高采烈的队伍，笑着回答这位老搭档：“老战啊，咱之前不是说好了吗，你是县长，又是工程指挥，命令还是你来下吧。”

崔兰亭1938年参加革命，负过伤。战争让他身上增加了一个枪眼，少了两根肋骨，矍铄的精神头却如刚刚露出脸的太阳。

战金林见书记如此说，便点头应允说“好”。转身跟政委说：“老翟，招呼下大家伙，咱开动员会。”说完，登上身边一块大石头。民工见大个子县长往高处站，知道要开会了，叽叽喳喳的队伍像关了收音机频道似的，顿时没了声音。

战金林很兴奋，朝眼前的队伍摆摆手，将手提喇叭放在嘴上大声讲：“同志们，驯淄工程经过前期勘察和准备，从今天开始，就要破土动工了。”接着摆手说：“不对，是破山动工。目标已经明确，任务也已安排下达，没有多余的话讲，请各区组织好民工，按照划定的地方动工吧！”

群山之间回荡着掌声和他的大嗓门。

启动仪式时间短，仪式简单，前后十几分钟动员誓师会结束。场面简单，但任务十分明确，依旧是战争年代的打仗作风。

我想寻找当年开工仪式的照片，结果只找到一枚“驯淄工程”纪念章，其他什么也没有找到。

战金林的话音刚一落地。县委书记崔兰亭便挽起裤腿，率先走进清基砌坝的工地，挖起了第一锹泥沙。

清基砌坝的工地在淄河河床边，漫过脚脖子的水很凉。县长战金林也挽起裤腿，提着一个水桶跳进了河滩。

领导没有长篇大论的讲话，身先士卒成为最有力的动员。群众见书记、县长这些经过枪林弹雨的“老革命”走进冰冷的河床挖沙挖水，也在淄河峪里挥舞起手里的家什。

这条水渠的建设，之所以用“驯”字，不仅在于表达建设者们的决心和毅力，更在于这条长渠流经的地方，是淄河“两岸青山相对出”的一段。山势险，地势陡，而且山连山，峰挨峰。拿不下或者“驯”不服这些垂挂陡峭的山峰，建水渠就是一句空话。

如果没有到过这段地方，想像的难度只能以影视里的样板做思维的底本。当我沿着六十年前的水渠之路，经过苇子崖、龙王崖、凤凰山、豹眼山、王子山、卧虎山、三瞪眼、油子岭的时候，才真切感受到其中的艰险和困难。我忽然明白，人们为什么从20世纪60年代就把这条堪称“淄博第一”的大水渠叫作“淄博红旗渠”。

我们来看苇子崖“修栈道”的故事吧。

苇子崖在淄河中上游北岸。大水从南边滚滚而来，在山崖根碰撞激荡回环，然后猛然折向东流。拍打山崖的水流，激出千堆雪。仰望山壁，峨峰陡峭险峻，山顶插入云霄，山根则直入淄江河底。

渠道向北，这里是必经之地。

设计的渠道离河面大约 12 米，如果从河底坝堰，不仅工程量大，也没有在河流中施工的技术。唯一的办法是从壁顶向下，在需要的高度上炸出一个平台，再沿着平台向前修渠。这样干，危险，艰巨，但成本低，质量也有保证。

县长战金林、政委翟慎德，技术员范超、翟慎东、康忠勋等站在山崖下，一边看施工图，一边商议如何啃下这块硬骨头。

这是修渠以来碰到的“拦路虎”。

战金林问范超：还有其他办法没有？

几个技术员你看我，我看你，皱着眉摇摇头。

翟慎德干事麻利，向战金林建议，就用他们设计的办法试试吧，关键是让谁上去炸平台。

战金林没表态，脸上也没有任何表情。他点上一支烟，走到靠山崖的河边，抬头往上看。

壁立的山崖铁青色，除了几簇顽强的草和荆棘星星般地点缀在上面外，别的什么都没有。

正看着，民兵连长李洪春向这边走来。

战金林黑着脸问虎背熊腰的连长，怎么跑到这里来了？

李洪春回答干脆，我来请战。

请啥战？

李洪春指着山崖说，弄它。

李洪春三十多岁，当地人，对这里的山势地形了如指掌。他见县长刨根问底地问，便将这几天思索怎样过苇子崖的想法端了出来。

想法与技术员的设计方案几乎一致。

也就是说，除此之外，别的办法都不好使。

在反复讨论一阵子后，大家同意翟慎德提出的办法——成立临时攻坚队，来啃这块硬骨头。队长由李洪春担任，人员由他选。

第二章　淄江向北

农历四月初，恰是“人间四月芳菲尽，山寺桃花始盛开”的季节。深山尽管季节晚，漫山遍野的草、灌木与天然生长的树也不违天时，陆陆续续争相吐绿，仿佛以报春的靓丽姿态，为这支队伍助威加油。

那天早上，太阳刚露出半个脸，李洪春已带着攻坚队的7个青年，背着麻绳，提着大锤和钢钎，爬到了苇子崖西边的半山腰上。

河水、河滩都清晰地铺在他们脚下。

他们要在半山腰的地方打一排深孔，插牢钢钎，然后将麻绳一头拴紧在钢钎上，一头捆住自己的腰，拽着绳索、贴着石壁，滑到建水渠的位置钻孔放炮炸石。

山上的石孔很快打好，数根钢钎像钢钉一样，被他们牢牢地插在石头里。

李洪春留两个民兵在山上接应，其他人随他到崖壁上打钎。这几个民兵年轻力壮，像灵活的壁虎，拽着绳子，贴着山石，很快弹跳到石壁打钎的位置。在“无依无靠”的直立石壁上打钎十分不容易。人没有固定位置，钎掌不稳，锤抡不上劲。施展不开身手的民兵们，每打一锤，身子就来回摇晃几次。

李洪春虽是石匠出身，也从来没有挂在山崖上抡过锤，打过孔。

大家两只脚登着山崖，打打停停，停停打打，不一会儿汗就冒了出来。

崖上打钎的人焦急，崖下助威的人担心。县委书记崔兰亭、县长战金林、工地政委翟慎德等几位领导站在下面瞭望。战金林的脚下扔着七八个烟头。

山林寂静，叮当叮当的清脆锤声在回旋。4个小时过去了，大家期盼的“炮眼”终于挂在了峭立的石壁上。

李洪春抹抹脸上的汗，从腰间解下一根细绳抛下来。下面的人急忙将装有雷管、炸药的篮子绑紧，让李洪春他们拉上去。

李洪春胆大心也细。他像袋鼠似的弹跳着检查每个石孔，又让几个年轻人按标准装填好炸药、雷管和导火索。一切就绪，剩下就是点炮。

李洪春命令打孔的青年全部撤离现场，自己顺着绳子回到炮眼处。

他攥着导火索上行一段距离，依次点燃导火索，然后迅速离开爆破区。

爆破声一个紧挨一个地传来。

李洪春蹲在后坡，默默数响声——8 次，一个也不少。

爆破声将山上的巨石炸飞起来，又重重地抛落到河里和沙滩上。爆炸声过去，浓烟弥漫，接着是一片欢呼声。

县委书记、县长与走下山崖的民兵热情握手。战金林笑着拿出香烟递给李洪春，说：大半天没抽烟了，赶快过过瘾。李洪春转身将烟分给憨笑的青年农民。

香烟的清香与欢快的笑声缠绕着山峪。

这被称为“驯淄工程”的第一排炮由此留在苇子崖上，淄博也有了第一条挂在山崖上的“栈道”。

李洪春这位曾经为八路军传递情报的“地下交通”，又以自己的工匠“绝技”，开辟了山间水渠交通之路。

临淄区边河大队的工地。3219 米的施工任务中，有大小山头 11 座，6 条深浅沟壑。除了李洪春他们打的那一段，鸽子崖、平顶山和双龙壁也有“蜀道难”的影子，而双龙壁更是难中之难。这里高三十多米，悬崖陡峭，怪石矗立，别说悬挂在上面抡锤弄镐刨石，胆小的人站在上面都会吓倒。

消灭这个“拦路虎”，3 个小伙子出现了。

一个叫马学彦，一个叫阎龙廷，一个叫宋开恭。他们仨睡一间工棚，晚上睡不着，悄悄商量，这座山把社长、队长都难住了，咱去弄弄试试吧，只要炸出一个豁子就好办了。

党支部书记殷长春同意了他们的请求。

3 个小伙子趁夜攀上双龙壁，打了 4 个炮眼，黎明时分放了 4 声连环炮，很顺利地将双龙壁炸掉了半截，开出四十多米一块空当。“拦路虎”被消灭了，大家高兴，书记表扬他们，说宋开恭这名字好，你们仨是新英雄。

1960 年 1 月 15 日的《淄博日报》刊出一篇《驯淄英雄谱》的评书，赞美 3 位年轻人“抬腿踢开拦路虎，英雄黑夜战双龙”。

第二章　淄江向北

驯淄工程的名声随着开山的锤声、炮声渐渐大了起来，飞出了山沟，飞出了淄博，也飞出了山东。请看那些泛黄的历史纪录：

1958 年 12 月 23 日，战金林代表驯淄工程，出席了在北京召开的全国社会主义建设先进代表大会，受到党中央、国务院表扬，荣获国务院颁发的奖状。

1958 年年底，中央农村工作部、水利电力部、共青团中央、全国妇联组成水利参观团，在水利电力部党委书记杨继光带领下，专程到淄博参观驯淄工程。

1959 年 1 月，水利电力部组织东三省、河北、河南、山西、江苏等省水利厅厅长，来淄博参观学习驯淄工程。

1959 年 1 月 15 日，山东省水土保持现场会在淄博召开。主持会议的副省长李登之率领与会人员，参观“赛龙水渠”和驯淄工程。

1959 年下半年，水利电力部为推动山区水利建设，决定将“驯淄工程”制作成模型，在北京农业展览馆展出。展出受到国内外参观者的好评。

1959 年 10 月，战金林代表水利系统，和其他战线 7 位杰出贡献者赴北京参加国庆十周年庆祝活动，受到党和国家领导人亲切接见。

1960 年 4 月，太河公社墨水峪村民兵连长陈登科，以“劈山英雄”的身份，到首都北京参加全国民兵代表会议，受到党和国家领导人接见。

驯淄工程作为山区水利建设的标杆，又一次走在了全国前头。

还有一件被岁月尘封的事儿，海燕电影制片厂制作的电影《战斗的山村》，就是以“驯淄工程”为故事背景拍摄的。主演凌志浩拜石匠李洪春为师傅，李洪春教这位主演“徒弟”如何爬山攀岩、抡锤放炮。还以替身的名义，穿着军装出现在电影里。

女主角莎莉的老师是工地上掌钎女能手李法芸。莎莉临走时，拉着师傅李法芸的手说，她拍了很多片子，但拍这么大、这么难的工程还是第一次，这令她终生难忘。

另一位演员邓楠对指挥部领导说，你们山东人太了不起了，抗战打仗是英雄，治山治水又是好汉。

邓楠在剧中饰演一位老农。他曾经像当地农民一样，用布袋扎腰，腰里别着根旱烟袋，戴顶旧帽子，到南下册村、太河村、钓鱼台等村去逛，还去赶太河大集体验生活。他在此地近两个月，竟然没有人发现这位陌生的赶集人是位大名鼎鼎的演员。

驯淄工程影响很大，可惜存在时间很短，太河水库投入建设后，这条赫赫有名的水渠就不再使用了。

但是，治水没有结束，好汉的故事还在继续。

第三章　山　间　水　事

“驯淄工程”游弋于山河之间，壮阔雄伟，很成气象。只是因水源不稳定、蓄水量难以把握，农灌与防洪问题不能以彻底的方式得以解决，成为淄博市委和市政府不得不认真面对的现实。为确保1958年投产的山东黑旺铁矿、胶济铁路与中下游乡村安全，不被不可控的上游来水威胁，彻底根治淄河一带或涝或旱的水问题，淄博市委果断决定，在淄河滩上修建一座大型水库。

1. 水库位置是这样确定的

1959年10月上旬，空明澄碧与秋高气爽，覆盖了尚未褪去的层层干燥与暑热。瓦蓝的天空下忙碌的人群，庆祝新中国成立十周年的喜悦和兴奋，火焰似的在人们身边沸腾和燃烧。

此时，博山区源泉乡以北的淄河两岸，雄浑的青山被秋染出了各种色彩，或暗红或鎏金或杏黄，既有“晓来谁染霜林醉”的写意，又透出“霜叶红于二月花”的豪情与妩媚。依山穿行的淄河，因天旱少雨，河水失去了往年的粗犷和不修边幅的奔放，很温馨地拧着撩人的细流水花，不急不缓地在河床里慢慢跌宕。

河床呈原生态自然样，时宽时窄，宽处有三四十米，窄处则只有三五米，宽宽窄窄的河流，如同一条委婉的音乐带，以不同的声响和音节，演奏着天籁般的轻音乐。

3 年困难时期在那年已经露出让人警觉和担心的苗头，而且蔓延到了远离闹市的偏远山区。一些不为农民看重的零星庄稼地和山崖旁，有了寻找遗漏红薯、采摘野果和挖野菜的身影。

此刻，河东岸的沙滩上，几个男子由南向北走来。他们无一例外穿着 4 个口袋的中山装，只是服装颜色不同，有的是蓝色，有的是灰色。在这些至多五六成新的旧衣裳上面，挂着层层粉尘。每人的肩上，都挎着一个鼓鼓囊囊的包，有两个人手里提着短柄榔头，两人拿着长柄铁镐。那镐头不大，一头尖尖一头平实，极像煤矿井下工人敲顶板的“洋镐”。另外一个看似年纪轻些的人，戴顶褪色蓝帽，肩上扛着一副三根腿的黄色架子。这几个人边走边看，或站在山崖河边指指点点，或用锤子、“洋镐”敲击挖掘旁边的岩石或脚下的土。走上二三百米，戴帽子的年轻人就将那个黄色架子打开立住，从背包里掏出一个黑乎乎的镜子安上瞭望。

他们经马陵村，过店子，来到一个临近河滩的山口歇息。

十月是忙碌的季节，人们大概都去地里忙着收秋，路上行人并不多。人少，使这条已经拓宽了许多的山路显得更加幽静。偶尔闪过几个路人，无论推车、挑担，还是挎篮子徒步行走，脚下无不急匆匆的。他们边走边将好奇或疑惑的眼光朝中山装扫去。眼里似乎在问：这些外地人又来鼓捣啥，难道这深山老峪也藏着炼钢炼铁的矿石吗？

行人的猜测是有道理的，在距这个山口二三十里外的黑旺村地段，已在 1958 年初建起一座露天大铁矿。而在黑旺铁矿不远处，还有曾被日本侵略者霸占，引爆“五四”运动导火索之一的金岭铁矿。

也就是说，附近山岭之下肯定有矿藏。

找矿炼铁成为一个时代的主题，人人都会产生符合逻辑的类似推理。况且在他们站位的六七里外，还有一座金鸡山，一座摘星山和一座金山。这里的山名，古人都赋予了带金属旁的字，是不是告诉子孙后代，山里面有人们渴望的金属宝贝？

答案当然是肯定的。

这几个人的确是来寻找“宝贝”的，但不是找金找银找矿石，而是来为脚下的淄水找个家，建座大水库。

在这几个人中，一位是淄博市水利系统的干部，其他几位是从山东省水利勘察设计院聘请来的专家。他们这是第三次联合进淄河滩，目的很清楚，进一步敲定水库位置。

为了让数据更准确，这次他们完全徒步，逐点考察勘测。由口头乡（现在隶属于太河镇）北行，逐点扫描，天晚了，要么住在供销社，要么住在乡政府联系的农民家里。

早年参加勘测的张守悌已经九十一岁高龄，他告诉我，不管在哪里吃住，都毫无例外给人家留下钱和粮票。

1957 年 9 月，国务院颁发《关于今冬明春大规模地开展兴修农田水利和积肥运动的决定》后，淄博市立即跟进，拉开兴修水利的大幕。在“淄河峪”修建“驯淄工程”之前，调集人力物力，在孝妇河支流的范阳河中段动工兴建萌山水库。1959 年 11 月，又在位于淄河上游、距离博山城二十多里的五阳山下，兴建如今被称作“五阳湖”的石马水库。

孝妇河与淄河作为鲁中地区的两大河流，主源头十分接近，一个在原山山阳下的神头处，一个在靠近博山区禹王山西北的济南莱芜区。孝妇河从博山区文姜祠灵泉一跃身，联合附近的大洪泉、凤凰泉、支离泉等水脉，由南往北，沿博山区、淄川区、周村区汩汩流淌，然后贯穿邹平县、桓台县，再入小清河。淄河则在冲下莱芜碌碡顶后，立即由西向东，挽起鲁山和池上涌来的多股水流，一同折向北，沿山根田野奔流前行。两条河像默契的两支大军，一东一西，朝同一个方向和同一个目的地行进。从空中俯视，两条河极像伸展开的手臂，把淄博土地紧紧抱在怀里。当地人笑言，淄博这两条河，一条城河，一条乡河，是真正的“城乡结合（河）”。

萌山水库和石马水库属于中型水利工程，库容量在 1 亿立方米以内。淄河水那时很大，仅从莱芜、原山、禹王山下来的山水和泉水就让石马水库“吃不了”。而石马水库以下，沿途中还有南博山河、池上河等数条河流，这些水汇到淄河里来，使水量不断加大，特别到了夏季，雨多水丰，任其流淌泛滥，很容易造成中下游洪涝灾害。而从古到今，水患也发生了很多。上中下游的博山、淄川、张店以及潍坊、滨州、东营的临近乡镇都有大片村庄农田，还有很多工矿企业，一旦遇有洪水，就面临被冲被淹的危险。远的不说，新中国成立后的 1953 年、1954 年、1962 年的大水泛滥，曾给沿河居住的村民，找过大麻烦。另外，如果遇有旱情，或者到了秋冬季节，淄河又成了“细流之床”，甚至“干涸河床”，中下游两岸的庄稼因缺水而歉收，常被晒干渴死。

中共淄博市委听取了专家们的意见，果断决策，在修建“驯淄工程”基础上，在萌山和石马水库建设同期，再兴建一座水库，不能再让无拘无束的淄河给老百姓们找麻烦。至于水库位置，由水利专家勘探后再决定。

在一个城市，几乎同一时间开建 3 座水库，在淄博过去的历史上没有，在山东省的水利建设史上，大概也不多。

勘测任务交给了省、市水利局和勘探部门。那几个人是来给水库找地方的。

淄河很长，从发源地到贯入小清河有近 160 公里。水流一过源泉，就钻进了两面环山的大山峪里（当地人把源泉到黑旺一带叫淄河峪）。河峪两侧高山拔出，巍峨峭立，苍葱雄浑。

上个月那几个人第一次踏进大山，就毫不犹豫排除了在淄河下游或临近中游建水库的想法。因为临近中游就到了益都县的朱崖公社（即现在的青州市庙子镇）的地界，这里与兴建不久的黑旺铁矿相邻，若在此建水库，要么黑旺铁矿搬家，要么报废，而这两项都是不可能的。除此之外，1904 年修建的胶济铁路横卧在十多公里外的下游。还有新华制药厂、金岭铁矿、山东农药厂等许多大企业也坐落在周围。否定在下游建水库，是非常科学的选择。也不可能在中游，那里布满十多个乡村。在这些地方选址修建水库，虽然方便施工，但成本高，风险大，根本不符合建设水库的要求。必须在距离厂矿企业较远的前面选址，同时远离人口居住密集的乡村城镇，首选地在上游无疑，但究竟选在哪里最合适？是他们这次行走要决定的事。在淄河峪选址，成为几位专家瞄准的方向。

他们沿着淄河滩走走停停，敲山问水，用透视的眼睛丈量两边的山水，仔细辨析这里的山土性质。

他们曾经将位置放在上游源泉村以北地方，那里地势开阔，远离市区和矿山企业，非常适合建大型水库。遗憾那里地质条件差，达不到建设水库标准。若选址于此，必须深挖基，加大投资，而当时的经济状况没有太多的资金做保证。

从济南来的技术员小吴问淄博市水利局老翟："翟科长，你是这里的坐地户，你觉得在哪里合适呢？"

翟科长四十二三岁，中等个，西河人。那时，西河、口头、太河等附近山峪里的村庄，包括经过的"莱芜口"等乡村，还都隶属于博山县。

博山是座充满故事的古城，工业萌芽很早，唐宋时代就有人使用煤炭，有了烧制盆碗和大缸的窑场。明末清初以后，渐渐成为一座盛产煤炭、陶瓷、琉璃和机械为主的工业重镇。新中国成立到20世纪60年代初，淄博市委、市政府就坐落在这里。

翟科长是位老革命，抗战时期，曾经跟着徐化鲁带领的八路军在这一带打过游击。他捋捋被风吹乱的头发，瞅着济南来的专家，回答小吴："咱先听听张工和蔡工的意见吧。"

张工叫张守悌，桓台人，三十出头年纪，中等个，白净，浓密的头发下挂一副近视眼镜。1955年从山东农学院毕业离开校园，就迈进了水利系统大门，继而参加了淮河和临沂沭河治理工程的勘探设计。"快马加鞭未下鞍"的职业生涯，使他很快成为省里知名的水利专家。

金鸡山水库勘测定位，他受命领衔负责。他见爽朗的翟科长问他，便让蔡工从书包里掏出一张图纸。图纸是手绘的，上面画满许多纵横交错的线条和密密麻麻的符号。他让蔡工和技术员小吴展开图纸，指点给老翟看。

"从地质构造分析，这条山峪的山脉结构基本相同，除了一小部分沙石岩、页岩、老化的花岗岩外，大多以石灰岩为主。至于在哪个位置建，地质状况都没有太大问题。而且南高北低，容易蓄水，关键是水库容量必须符合要求。另外，河滩两侧村庄多，估计有一部分要搬迁才行。”

“水库容量淄博市委已经研究决定，必须能够拦截和消化百年一遇的大水才行。”翟科长把淄博市委的决定告诉了大家。

“村民搬迁问题不大，这里属于革命老区，村民觉悟普遍较高。”老翟在淄河一带工作过，和这里许多乡亲都熟悉。

他还说：“市委领导在建萌山水库时就曾多次嘱咐，建水库、修马路不能只看鼻子下边那一点点，要看得长远些，做到十年不落后，三十年不后悔。”

果然如此，萌山水库在迈入 21 世纪不久，经投资改造，面貌全新，被易名为“文昌湖”。硕大的水面，碧波荡漾，当地居民将其比作威海“小银滩”，成为旅游和休闲度假的又一好去处。

张工见翟科长如此说，心里有了底。便接着前面的话题继续谈自己的想法：“既然村民搬迁问题不大，根据上两次的勘察和驯淄工程总结的经验，确保黑旺铁矿、铁路、公路和企事业单位、乡村安全，依据库水量和节约办大事的原则，我认为水库大坝的位置在庙子村以南、豹眼山以东位置比较合适。”

金鸡山东、西两侧皆是起伏的山岭，位置最窄，关键在于此处地质条件相当好。太河庄一带是淄河上游最为宽阔的地带，被当地老百姓称作“葫芦肚子”。将“葫芦肚子”做水库中心当然非常合适。

此方案在第二次勘测时，张工一到这里就相中了，并与同事曲庆新商议过。只是担心附近村庄多，人口稠密，村民搬迁是个问题，心里惴惴，拿捏不准，所以没有说出来。刚才见老翟解释，便放心地端出了这个方案。

小吴一听，特别兴奋地喊道：“张老师，您看看我画的这张草图。”边说边从包里翻出一个半新不旧的大笔记本，打开给张工看。

小吴是山东莱阳人，高中毕业后到省水利勘测设计院工作。因为有文化爱钻研，脑子活泛机灵，领导把他从绘图员岗位调到勘察队，跟着张工他们搞水文地质勘测。

草图是用钢笔画的，规规矩矩，一丝不苟。标着这条山峪主要山头、村庄，河床流向与宽窄尺度。而且，在西太河庄和东太河村之间的宽绰地带，还用蓝色铅笔涂抹了一层。其意很清楚，这里适合做水库的大本营。

张工问在身边瞅笔记本的蔡工："怎么样？"

蔡工是张工的助理，年纪比小吴大几岁。尽管从省里来，他与张工一样，没有半点知识分子的架子。半个多月下来，他与小吴同吃同住同勘测，成了形影不离的"哥们"。

蔡工见老师问他，便恭敬回答张工："已经看过了。"

小吴接着解释："张工，这份草图是俺俩弄的，蔡工提了好多修改意见呢。"

草图密密麻麻，粗细线纵横交错，不是专业，谁也看不懂这份"天书"。

蔡工不等小吴说完，接过话头介绍："老师，小吴这些天没闲着，查资料常常弄到下半夜，自己还借下雨那天，偷偷跑来一趟。"

老翟和张工赞许地朝他俩点点头。

张工见小吴绘制的草图和标识的重点，与自己的设计、构思基本相符，特别是地质构造部分，标注得很详细，十分高兴。托托眼镜，对翟科长说："咱们再往前走走，确定一下具体位置吧。"

老翟见大家意见一致，工作又如此认真默契，精益求精，高兴地抓起撂在地上的包，往肩上一搭，朝钓鱼台和金鸡山方向一挥手："同志们，出发！"

大家望着这位老八路的姿势，笑了。笑声惊飞起栖息在树林里的鸟儿。说笑声，鸟鸣声，河水哗啦声，混合为一种醉人的音乐，在山间鼓荡。

他们勘测的方案，后经曲庚新等省水利厅专家到现场进行论证和比较分析，最后得以确认。

2.1960 年：金鸡山下涌来万万人

1960 年，对年轻的中华人民共和国来说，是个非常严峻的年头。干旱仍在持续和蔓延，人民的日子开始过得紧巴起来。山东作为重灾区之一，受灾面积仍在不断扩大。在《中国灾情报告》中有这样一段文字记载：

> “1960 年上半年，北方大旱。鲁、豫、冀、晋、内蒙古、甘、陕七省区大多自去秋起缺少雨雪，有些地区旱期长达 300～400 天，受灾面积达 2319.1 万公顷，成灾 1420 万公顷；其中鲁、豫、冀三省受灾均在 530 万公顷左右，合计 1598.6 万公顷，成灾 808.5 万公顷左右。山东省与河南省伏牛山—沙河以北地区大部分河道断流，济南至范县的黄河也有超过 40 天断流或接近断流，800 万人缺乏饮用水……”

记载的北方 7 个省区，山东省排在第一。

缺水，成为灾害的一大原因。

缺水，不但让新中国遭受了成立以来最为严重的旱情，也导致粮食、蔬菜、水果等农作物大幅度减产。人民出版社和当代中国出版社 2021 年联合出版的《中华人民共和国简史》记载：“我国国民经济在 1959 年至 1961 年出现了严重的困难局面，工农业总产值大幅度下降，1961 年只相当于上年的 69%，主要农产品粮、棉、油等产品急剧减少，粮食产量由 1958 年的 4000 亿斤，下降到 1959 年的 3400 亿斤，再下降到 1960 年的 2870 亿斤，低于 1951 年的产量，形成了全国性危机。”

山东省的粮食产量，也由第一个五年计划的 1300 万吨锐减到 950 万吨，减产幅度达 26.9%。

没有粮食，没有蔬菜，缺油少盐，人们生活的艰苦程度和困难可想而知，经历过那个时期的人至今记忆犹新。

第三章　山间水事

《中国共产党历史》第二卷在叙述“三年困难时期”群众生活状况的时候，用极其严肃的笔调概括说：“粮、油和蔬菜、副食品的极度缺乏，严重危害了人民群众的健康和生命……”

生活必需品的“极度缺乏”，导致人们生活拮据、困难，甚至艰难，成为不言而喻的现实存在。但是，该干的事情不能因困难与艰难出现了而放弃。必须咬紧牙闯过去。干，成为闯过去的必然之路。

1960 年，中共中央一面纠正急躁冒进与浮夸风造成的失误，一面号召全国人民勒紧裤腰带，自力更生，想方设法同自然灾害作斗争，促进国民经济尽快摆脱困难局面。

根据国民经济建设实际，中央研究确定了“调整、巩固、充实、提高”的“八字方针”。采取加大农业生产、压缩基本建设规模，对成本高、耗能大的工企业关停并转，适当减少城镇人口比例，保证市场供给等一套行之有效的“组合拳”，来应对新中国成立以来出现的最大经济困难。

诸方面综合用力，扭转了工农业、商贸与轻重工业等方面经济比例失调的状况，使国民经济建设朝符合自身发展规律的方向前行，人民的生活也在困难中得以逐步改善。

在这样一个极其困难的大背景下，为进一步改变山河旧貌，改善人民生活，太河水库破土开建！

1960 年 2 月，淄河上游尾处的金鸡山下。

1960 年是鼠年。那年春节来得早，也来得巧，1 月 28 日是春节，还恰逢周末。及至 2 月 1 日，就是正月初五星期一，这天是春节假后机关和企事业单位第一天上班的日子。

关于春节假期，从新中国成立之初到 20 世纪末，国家规定的假日只有三天，如果逢周末，可以同时连休。在 20 世纪 80 年代中之前，除了学校，休息日只有周末一天。尽管假期时间不多，机关和一些工矿企业的干部职工也已提前上班，家远的也早早地赶了回来。

20 世纪 60 年代经济不富裕，家家生活都十分困难，穿着补丁衣裳，吃着糠菜掺和蒸的窝头饼子，但工作劲头很饱满。无论工人、农民，还是其他行业人员，都是国家的主人。主人要有主人的样子才行。只有鼓足干劲、力争上游地去加油干、使劲干，才能尽快改变贫穷的局面，甩掉落后的帽子，改变缺衣少食现状。“楼上楼下，电灯电话”的美好生活，才能由憧憬变为现实。

在春节放假之前，许多人都已经知道要在淄河滩建一座大水库的消息，有的单位还提前进行了动员，让大家做好时刻上工地修水库的思想准备。

紧锣密鼓建水库，成为淄博庚子鼠年的开篇之作。

在勒紧裤腰带的经济困难时期，把兴建水库这件大事摆弄好，十分不容易，面临的困难很多也很大。

20 世纪五六十年代，淄博作为全省乃至全国主要工业城市，开工了许多大的基本建设项目。除了上面说到的水利工程，1950 年动工兴建全国第一个山东电极厂（原第四砂轮厂）；1954 年中国第一个大型氧化铝生产基地（山东铝厂）开工；1957 年建成投运山东省第一条 110 千伏神头至济南的高电压输电线路；1958 年筹建并投产了黑旺铁矿，开工拓建张店到博山的公路大动脉，并建设横跨孝妇河的淄川大桥等工程。这些关系国计民生的项目有的还没有画句号，有的在等待完善，都需要国家投资。在此背景下，淄博市委决定兴建一座大型水库，是非常不容易的。而且要高起点、高标准、严策划，向当时国内建设最好的水库看齐，做到“两保证两解决”。

毫无疑问，组织保证是第一项。无论古今中外，干什么事情，能力强、效率高的组织体系是成功的先决条件。组织作为一项工作、一个战役、一个工程的枢纽和核心，在处理和应对大事情面前显得尤为重要。严密的组织体系，更是中国共产党的优势所在和力量所在。为切实抓好这件关系国计民生的大事，让确定的目标落地，淄博市委首先组建了水库建设指挥部，由一位市委副书记亲自披挂上阵任指挥，然后再在全市调兵遣将。

第二项人力保证。干这么大的工程没有人不行，人少了也绝对不行。曾经有人说，20 世纪 50 年代到 70 年代干的那些事儿，是用“人海战术”拼出来的。的确如此。当时中国电气化十分薄弱，机械化也相当落后，如果用工业 4.0 的标准定义，绝大部分技术与设备均处在工业 1.0 时代。真正先进的机械化设备和设施十分稀罕。诸如煤炭、陶瓷、建筑、机械、电力安装等行业，大多滞留在手工作业和半机械化为主的状态。建设大规模的水利工程，假如有先进的机械化、电气化设备，肯定会省时省力省劲。但那时没有。必须靠人，靠更多的人，用更多的肩膀和气力来完成这一前所未有的工程。

“人定胜天”，靠的是人。

淄博市水利战线的干部职工要全力以赴。从淄博市委、市政府到区县、公社（乡镇）三级机关也要抽调人员上工地；所有厂矿企业也要按照市委文件要求，抽调人员组成“工矿团”到工地参加劳动。施工主力军当然是农民，用冬季农闲的空儿，组织民工到工地去。总之，全市上下一盘棋，用更大的信心和昂扬的劲头，调动一切力量，把新中国第二个十年的淄博开篇写好。

淄博水利建设同样在十年间跑步前进。

从 1950 年初到 1959 年 9 月，淄博市建起 197 座水库；修建了 86 条、总长达 24 万米的干支渠；水池、塘坝 1693 个；共钻机井、旱井 39397 眼，修建了约 6500 米防洪堤岸等。这些成绩来之不易。绝大多数水利项目不在交通与生活相对方便的城镇或郊区，而多在偏僻的农村或者缺水的山沟老峪里。新修建的水利工程和设施，尽管不显山露水，背后却有盼水人的欢喜和农民丰收的笑颜。

第二个十年须比第一个十年干得更好和更出彩，成为全市水利人的共识。金鸡山水库开工兴建，作为淄博市向第二个十年进军的第一战场和开篇之作，炮声成了进军的号声。

农民、工人、市民、干部都铆足了劲在等待上级号令。

当时预算水库需要多少劳动力呢？18000 人到 20000 人。这 20000 人不是一般的人，必须能够冲得上、打得赢、能干活、肯吃苦的壮劳力和棒劳力。

让来的人甩开膀子干好活，没有后顾之忧，必须要解决好两大问题。

一是吃饭问题。

兵马未动，粮草先行，自古一理。那么大的一个工程，那么多的人来开大山、搬石头，做推车垒坝的重体力活，肚子里没有粮食怎么成？

最着急的是工程（总）指挥、淄博市副市长、后任淄博市委副书记的崔景仙。腊月二十八，在博山区最后一个大集日，他把市粮食局长喊到办公室，开门见山问：粮食落实了没有？

差不多了。

崔景仙一听急眼了，从椅子上站起来追问，啥叫差不多！差多少？崔景仙 1939 年入党，干公安出身，不喜欢模糊数字。

如果放到现在，粮食可以说完全不是个事儿，但那是在我国经济特别困难的时候。粮油肉等均实行定量票证供给，城镇成人每月供应 24 到 32 斤粮食不等，农村人口连这些也没有。况且，全国很多地区因大面积旱灾都歉收减产，上哪里弄这么多粮食去呢？粮食局长有些挠头。

崔景仙给粮食局长下了死命令：不管你用啥办法，不管从哪里弄，工地上的粮食，一两也不能少。解决这个“牛鼻子”问题，保证上工地的人有饭吃，成为所有问题中最难解决的问题。这个大难题在上级领导支持和兄弟省份帮助下，最终得以解决。

二是住宿问题。

浩浩荡荡数万人，不可能朝九晚五地来回赶班，别说那个时候进出大山没有公路，没有汽车和拖拉机，即使今天公路宽敞，大小汽车方便，也不可能天天折腾着来回跑——把时间花费在路途上，成本太高。

一句话，必须吃住在工地。住宿虽然不及吃饭那么重要，但也绝对不是次要问题。“天当房地当床”，野营扎帐篷弄三五天还有些新鲜劲，时间长了怎么行？尤其寒冷的冬春季节，水库工地在荒山野岭，住的问题解决不好，肯定会影响建设者们的健康和劳动情绪。

组织的力量是伟大的。解决好这个沉甸甸的“住”字，上级把任务层层分解，大头交给淄川区，淄川区又分解到附近几个公社。公社与各乡村大队接到接待民工住宿任务后，立即忙碌起来。想办法，定措施，年前年后挨家挨户串门，动员村民腾房子、倒院子，迎接各地来施工的建设者。

翟慎晔是淄博市中心医院一位护士长，老家在靠近淄河滩的南下册村。她给我描述，水库初建时，他们家住进了十七八个大汉子，本来挺宽绰的四合院，顿时小成了“火柴盒”。为了让民工住下，他们一家三代八口人全部挤在两间东屋里，其他三面房都让给了建设者。

“收费吗?”

“不收。”

“有补助吗?”

“没听说过。”

“不仅我们家，家家都这样啊。”

她还跟我说，那些年父亲经常絮叨：“人家抛家舍业来帮助咱拦水种庄稼，多大的情分啊，咱一定得好好待人家才行。”

除了将建设者安排在农民家里住外，为了保险，市政府让一些大企业自备宿营帐篷，让各区因陋就简，建起一排一排的工（窝）棚，确保来者有其“屋”。

万事俱备，只等东风。紧锣密鼓半个月，一切准备得妥妥当当。

2 月 4 日，正月初八。按风俗还没有过完年，有的地方还在准备闹元宵，一些孩子手里还攥着舍不得燃放的小鞭炮。就在这样一个年味飘荡的时空里，两万名水库建设者从四面八方聚集到淄河滩的金鸡山下。

寂静的淄河峪顿时热闹起来了。

1960 年的金鸡山下，创下了有史以来数个第一：第一次涌来上万人；第一次扎起了颇似唱戏的主席台，尽管那台子相当简陋，只用几根木杆和几块篷布搭建；第一次有了那么多面迎风猎猎的红旗和彩旗；汽车和拖拉机也第一次出现在山旮旯里；第一次听见了可以将声音传播得很远很远的高音大喇叭……

一位八十开外的长者跟我描摹誓师大会那天的情景：

“热闹啊，太热闹了，从小没见过，比过年还热闹……那天冷啊，太冷了，可是，人山人海把冷都挤得没了影。大喇叭最吸引人，张着那么大的嘴，还有半截舌头藏在里头，太喜人了。山里人见识少，没出过山门的乡亲直愣愣地瞅着架在木杆子上那几个玩意儿，有些妇女还领着、抱着孩子在听喇叭说话唱歌，弄不明白是咋回事。”

喇叭声，欢笑声，吆喝声，哨声，拖拉机的突突声，开山砸石放炮声，汇集在这片清冷寂静的山岭之间，有了开天辟地以来的繁忙和热闹。

实施这一方案，在于水库建设的动意指向十分清楚，要达到和完成以下三个目的：

第一，拦防洪水，保证黑旺铁矿以及下游企事业单位和乡村的安全，不被洪水威胁和淹没。

第二，扩大农业灌溉面积，提高粮食亩产量。

第三，解决部分山区乡村饮用水问题。

这三个最初目的，随着时光推移和社会发展，特别是党的十八大以来，精准扶贫，勠力推进乡村振兴的政策，坚持绿水青山就是金山银山的致富理念，进一步改变了这里的面貌。

关于老淄河滩的旧时状况，在这条六十多里的山峪旮旯里，既有美丽动人的故事，也有许多心酸传说。有些谚语至今还让一些中老年人念念不忘：“穷山恶水种地难，十年要有九年歉”。光秃秃的山峪里，不缺青砂乱石，却稀罕长庄稼的黑土地。种粮食的土地挂在山坡上，一块一块的，像吃不饱饭的娃儿，瘦贫得很。瘦得不可能高产，每亩产量只有一百多斤，而这也不能保证年年都有。淄河峪还流传着一句不太好听的话，叫“穷山恶水尽石头，十年九旱八不收”。

歉年逃荒要饭，成了山峪人的苦难常态。

将“穷”字和“恶”字必须尽快连根拔掉，否则，对不起跟着共产党打天下的老百姓，对不起跟着共产党走社会主义大道的中国人民。

把水库修起来，让地里浇上水，让这里的乡亲不再去逃荒要饭，这就是实实在在的为人民服务，也是共产党人的初心所在和应有的使命担当。

国家在经济困难、到处用钱的时候，拿出一大块资金兴建水库不容易，政府务必当好家、理好财，让每一分钱都花得值。干事创业既不能因循守旧、畏手畏脚，更不能头脑发热、好大喜功。

讲究科学，必须的。讲究质量，同样是必须的。

科学与质量，成为夯在太河水库里的两块奠基石。正如曾在库区流传的那句话，我们可以吃糠咽菜，但不能让大坝吃糠咽菜。

也许因为这种老老实实的境界，还有对人民负责、不乱花钱的办事态度，太河水库从地质勘察到选址定位，从山东省委到淄博市委，再到省市有关部门、工程指挥部和各施工队伍，都把“科学与质量必须挂帅”放在了前头。

水库的百年大计，选址成为关键一步。起步扎实，选址得当，必须保持科学与严谨。

水库的具体位置是，北起金鸡山，南望马鞍山，东边紧靠青龙山，西临豹眼山。库区南北长度超过 10 公里，东西宽度接近 3 公里，水库设计总容量为 1.8 亿立方米，将“高峡出平湖”的美景蓝图定格在大山里。

碧水连天的水库要改变“穷山恶水尽石头”的旧淄河模样，形成水波荡漾、浩淼连天的“淄博西湖”，以蓝宝石的妩媚姿态，镶嵌在为姜太公开辟的这片三面环山的疆土上。

水库大坝像金鸡山展开的双翅，挺立在金鸡山间；又像一道威武雄关，接望上游的连绵群山，守护下游的农舍良田。人们望着蓝图，想象即将崛起的蓝色湖泊，就以金鸡山水库的名字，出现在最早的文件和人们的视野里。

“雄鸡一唱天下白”，我们的金鸡山也要鸣唱啊！

日夜兼程。

日夜施工。

一个“斩断淄河水，劈开金鸡山，改变山河旧貌，开出万代幸福泉”的浩大工程，在人们的欢呼声中拉开大幕。

钢钎、大锤、铁锨、镐头、独轮车、长扁担、大抬筐、小铁车、与挥锤打钎的号子声、推车飞尘的车轮声、垒石砌坝的说笑声、鼓劲加油的喇叭声，还有风声、雨声、虫鸣声交织在一起，以独有的交响乐，响彻在 20 世纪 60 年代开篇的岁月里。

1961 年 2 月，施工者用一年时间，就拿下一百七十多万立方米土石，大坝基础敞开衣襟，亮出威武的雏形。

领导来工地检查施工情况，看到水库大坝只用 360 天就在山旮旯里站立起来，十分震惊。望着掘开的山岭讲："再拼一年，至多两年，这水库就能派上用场。"

言外之意，有如此的拼劲，什么拼不成？

可是，当时生活太困难了。尽管建设者们勒紧裤腰带，啃着咸菜和窝头煎饼，不畏风雨地干，朝着已经融化在梦里的方向挖土凿石，但是，国家为了共和国的命脉和大局，为了保粮，20 世纪 60 年代初继续在全国范围内压缩基建规模。太河水库作为大型工程，也在被压缩之列。按照上级要求，拉开架势、有了雏形的太河水库不得不暂时缓建。

建设者们眼里含着泪花，抚摸着手上磨起的老茧，站在粗糙的大坝处久久不愿离去。

"开弓没有回头箭"，我们会再来的，一定再来！这话说给大坝，说给流淌的淄河，也成了大家告别的语言。

再来金鸡山，再回金鸡山，人们期待着。

关于这一年的施工，在 2005 年太河水库管理局编制的《淄博市太河水库工程竣工技术总结》里，有段客观记录。

> 太河水库从 1959 年 10 月提出，12 月定案，11 月开始钻探和降水道开挖以及各项准备工作。1960 年 2 月 26 日正式全面动工，齿墙开挖是从 1960 年 2 月 4 日至 1960 年 8 月 20 日。为了保粮，工地由 18000 余人撤走 15000 人支援农业，至 1961 年 2 月 9 日正式宣布停工。
>
> 经过全市人民的大力援助以及全体参与施工的干部职工的积极努力，经过两个严冬一个酷暑，不分昼夜鏖战了一年之久，取得了巨大成就。尤其在齿墙开挖过程中，战胜了 13 米

深的地下寒泉，汛期中又与 6 次洪水的袭击展开了激烈的搏斗，冒着大雨抢修了黑旺围堰工程。坚硬岩石也被我们的劈山英雄凿穿了二条隧洞（即灌溉输水洞及泄洪洞），从山中劈上了大沟，许多附属工程如降水引河护岸、堵坝围堰、铺路、架设临时桥梁、安设机电装置、职工住房、生产工序、工棚土屋等，在极端困难的条件下，都被我们修建太河水库的英雄们一个一个地战胜了。至 1961 年 2 月 9 日全部停工，共完成了土石方 171 万立方米，其中有效方量为 148 万立方米。

看几组透着温度与速度的进展数字吧。

齿墙实际开挖总长度为 770 米，底宽 9 米至 13 米，平均宽 11 米，平均深 10 米，最深达 13 米。从 1960 年 2 月 4 日开挖，万余民工奋战 51 个昼夜，至 5 月 27 日全墙开挖完成。

3 月 25 日组织齿墙回填，至 4 月 27 日齿墙基础全部回填合龙，到 6 月 10 日齿墙全部回填完成。共回填土方 22.92 万立方米（包括砂方 2000 立方米）实用工 23 万工日。

枢纽工程上的三大部分，即溢洪道、泄洪洞和灌溉输水洞，从 1960 年 2 月 22 日溢洪道开工至 1961 年 3 月 10 日止，共完成全部有效总方量 18.28 万立方米，占设计总方量的 54％。

溢洪道总计方量为 270000 立方米，完成方量 151000 立方米；泄洪洞总计方量为 44528 立方米，完成方量 18971 立方米；输水洞 24663 立方米，完成方量 12875 立方米。

为防止水库挖建期间上游来水，专门修建了黑旺铁矿防洪围堰。围堰全长 3215 米，于 1960 年 5 月 11 日开工，7 月 13 日全部竣工，历时 63 天。先后调集民工、职员、工人 3535 人，编成两个营、三个直属连、八（陡）南（定）铁路调来两个中队，七个单位和黑旺铁矿一起施工。7 月 1 日又从太河水库调来蓼坞、沣水、田庄营部分民工……

为什么我们的建设者不愿离开工地，为什么我们的决策者不忍心下达停工的命令。这些数字就是最好的回答。如果再聚力一年，至多两年，太河水库就能够在他们手上完成。

3. 重启在1966年

等大家再回到金鸡山下的时候，已经到了1966年的立冬时节。

从1961年到1965年，这5年对新中国来说，意义非凡，中华人民共和国向第二个十年迈进上，年轻的共和国经历了什么，干了什么？出现了什么？是值得每位公民，尤其是历史学家们认真思索和总结的。对这5年的基本概括，首先出现在周恩来总理在第三届全国人大一次会议上所作的政府工作报告中。1963年中央召开“七千人会议”后，1964年12月下旬在北京召开这次全国人大会议。会议于1965年1月闭幕。次年“文化大革命”开始。这次报告就显得尤为珍贵。

> “几年以前，我国的国民经济在取得巨大发展的同时，曾经遇到了相当严重的困难。一九五九年到一九六一年连续三年发生了严重的自然灾害，给整个国民经济的发展带来了很大的困难。我们在实际工作中也发生了一些缺点和错误。而赫鲁晓夫在一九六〇年突然背信弃义地撕毁几百个协定和合同，撤退苏联专家，停止供应重要设备，严重地扰乱了我们发展国民经济的原定计划，大大加重了我们的困难……
>
> 伟大的中国人民，并没有被严重的困难吓倒。我国人民在党的领导下，团结一致，艰苦奋斗，自力更生，奋发图强，纠正了实际工作中的缺点和错误，克服了重重困难，在不长的时间内就完成了调整国民经济的艰巨任务，为今后我国社会主义建设新的发展打下了良好的基础。”
>
> ——1964年12月21日政府工作报告

我反复咀嚼这段分量很重、内容又极其丰富的文字，感觉在周恩来总理所讲的每句话和每个字里，都有一颗心和亿万颗心在兴奋地跳动。

那就是，中华人民共和国经过十几年的打拼，中国人民不仅站了起来，而且牢牢站稳了，站实了，打破了一切扼杀者的美梦。新中国建设虽然走了弯路，遭遇了风霜，人民的生活还很艰苦，没有摆脱贫穷，但挺直了脊梁，真正屹立于世界东方和民族之林。

“站”字从来没有如此之凝重、耀眼和骄傲，因为每一笔每一划，都是团结一致、艰苦奋斗、自力更生、奋发图强、流血流汗的结晶；都是克服种种困难、纠正错误、冲破多重扼制与封锁的结果。

请允许我把笔墨略略扩展一些，沿着政府工作报告的脉络回看一段历史，去看看“在不长的时间内就完成了调整国民经济的艰巨任务”的基本内容。

第一，电子工业、石油化工、原子能、航天等一批新兴工业逐步建设起来，初步改善了工业布局，形成有相当规模和一定技术水平的工业体系。

第二，铁路、公路、水运、航空、邮电等事业都有较大发展。十年新修铁路 8000 公里，全国除西藏自治区外，其他各省（自治区、直辖市）都有了铁路。宁夏、青海、新疆等第一次通了火车。

第三，1964 年 10 月 16 日，第一颗原子弹爆炸成功。中国有了原子弹，意味着什么？意味着打破了超级大国的核垄断、核讹诈和核威慑，极大地提高了我国的国际地位。

第四，导弹和人造卫星的研制取得突破性进展。耐人寻味的“突破性进展”又意味着什么？意味着不久的将来，神秘的太空，将有中国人的声音和中国人的身影。

第五，1965 年，在世界上首次人工合成结晶牛胰岛素，代表了我国科学技术达到的新水平。

第六，1965 年，中国已经实现了石油原油的全部自给，外国人掐我们脖子的“洋油”时代，将一去不复返。

第七，农业基本建设和技术改造大规模展开，并逐步收到成效。全国农用拖拉机产量和化肥施用量都比 1957 年增长 6 倍以上，农村用电量增长 70 倍。

中国共产党从不回避建设路上的困难、问题，以及出现的重大失误，但初心依旧，坚持社会主义道路的自信力没有丢失，方向没有改变，相反，加快了发展祖国的底气。基于这些靠艰苦奋斗和自强不息取得的伟大成果和经济基础，根据毛泽东主席的提议，周恩来总理在这次报告中，第一次向全国各族人民，也向世界正式提出中国建设与发展的未来方向——

“在不太长的历史时期内，把我国建设成为一个具有现代农业、现代工业、现代国防和现代科学技术的社会主义强国。”

方向是大家耳熟能详的“四个现代化”。党的十一届三中全会以后，举国拨乱反正，中国沿着社会主义道路，依然高举“四个现代化”的旗帜，继续坚持这一前行的方向。

“四个现代化”中，“现代农业”是其中之一。要实现它离不开水利作坚强后盾。

落实政府工作报告精神，加强水利设施基本建设，在全国立说立行。水利电力部于1965年下半年召开了全国水利工作会议，明确1966年水利工作重点，水库建设是其中之一。

1966年7月26日，中共淄博市委下发了淄发〔66〕第75号文件，以《关于成立太河水库续建工程筹委会的通知》为标志，拉开了太河水库第二次上马的大幕。

为保证二次上马后的太河水库能够立即投入建设，淄博市委做了三件事：成立筹委会领导班子；确定是年11月6日为动工时间；将萌山水库管理人员全部转到太河水库去工作。

班子、时间、人员敲定，等待东风——上级的批复文件。

1966年10月上旬，淄博市水利局收到山东省水利厅6日签发的《关于太河水库续建工程扩大初步设计的批复》文件。批复说，经山东省计委和山东省水利厅研究批准，同意太河水库续建。还说，经审查，同意由省水利勘察设计院和省水利局贯通编制的《太河水库续建工程任务书》，明确提出工期要求："近期工程分期施工，于 1969 年全部完成。"

批复里还有一句很重要的话，落实动工资金，批准"本工程近期总投资 400 万元，其中 1967 年 100 万元。"

文件后面还有一段话，透着那个年代少花钱办大事的节约特点："根据该工程施工用电较少，可由黑旺铁矿架设简易输电线路，待工程完成后，拆除收回。所列解放牌汽车两辆，不同意购置。"

尽管没有专门架设用电线路，申请购置的汽车也没有得到批准，但是，续建资金上级毫不犹豫地全部批复了，还给出具体办法，提出具体要求。

言外之意，抓紧干吧。

淄博市委接到上级批复后，立即召集有关委局开会，以最快的速度落实文件要求。

会后，淄博市人委下发了〔66〕淄农办字 251 号文件《关于太河水库续建工程调配民兵的通知》。通知主要内容集中在下面一段文字里：

> "太河水库续建工程需用 2429 万个工日，经市委研究，确定调配常年施工民兵 4000 人进行施工，自 1967 年至 1969 年三年完成。各区民兵调配人数：淄川团 2000 人，张店团 1000 人，周村团 500 人，博山团 500 人。各团所调民兵定于十一月一日开始集合，十一月三日全部到达工地（都要带毛主席著作），十一月五日正式动工。"

文件将时间、人员、任务安排得一清二楚。经过紧张筹备，人、财、物全部到位，施工又在一个冬季来临时刻，按下了启动键。不误农时，利用冬季农闲兴修水利是全国的一个传统，也是为什么两次上马都选在冬季开工的原因。

这次市委文件里有个词汇与 1960 年文件中的称谓不同了，"民工"为"民兵"所替代，以区县为单位派出的施工组织构成一个"民兵团"，公社为“民兵营”，生产大队为“民兵连”。这是20世纪60年代开展“三学”（工业学大庆，农业学大寨，全国学人民解放军）活动的具体体现。不仅水库工地如此，企业也按照“军事化”管理，依次改成团、营、连、排、班的组织机构。

人们扛着镐头，带着铁锨、箩筐、钢钎、扁担、小铁车、大独轮车、地排车等等，又一次聚集在巍峨的金鸡山下。这次增加了拖拉机，施工队伍里有了汽车、小型挖掘机等先进工具，只是很少，八九台而已。

4. 来也匆匆，去也无声

一边运筹帷幄，一边车马滚滚。

水库二次上马不久，淄博市水利局与淄博市粮食局立即联合给太河水库指挥部行文，明确工地民兵（民工）粮食和伙食补助标准，即每工每日补助四毛钱和一斤半粮食。文件下发第三天，按照补助指标，第四季度所需的51万斤粮食悉数运送到淄川区粮食局，然后分批送达各团和各营驻地。

伙食是头等大事，一刻也没有耽搁。

四毛钱和一斤半粮食，现在看微乎其微，尤其那四毛钱，现在许多地摊商贩、出租车司机在交易时往往省略抹去，但在不富裕的那些日子里，则是个暖人的数字。

工地上的大小食堂从来没有断过炊，尽管以粗粮为主。“等米下锅”的事儿也没有发生过。粮草先行，在工地得了满分。

与粮食画等号的是施工质量与施工标准。

当年那些起早贪黑的劳动者，无论在水库从事什么工作，很少去谈论和回忆当年的吃和住，即使说，也是一两句话带过去——都那样，没啥好说的。他们反复念叨、絮叨、重复的都是与修水库有紧密关系的事儿。从大坝垒砌、推车打洞、拔草护坝、河里抢险到溢洪道、渡槽设计再到预制板水泥沙子质量，无不清晰地印在记忆里。

质量，没有一个不念叨。

1966 年 10 月印制的《太河水库续建工程大坝施工要求》，工程指挥部 1966 年年底下达的《关于砂砾保护层施工质量要求的通知》。这一件一件已经作为档案的文件，有的用手工打字机打制，也有刻钢板的油印件。一切都工工整整，带着无法更改的那个时代印记。

应该承认，20 世纪六七十年代的施工技术还很落后，机械化作业与现代运输工具很少，大多滞留在人工挖掘、肩挑手推、和泥砌垒的原始状态，但是，带有体温的文件如同憨厚长辈伸出的手，以极其朴素的形式在跟我们解释，那个时代的建设者们，工具原始，但对施工质量没有半点含糊之心。

我一边翻阅那些带着岁月包浆的文件，一边体味文件里的心劲。遗憾的是，人们干活的心劲虽然很大，但没有了 1960 年开工时的齐整与威武。

工地上出现了不和谐的杂音。

“文化大革命”之火已经在淄博遍地燃烧开来，太河水库也受到了冲击。

太河水库档案室里有两份五十年前的资料，一本有些陈旧的“会议记录”，一份油印传单。

那本“会议记录”是普通笔记本，里面记录着工地上发生的情况。

其中一页记录着指挥部召开会议的情况。时间是 1967 年 3 月 6 日下午。参加会议的有战某某、杨某某、赵某某等六人，王某某负责记录。

此次会议有若干项议题，第一件事是汇总出工人数。上面记载，截至 3 月 5 日，到工地施工人员共 2975 人。其中博山团 300 人，周村团 370 人，张店团 750 人，淄川团 1555 人。

3 月 5 日是工地全面开工的一天，人却不齐整，4000 人的工作安排，到了不足 3000 人，缺口占四分之一。

会议对那天上班情况做了调查分析，每句话都像一组蒙太奇镜头，将半个世纪前的工地场景慢慢地拉了过来。

工作十分随便，没有人敢管，大概也管不了。

有的上午 9 点才去点卯，10 点钟就不声不响地走了。××团上班后，9 点多就走得没了人影。

工作也无多无少，“对当权派的指挥不听招呼”，说某某公社副书记到工地一开口，有人立即顶撞：“你是当权派，咋呼啥!”

还有的怕苦怕累，拈轻怕重，重活不愿干，存在临时思想等等。

你追我赶的气象去了哪里?

生龙活虎的氛围去了哪里?

春天里的淄河滩，凌乱而萎靡，没有春天该有的那份生气、活跃与升腾。

那份油印小字报传单是由工地上一个叫“某某破私立公战斗队”印发的，时间是 1967 年 5 月 14 日。这份传单印发的目的，是要揪出工地上“走资本主义道路的当权派”，还要揪出负责太河水库建设的某位市领导。字里行间散发着人们熟悉的那股火药味。大概为了增强说服力，那份传单还将市人委（那时中共淄博市委叫中共淄博市人民委员会）下发的修建太河水库、调配民兵的文件附印在其中。目的很清楚，要以这份文件为证据，揪出水库上的当权派。

有这样的膨胀情绪、心态和自以为正确的行为，水库修建速度焉能不受影响?水库建设者们又怎么能够像 1960 年那样，全身心地使劲抡镢头、推小车、垒砌石头呢?

建设速度受到严重影响，计划指标也无法按计划去实施和完成。尽管如此，工地上仍然有人在沉默中坚持着，一点一点地努力干。一位 1968 年上水库劳动的建设者说：“干总比不干强啊，多挖一方（土）比少挖一方（土）好。”

中国人不怕苦，不怕脏，不怕累，也不怕死，就怕捣蛋和人心散。颤颤巍巍的话语里，透着对那些年那些事的无奈。

资料显示，1967 年计划完成 116 万土石方，结果只完成 38 万土石方，不足计划的三分之一。之后两年施工任务也没有完成，1969 年只完成了 29 万土石方。

太河水库管理局原总工程师王鹏给我介绍:“1967 年下半年和整个 1968 年,来工地上班的人很少很少了,四千多人的规模,有时候也就二三百人在干活。”

这一现象,在淄博市水利局原总工程师叶纯正那里也得到印证。没有任何组织吹哨收工,或者宣布解散或者下马,人就是不来了。来干活的人,也缺少了精神头,像失水的花草,激不起拼命的劲儿。

偌大的工地人影零落,锤声单调,被无数脚印踏出来的条条小路上,有了野草的肆意生长;被挖开的大片崖土,也蒙上了一层粉尘,遮盖了土地的鲜亮颜色。垒砌的半截大坝坑坑洼洼,像只被冷落的凤凰,尴尬地横卧在金鸡山下。

大坝上的石头,无奈地看着上游流淌过来的水,还有照射过来的太阳。半截大坝尴尬地横卧在宽阔的河滩之上,孤寂无语。清澈的河水沿着没有合龙的豁口哗啦流淌,使金鸡山下的硕大工地更加寂寞。

附近村庄的村民,望着已经掘开山石胸膛的水库摇头叹息,这个干法,水库该建到啥时候呀!

施工的号子声去了哪里?

熙熙攘攘的人群去了哪里?

流淌不息的淄河在等待,没有完工的大坝在等待,人们也在等待,等待水库工地再一次热火起来。等待 6 年前水利专家张守悌先生画在本本上的那波迷人的碧水,能够尽快从图纸上走下来,变为现实,沿着青山荡漾环绕。

5. 太河边上的红色记忆

趁大家等待的时候,解释下为什么将金鸡山水库改称为太河水库?

将水库易名太河,不仅在于水库中心位置有座几百年历史的太河村,更在于这里曾经发生过一件震惊华夏的大事。

抗战时期的 1939 年,这里发生一起国民党围剿杀害八路军的惨案。牺牲了二百一十多名八路军战士!

八路军山东总队三支队的政治部主任鲍辉、团长潘建军等同志在惨案中被杀害；执行护送任务的营长吕乙亭也光荣牺牲；要去鲁南“山东抗日军政干部学校”和延安“中国人民抗日军事政治大学”学习培训的六十多名优秀儿女都被他们打死；还有的被俘拘禁。这些好儿郎没有倒在打鬼子的抗日战场上，却牺牲在无耻的国民党反动派手里。

为了记住这一惨案教育后人，根据山东省领导的意见，易名太河水库。《淄博市水利志》记载：“1960 年 3 月 8 日，中共淄博市委，根据山东省副省长邓辰西视察工地时的提议，为纪念太河惨案事件，更名为太河水库。”

淄博市委党史研究院原副院长、党史研究专家孙长年讲，前事不忘后事之师。现在的太河水库不仅担当着水库应有的功能，也承载着传递红色记忆的使命。1984 年 6 月，淄博市人民政府将惨案发生地定为市级重点文物保护单位，后成为省级重点文物保护单位。1985 年 8 月，淄博市人民政府在水库右岸的山石上，面对一泓碧水，立起一尊用白色花岗岩石雕筑的石碑，上写“太河惨案死难烈士纪念碑”。

淄河在博山区东南方向和淄川城区以东，是南来北往的交通要塞。这里既有厚重的人文历史，又是一条山东红色文化带。在这条河流经过的地方，有中共“一大”代表王尽美、邓恩铭播撒火种的足迹；有博山、淄川、临朐、益都“四县联防”抗日办事处；有中共博山县委成立时的旧址；有八路军驻博办事处、八路军战地医院等等。著名的“黑铁山起义”后，八路军山东纵队第三支队、第四支队，以及共产党领导的博山县大队、益都县大队、淄博矿区与铁道武工队等都在此集训练兵，与敌人巧妙周旋。这里也留下廖容标、姚仲明、冯毅之、张敬焘、蒋方宇、徐化鲁等抗日将士和爱国志士的身影。长长的淄河与两岸拔起的青山，宛如一部蜿蜒的无字长卷，刻写着许许多多惊心动魄的传奇故事。

如果我们站在水库大坝西望，二十里外就是被称为淄博“小延安”的佛村，山东八路军纵队第四支队和矿区抗日武工队经常居住的地方。相邻的是王尽美、邓恩铭 1921 年冬来淄博点燃革命火种，组织工运、发展党员的淄博炭矿“大荒地”，过去的鲁大矿业公司淄川炭矿所，今天的山东能源淄博矿业集团。

如果我们站在水库大坝向北望，不远处就是贯通半个山东、赫赫有名的胶济铁路线。这条 1904 年德国占领山东时修建的铁路，后成为日本掠夺山东资源的主干线。抗战时期，在这条铁路线上，常有矿山武工队、游击队和益都县大队神出鬼没。他们像《铁道游击队》中刘洪、王强和鲁汉们一样，袭扰完鬼子，扒完火车，就隐藏进这片山连山的泰沂山脉里。

如果再从胶济铁路往北行十余里，就走进了淄河边上的许家村。谁也想像不到，在那个其貌不扬、被绿树掩映的临淄小村子里，是我党金融机构、中国人民银行三大前身之一的北海银行地下印钞处所在地。

我们回转过身，贴着水库岸边，沿淄河上溯南行，就走进了起伏的崇山峻岭。无论青龙山、鹁鸽崖、卧虎山、吴王寨，还是大口头村、小口头村，脚下的每一步和沿途经过的村庄，都在向你诉说着的传统和打鬼子、求解放的动人故事。

人们都会津津乐道 1938 年年初，中共博山工委蒋方宇、张敬焘在这里组建起了山东抗日救国第五军和山东人民抗日救国军第六军。这里有了第一挺机关枪，由八路军山东纵队四支队司令员廖容标命名的“山东抗日救国自卫团博山第一团”的大旗，就插在淄河滩边的太河村的墙圩上。

中共博山县委成立后，第一次党的代表大会就在水库旁的太河东门里村召开，那是 1939 年的冬天。

被民间称作“刘大仙”的一位抗日志士，在宽阔的淄河滩上，手持大刀，削掉了鬼子的脑袋。而今，一方纪念这位抗日志士的黑色大理石石碑坐落在水库东岸，守望着已被库水覆盖的辽阔淄河滩。

抗战时期著名的马鞍山保卫战也发生在这里。马鞍山距离太河水库大坝大约有六七千米，是水库周边几十座山峰中最高和最险峻的一座，山高路陡，易守难攻。守住了这里，就扼住了进出鲁中、鲁北和通向沂蒙山区的咽喉要道。1942 年，为阻止日寇对沂蒙山根据地扫荡，这里发生了一起中国抗战史上少有的战斗，驻守在山上三十多名八路军伤病员和家属，在副团长王凤麟指挥下，与有飞机、有大炮的一千多名日伪军展开了一场殊死较量。

惊心动魄的马鞍山保卫战、威风凛凛的八路军副团长王凤麟、冯旭臣一家4口跳崖牺牲的“一门忠烈”事迹鲜活的记录在文献里。英雄的鲜血留给了山河，山河也永远铭记这些血染青山的英烈。

奇男儿，守空山，频将敌伪截断。飞机大炮山可撼，壮士英风不变。审知军械势悬殊，浴血运石仍抗战。拼头颅，使敌伪惊服；这气节，教人民敬念。山或崩，石或烂，烈士精神终古焕！

这就是壮士英风的淄河。

这就是浴血抗战的太河。

红色淄河与红色太河的故事没有到此结束，还在继续书写。

第四章 峥嵘岁月

受“文化大革命”的影响，太河水库工程施工进度像蜗牛似的缓慢，原定 1969 年要完成的修建任务，成为遥遥无期、很难画句号的马拉松工程。干活的人少，工程进度自然撵不出来，这一年总共完成土方量不到 30 万立方米，相当于平素两个月的活。这么一项大工程，在寂寞冷落的群山间，成为不是下马的下马工地。

1. 大坝：还要等多久

农民担心地里的麦子、谷子和玉米浇不上水，就会成为一缕一缕的狗尾巴草；水库下游的企事业单位和居民则担心下大雨，因为下大雨必定会引发山洪，山洪一来，已经实行露天开采的黑旺铁矿怎么办？这可是山东省重要矿石出产地呀！上游来水，横冲直闯，黑旺铁矿必定首先受冲击，结果不敢想。

担心不是没有理由，可怕的事情不是没有出现过。不说 1908 年的大水，淹没上下游七十余个村的事情；不说 1945 年淄河洪水泛滥，淹死盆泉等村九十余人的悲惨之事。单是 1966 年 7 月 14 日夜间那场突如其来的特大暴雨，至今仍让人们心有余悸。

那天傍晚，淄博源泉、淄河上空还叠挂着平静的云朵，转眼间，大朵的云不断涌挤叠加、聚集和变脸，由浓白到灰厚，继而黢黑，俨然“翻手为云、覆手为雨”，大雨点儿跟着雷鸣电闪，从空间急匆匆冲下来泼下来。

下雨是常有的事儿，但没想到那雨越下越大，越下越欢，似乎要把全世界的雨都倾泻在淄河一带。瓢泼大雨加上游来水，导致峨庄紫峪水库、土泉水库坝堤被冲毁，滚滚洪水向下倾泻，吞噬着沿河村庄和庄稼。

说起那雨，人们至今害怕。一位老者说，那水来得急，冲得快，躲都来不及。还说如果那年有个大水库拦拦，至少能使中下游损失降低很多。

生活中没有如果，也没有假设，只有实实在在的未雨绸缪。所以，关系国计民生的水库建设，无论国家投资，还是地方集资，务必让投在这里的钱尽快发挥作用才是硬道理。不能把人民的钱和建设者的心血扔在河滩上晒太阳，成为太阳下让人心疼的“烂尾工程”。

人们焦急地盼望着，揪心地等待着。

这年年底，事情终于有了转机。

1969 年 12 月 8 日，济南军区杨得志司令员来淄博市检查指导工作。次年 2 月，位于人民路的淄博市委大院走来一位戎装整齐的军人。

大家的目光向这位陌生军人身上聚焦。他叫杜永隆，济南军区后勤部副部长（副军职）。他受命来淄博，担任市革委核心领导小组组长和淄博市革命委员会主任。

杜永隆到来之时，恰逢河南林县“红旗渠”胜利竣工。红旗渠的胜利，让淄博人心里不是滋味。

前面说过，淄河峪曾在 1958 年 3 月组织过一场声势浩大的“驯淄工程”建设。那一擒山改河的水利壮举，在全国影响很大，河南林县的水利建设者也曾前来交流参观。

红旗渠与太河水库一样，是在 1960 年 2 月上马的。他们克服资金、技术、吃住等各种困难，顶住各方压力，一憋气干了整整 10 年。凿悬崖，通隧洞，跨沟涧，架渡槽，先后削平一千二百五十多座山头，引来甘甜的水，为新中国成立二十周年庆献上一份厚礼。

在羡慕红旗渠的时候，人们也思索自己的事儿，太河水库建设很艰辛，要穿越许多山头，打许多洞，但与红旗渠比起来，没有那么多山头要削平，为什么 10 年过去了，还没有建成呢？前些年因为困难和调整而中断，为什么 1966 年到 1969 年的施工计划没有完成？

壮观的河南“红旗渠”恰恰是淄博人学习参考的样本。

杜永隆在山西参加八路军，1939 年入党，从事并谙熟部队后勤工作。他到淄博后，深知这座工业门类齐全的历史名城在全省乃至全国国民经济中的位置。

不干活哪来馍？天上能掉馅饼吗？他这样想，但不能这样说。无论开会还是到区县厂矿检查工作，反复强调一定要听毛主席的话，既要抓革命，也要促生产，两者决不可偏废。党政军民学，东西南北中，谁饿着肚子也不可能把革命的红旗插到山顶上。

1970 年，一批被打倒或者靠边站、关牛棚的干部陆陆续续得到解放，并被结合到各级领导班子里。鼓励各行各业要“备战、备荒、为人民”，坚持革命、生产两不误。在此环境下，一些被按下暂停键的大项目重整旗鼓，以会战的形式上马大干，太河水库成为大干项目中的重点。

那年，国家发生了一些与国民经济息息相关的重要事。

不说全长 1091 公里的成昆铁路（成都至昆明）在 7 月 1 日建成通车；不说中国研制的中远程火箭飞行实验取得初次胜利，使中国拥有和具备了发射中低轨人造卫星的能力和技术；也不说中国葛洲坝一期工程在这年开工，西昌卫星发射中心也开始建设。单说与淄博市有关的几件事情。

1970 年 4 月 24 日，中国第一颗人造卫星——“东方红一号”成功发射上天，东方红乐曲的旋律在深邃神秘的太空飞扬，让全国人民激动不已，更让淄博老百姓欣喜乐狂，抬头仰望，彻夜不眠。

因为在那颗遨游太空的卫星上，融入着淄博人的贡献。卫星从太空向全球播送的《东方红》乐曲，是用淄博市周村区鲁东乐器厂研制的编钟进行演奏的。卫星上面，还有淄博电热电器厂生产的管状电热元件、淄博无线电二厂生产的整流二极管、博山灯泡厂生产的微晶玻璃卫星隔热夹板。这些，能不让淄博人兴奋吗?《淄博日报》连续数日刊登这样的消息。

除了与国家有关的大事，淄博那年也有一些值得记忆的事情留在这片古朴的土地上。齐鲁石化、淄博矿务局、五〇一厂、白杨河发电厂、辛店发电厂等一批国家级项目被批准新建或扩建；以“104 干校”为基础兴建的淄博石油化工厂，在那年扩建聚乙烯工程；新成立的张店拖拉机厂，当年试制出五台“东方红-30 型”拖拉机；淄博电瓷厂潜心研制的 220 千伏输电线路瓷横担，通过部级鉴定，成为国内首创产品；连接胶济铁路线和津浦铁路线的辛（店）泰（安）铁路，也在紧靠淄河的大武山脚下，沿着太河水库西岸，举起了翻山越岭的修建大镐……淄博的国民经济发展，也因“文化大革命”的冲击和干扰，受到很大影响，但许多企事业没有完全停工停产，在困难的环境下执著顽强地前行。

在这样一个大背景下，沉寂已久的太河水库终于等来大会战。

“东方红一号”发射成功第二天，淄博人借着那股喜庆劲儿，排除一切干扰，在 4 月 25 日那天重新鼓劲，点燃起会战开山第一炮。

2. 誓 师 大 会

1970 年 4 月 5 日，淄博市委副书记陈宝玺走进淄博市贫协主任翟慎德办公室。

陈宝玺是山东高青县人，1939 年参加革命，“文化大革命”期间遭受冲击和错误批判，1970 年初被结合进领导班子，并重新担任淄博市委副书记。

“老翟，跟你说个事。”陈宝玺开门见山。

翟慎德见老领导来自己办公室说事，估计事情不小。

老翟站起来，递给陈宝玺一支香烟，划根火柴点上。

“刚才市委开会，决定在太河水库搞会战，尽快把水库建起来用。”

翟慎德也给自己点上支烟，一边抽，一边听陈宝玺讲。

“市委决定成立会战指挥部，由我兼任指挥，张洪亮同志任政委和副指挥。”

老翟点头说“好”。侧过身，推开窗，弥漫在屋里的烟雾顺着推开的窗跑了出去。

翟慎德想，搞会战是个大事，估计有任务派给自己。便借陈书记停顿的空儿试探问：“是不是有任务给我？”

陈书记笑了。

“会上我提议，由你出任会战副指挥。杜书记和市委其他领导认为很合适，都同意了。杜书记还嘱咐，先给你打个招呼，文件随后下。”

陈宝玺微笑着看翟慎德：“咋样，有没有困难？”

翟慎德没有想到让自己去参与会战，而且担任副指挥。他见陈副书记如此问，便跟陈宝玺表态，没啥困难，坚决服从市委决定。只是担心自己能力有限，辜负市委和老领导的期望。

你这个副指挥在前，我这个指挥给你当后盾，碰到问题直接找我。

陈宝玺分管农业，与翟慎德是老上下级关系，彼此不仅熟悉，而且感情相当契合。

陈副书记既然这么说，我收拾收拾，明后天就去太河。

陈宝玺赞许地点点头。

翟慎德老家在太河乡东下册村，两个月前刚将家眷接来张店安家，没想到接着又要返回。

第二天，淄博市委下发文件，陈宝玺任太河水库工程会战指挥部指挥，市武装部副部长张洪亮任政委兼副指挥。翟慎德、战金林、冯传钦、丁栋昌、宋天林、孙迎发、王干任副指挥，还有两位军代表任副政委。

两天后，一辆老式吉普车颠簸在张（店）太（河）公路上。车上坐着翟慎德和他老伴。

市委确定的会战指挥部成员，除了两位军代表，都有与水打交道的丰富履历，用现在的话说，都是专家级的官员。

将帅有了，接着就是擂鼓布阵。

1970 年 4 月 12 日，晴空朗照，太河水库会战誓师大会在水库工地召开。

寂寞等待的金鸡山下，又从四面八方涌来万人。

淄博市委班子成员、指挥部正副指挥，相关区县负责人，还有一万多名民兵参加誓师大会。

有位穿戎装的军人出现在主席台上，他就是担任市委主要领导的杜永隆。陈宝玺主持大会，杜永隆代表市委和市革委讲话。

会场红旗猎猎，主席台前挂着“立下愚公移山志，敢教日月换新天”的横幅。四周和山崖上贴挂着十余幅醒目大标语，传示着会战的目的和意义：

备战、备荒、为人民；
自力更生，艰苦奋斗；
水利是农业的命脉；
一不怕苦、二不怕死。

这些标语除了烘托氛围，宣传会战意义，也是号召水库建设者努力的方向。

水库建设者的文化程度普遍不高，有些甚至识不了多少字，但是，他们按照号召的方向，用日夜拼搏、出汗流血，甚至献出宝贵生命来践行标语上的内容。他们的付出，为今天的美好生活奠定了基础。

从1961年到1970年，人们等待着上级号召，等待着凝聚，等待着释放积攒的力量。卫星激励出的兴奋和急追红旗渠的力量，都借誓师大会迸发出来。

步入新世纪后，翟慎德回忆当时热火朝天的工地场景，依然激动不已：

“若不是1970年组织那次会战，大坝合龙还不知等到什么年月。那时条件很艰苦，可人们的精神很饱满，说干就干，没有二话。”

没有二话，成为水库建设者们的历史坐标，定格在那个特别年代里。在那本 2004 年出版的《太河水库》绿皮书里，有这样更为具体的一段记录文字：

> 1970 年 3 月 20 日，金鸡山下的炮声又响了起来，它向人们宣告，太河水库大坝工程会战开始了。
>
> 太河水库会战，带有浓厚的军事色彩，全市调动了两万八千人，这是水库兴建以来集合人最多的一次。民兵们自带炊具和生活工具，小型工具，每三人带两锨一镢，每五人带一辆小推车。
>
> 许多从 1960 年就参加水库建设的民兵们，又来到了这里，他们像当年那样，甩掉身上的棉袄，只穿一件褂子，加入到沸腾的战斗群体中。

这种精神，早在 1958 年的“驯淄工程”和 1960 年太河水库第一次上马时，就以夺目的光彩闪烁在大山深处。今天，又回来了！

3. 清基第一仗

2020 年 5 月，我与早已联系好的几位参加水库建设者交谈。他们都已步入老年行列，或多或少有些疾患缠身，但一说到太河水库会战施工的日日夜夜，个个像换了个人似的，精神顿时抖擞起来。沿着时光隧道穿越，又让远逝的青春重新回到了脸上。

他们的回忆与诉说，没有开头，也没有结尾，眼光、语言、思维、手势都穿过一个甲子的时光隧道，聚焦在斩断淄河的大坝和干渠上。

水库有三大件，大坝、溢洪道与放水洞。第一件毫无疑问是拦水的大坝——没有大坝就没有水库嘛。

大坝是水库的核心，第一锤、第一锨、第一车、第一炮毫无例外都落在大坝上。

无数个“第一”，瞄准的是大坝。大坝又从“清基”开始。就像他们的描述，万丈高楼平地起，水库大坝清基始。不清基，不可能建大坝。第一次清基在1960年的初春，会战清基在1970年的深春，相隔整整十年。

什么是“清基”？清基就是堤基清理。类似于盖房子“挖地基”或者“打地槽”。

“清基”不是像挖坑种树那样的事，关系到大坝的千年质量和健康寿命。所以，设计标准和施工要求非常严格：必须“挖到河床底部的岩石上”。

10年前被清除干净的大坝根基，10年后又淤积满了乱石、杂草和淤泥，特别是靠近西溢洪道的地方又成为清基的“老大难”。

于是，会战第一件事，仍然是继续清基。

他们说，必须见“齿墙”，见不到不行。

“齿墙”是水利行业术语，指水利中的齿墙必须深埋在夹泥岩基中，用以保护抗力体不被冲刷。说白了，就是山根底儿或河床底儿要蹬住吃上劲。

这标准严肃得像石头，硬硬的不容变通。

也就是说，大坝基础要和底部岩石对接或者“焊接”为整体，形成一个水浸不透、风刮不倒、雷震不塌的“铜墙铁壁”。做到这一点，必须挖到底——既要清，还要彻底清干净、清利索。

河床底部在哪里？有多深？有多宽？大家都没有底儿。或许3米，也或许5米。但心里像镜子一样清楚，“清基”不管清多深，总之要清到底，必须整好，否则将影响大坝基础。

“基础不牢，地动山摇”。这不是闹着玩的。此刻宁愿多吃苦，多加班，多费些心思和多甩出些汗珠儿，也要把清基干得漂漂亮亮和扎扎实实，为后期工程开好头、奠好基。

当时施工工具相当简单，主要是前面说的“五大件”：镐头、铁锨、大锤、钢钎和小推车。

有解放牌大汽车，但那车主要用来拉土；也有挖掘机，但挖掘机对横躺竖歪的石头基本没有办法。

孙师傅退休后，开始圆自己音乐梦，到老年大学学吹葫芦丝和拉二胡。他说，别小瞧其貌不扬的“五大件”，可都是人们干活的“好伙计”。

清基如同一台乐曲合奏，不离手的“五大件”，就成为手里的琵琶、扬琴、二胡、板胡和笛子，缺一不成曲儿。

只是持这些乐器的人，不是在演出舞台上披满灯光的演奏者，而是操着各地方言来自全市各地的水库劳动者。

大坝位置在金鸡山脚下，距大坝底层的岩石仍有三十多米深。上层覆盖着土、泥、灌木、杂石和杂草，1 米以下就不同了。大大小小的河卵石形成一个天然大部落，横七竖八地抱在一起，各自为家。

圆咕碌石头蛋像顽固派，最难清理。

这些石头也是一个大家族，祖祖辈辈拥挤在这里，你要动，它们乐意吗？不乐意也要动。当施工的镐头一碰上石头，石头们就反抗，常常把人的两臂震得发麻。发麻也要干啊。咋干？苦干，实干，巧干，硬干，不停歇地干。所有的干法都会在这里找到课本里无法解释的立体样本。

康师傅说他那次碰到了一块地图大的圆石头。

他喊离他不远的老周：过来，帮忙！

一个从左边下手，一个从右边挖，然后用钢钎撬。谁也没想到，纹丝不动的石头是块尖尖腚。

众人笑了。

大家知道康师傅是个“文石迷”，他想保护那块有模有样的石头。没有办法，只好在那块石头上打了两个眼，用錾子将那块石头破成了几瓣。顽石们被干得没了脾气，最后都乖乖地坐着免费的独轮车或者大抬筐到别处安家。

孙师傅补充，他在清理东边坝基的时候，还发现一些骨头，指挥部请文物部门看后说，那是鹿骨和鹿角。

鹿骨鹿角的发现，不但让传说得到了印证，也让围场突然腾跃起来。仿佛让我们看到，古老深邃的淄河嵧，有了战马追逐，有了刀枪剑戟和群鹿飞鸣。

建设者们挥舞着“五大件”，在风里雨里演奏，五十多天的时间，大坝地基被完完全全地清理出来，比计划提前了整整一周。

曾任工程指挥部第一任总指挥、淄博市委书记处书记崔景仙跳进河床，见清理出的大坝根基，对着施工者翘起拇指说了两个字：“神速。”

“神速”来得不容易。

这些耄耋老人七嘴八舌跟我描述和介绍，“清基”完成，每个人的手都成了纪念章，有的被石头、树根磨起了一朵一朵的血泡，有的震裂出一道道口子，有的茧子上又叠上一层茧子。徐师傅说，他回家，老婆不让和她亲热。为啥？那手都成了一把小钢锉，怕锉疼了她……

笑声如热浪，在满屋鼓荡。

我问他们，后悔过吗？

后悔啥！谁赶上了谁干。看看人家王铁人，为了给国家找石油，命都不要了，那么冷的天，一下子跳进泥浆里，咱那算啥！

就是有些遗憾。如果不是那些年生活困难，工程不停手，一憋气干出来，说不定能夺个全省第一。

眼里闪耀着老当益壮的自信光芒。

大坝建好放水那天，他们好多人都去看。像小孩子一样跟着水跑，有的眼泪还在眼里打圈圈。

喜呀，水库就像自家孩子，有咱一份劲呢。

我被这些老人的胸怀、心劲深深感染着。

六十年过去了，驻留在他们心上的坐标依旧那么鲜明和生动。王进喜作为一个时代的楷模，依然岿然不动、高高地矗立在他们的心上。

4. 两张相隔十年的报纸

第一张：1960 年 2 月 23 日《淄博日报》。这张报纸用一整版的文字和图片，印证老人们的水库开建记忆——那应该是太河水库建设以来的第一篇报道。

第二张：1970 年 12 月 31 日《淄博日报》。

先看第一张报纸上的图片解说词：

第一幅图：五千多名民工齐聚金鸡山水库工地清坝基（坝是繁体字“壩”）；

第二幅图：周村民工团最高功效平均每人达到 8.24 立方米。中共金鸡山水库工委把首次优胜循环红旗授给他们。

第三幅图：张店公社的修理工也赶来工地，为民工修鞋。

第四幅图：周村民工团一营副营长王明才已经五十多岁了，他不但自己装车满，干活猛，第三连在他的带领下，一直保持优异成绩。

还有一幅图在报纸左下角——两部履带式拖拉机正在压实坝基地面。也就是说，1960 年，淄博已经用上了拖拉机。

再看文字，就让人有更大的触动和感动：

“这是一座民办公助的大型水库，省、地、市委对这一工程是十分重视的，在人力和物力上都给了很大支持。为了加快施工中的机械化，省委调拨给六立方空气压缩机 4 台、22 瓦卷扬机两台、汽车轮胎 60 条，还有柴油机等。地委和市委已调给电动机 8 台、各种电线 71300 百米、水泵 13 台、拖拉机 8 部、汽车 2 部……”

这些珍贵的图片和文字传递给我们若干信息：

第一，淄博市在 1960 年的时候，还有地委；第二，得到山东省委、省政府大力支持；第三，社会已经在向机械化迈步，汽车、拖拉机、卷扬机等已经进入人们的生活圈，虽然很少很稀罕，但已经驶进了工地；第四，工地开展流动红旗竞赛；第五，工作生活很艰辛，服务基本跟得上。

由此可以猜测，太河水库不仅在集全市之力来建设，劳动者们也以最饱满的热情来投入。

“腰斩淄河，擒锁蛟龙，大力改变自然面貌”。太河水库兴建的决心，以报纸通栏标题的形式告知淄博人民。

改变自然面貌，需要劳动。工地上虽有当时先进的劳动工具与运输车辆，毕竟太少了，更多的是镐、锨之类的工具，它们攥在建设者手里，发挥着超强的作用。

再看 1970 年 12 月 31 日的《淄博日报》。

第四版一整版的篇幅，载有七幅图片，除两幅报道工地学习外，其他镜头聚焦工地不同岗位的劳动者。与前一张不同的是，解放军战士和工人的身影出现在镜头里。

1970 年的会战，仍以农民为主体，也有工人、解放军、机关职员和干部，属于工农商学兵的大会战。

我带着报纸，问被采访人同一句话，后悔过吗?

他们几乎用统一的“标准答案”来回答——“其他事可能后悔，但干这事儿，不后悔。”

人这一辈子，是较少碰上于国于民有利的大事情的，特别在和平年代。一旦碰上了，参加了，没有做旁观者，到国家最需要的地方去，用力甩出自己的汗珠子，手上生些老茧，身上留块伤疤，经历生命风险与考验，甚至献出鲜血和生命，那么，这一辈子就值了。

看过《钢铁是怎样炼成的》这部小说的，都会记住里面那句富有哲理的话，当回首往事的时候，既没有因虚度年华的悔恨，也没有碌碌无为的羞耻，他们没有为自己去自私地活着，而是为共和国建设贡献力量。这话没有过时，依然在时空间燃烧和延伸。因为在社会主义这艘大船上，更多的人愿意做勇敢的划桨者，而不是纳凉看风景的乘客。

平凡者的劳动和生命价值可能被记忆忽略，也可能进不了史书典籍，但会被历史和大山大海铭记！太河水库的建设者们，同样也是社会主义航船上的划桨者。他们的劳动与付出很平凡，但会被恒久永固的大坝记住，被历史记住。

第五章　会 战 定 风 云

会战就要有个会战的样子，扭住牛鼻子不撒手。

1. 最 难 在 合 龙

工地副指挥孙迎发急匆匆去找翟慎德。他像往常一样，穿着没系扣子的棉袄，迎着风，向河东岸走去。

会战从 1970 年 3 月开始后，建设者们不顾夏日蚊虫叮咬，冬日严寒冰雪和冷风呼叫，在这里一镐一锹地清基坝石。经过六七个月连轴转，大坝逐步向合龙口逼近。转眼到了 1971 年 2 月，大坝具备了合龙条件。

合龙是大家盼望的事，也是水库最大、最难、最关键的事，人们终于把这场必须打的硬仗迎了过来。

早春二月，步入“六九”季节。尽管俗语说“五九六九，沿河看柳”，春寒料峭的季节更容易冻人和伤人。峭楞楞的顺河风贴着河面，使劲在山嶒里吹着冰冷。

昨夜一场不大不小的雨惊醒了孙迎发：万一是场大雨、暴雨该怎么办？大坝没合龙，暴雨闯进来，上万名民兵一年的付出不但前功尽弃，而且会带来难以弥补的损失。

“天街小雨润如酥”的诗意春雨，没有给他带来诗意豪兴，而让他辗转反侧了一晚。早上狼吞虎咽喝了碗玉米糊糊，啃着咸菜吃了个馒头，便去找翟慎德、战金林他们商量尽快合龙的对策。

太河水库大坝合龙与别的水库不大一样，这里河床宽绰，关键在于河里有水，而且水流很大很急。

在近千米宽河床里自由散漫惯了的水，被挤到不足一百五十米宽的甬道中，水流该有多急？曾经有个民兵推车时不注意，将满载石头的小铁车滑进河里，瞬间就被鼓荡的浪卷到了远处。

带水合龙，是个大难题。采访中，太河水库管理局原总工程师王鹏，原局长邵成孝、市水利局原总工程师叶纯正、市水利勘测设计院原院长鹿传琴，曾经修建水库的民兵贾士富、翟乃文等，都把“最难”二字给了合龙。

翟慎德听孙迎发说完自己的想法，立即表态，老孙，我很赞成你的想法，咱必须赶在雨季来临之前完成合龙。

他俩一块来到政委张洪亮办公室，孙迎发又把自己的想法重复了一遍。张洪亮十分赞同孙迎发的意见。告诉身边工作人员，通知战金林同志和其他副指挥，还有技术组、施工组的负责人，立即到会议室开会。

太河水库的合龙地点，是1960年施工时留出的泄洪口，在水库东侧，紧靠金鸡山。会战开始，组织人员第二次对这里进行彻底清基，为合龙做准备。

此时，河道里还有6个流量。

大家围绕孙迎发的建议展开热烈讨论。这是场必须打好的硬仗。

大坝1960年初建时，设计为黏土斜墙坝，1966年复建后，改为具有砂砾垫褥层的均质厚坝。这样的坝体，山东不多，即使有，也远不及这座宏大。这种修建方式对心墙要求十分严格，严格的重点在于合龙口处绝对不能有水，心墙里面的黏土也不得超过规定的含水量。

合龙，首先要控制水流。

排水成为合龙成败的关键和前提。

合龙必须一次成功，没有退路。

几乎一句话一个事，敲定得麻利而清楚。根据技术员们的建议，指挥部确定了如下合龙施工方案：

第一，在大坝前六百米处修一条近二百米长的导流沟，建起围堰，将上游来水经导流沟引入泄水洞。上游来水经过泄水洞排走。

第二，在大坝合龙口前五十米处修建低洼蓄水池，将渗水和地下可能冒出的泉水导入其内，然后用抽水泵抽走。

第三，拆除大坝东头的护堰裹头，便于合龙。

第四，张洪亮为大坝合龙指挥。

第五，力争 3 月下旬完成，赶在汛情来之前合龙完毕。

第六，将方案向指挥部指挥、时任市委副书记陈宝玺汇报。

方案一定，合龙成为水库会战的第一要务。修建导流沟，成为第一要务和重中之重。目标、任务、时间、力量形成聚焦，对着那个靶心般的施工高地。

经过一个多星期的硬拼，近二百米长的导流沟墙横立在河里。还有十几米就与泄水洞连为一体，胜利在望。

散漫宽阔的水流被挤在一条窄巷中，有了像黄河壶口一样的咆哮声，力量越来越大，脾气越来越暴。激流翻卷着白浪，猛烈拍打着围堰，将泄进河里、用来堵水的石沙、黏土愤怒地卷走。

怎么办?

孙迎发见状，与张洪亮、翟慎德商量，上草袋吧。

几百个装满砂石的草袋一个接一个投进导流沟，水渐渐被逼进了泄水洞里。

导流沟又被挤去了七八米。

剩下四五米的空间，水压加大，水流更急，民兵接二连三抛下去的草袋，都被急躁发狂的急流毫不客气地卷走。

草袋堵堰失灵了。

众人正在皱着眉头想对策的时候，与民兵一块抛递草袋的罗村民兵营副营长王锡亮出现在人们面前。他抹着头上的汗，跑到张洪亮和翟慎德跟前，急切切地说，这办法不管用了，再扔 1000 个草袋也白搭，赶紧用人吧。

不等张洪亮、翟慎德回答，他将褂子一脱，一扔，一挥手，跳进了河里。

3 月的水很凉，凉得往骨缝里钻，他站位的地方已齐胸深。跟在王锡亮身后的十多个民兵见营长跳进水里，也一个接一个闪进河里。十多个身强力壮的民兵瞬间在河里筑起一道人墙。

王锡亮在水里攥着同伴的手，大声喊，快扔草袋！

就在扔草袋的时候，又有二十多个民兵从远处跑来，像王锡亮那样，将衣服往地上一抛，把自己扔进河里。四米多宽的河道，顿时竖起两座人墙。几百个草袋投在人墙之前，从他们的脚下摞了起来。

导流沟终于被“人墙”坝住了，汹涌的水没了脾气，乖乖地流进了泄水洞。

用身子堵水的三十多名壮士，上岸时，个个嘴唇冻得发紫，有的攥着拳头，浑身颤栗；有的手或者肩膀被草袋撞出了伤，混着一些血迹。尽管如此，壮士们的脸上依然露着胜利的笑容。

战金林急忙将一瓶“景芝白干”塞给王锡亮，命令他和民兵都喝口酒，暖暖身子……张洪亮、翟慎德、孙兆云、王干等指挥部领导和民兵们，早将壮士抛在地上的衣服拿在手里，披在他们肩上。

水进了泄水洞，河滩顿时宽阔清亮起来。

导流沟建成后，又按照方案二，在大坝前建了两个低洼蓄水池，将渗流过来的水日夜不停地抽着。

说着的工夫，到了 3 月 15 日清晨。

经过一周忙碌，指挥部认为到了大坝合龙的最佳时机，可以提前合龙。经过认真商议，报请淄博市委批准，决定在 3 月 15 日对大坝实施合龙。

大坝合龙是水库建设者们的梦想，也是淄博人民从 1960 年开始，在翘首期待的梦想。11 年过去了，梦想终于降临。

那天天气很美，四周洋溢着春意，一些不知名的野草，赶春似的，也在山崖和地间摇曳出稚嫩的绿色。

装满土的汽车、拖拉机、插着红旗的小推车，排成壮观的长龙，在等待合龙的命令。

第五章　会战定风云

大坝工地政委兼副指挥张洪亮站在合龙口处，手里攥着“便携式扩音器”。

7点30分，“便携式扩音器”里传出张洪亮的大嗓门：“民兵同志们，我代表水库建设指挥部宣布，大坝合龙开始！”

他的声音还在山间和河滩上回响，汽车的引擎声，拖拉机的突突声，还有推着上千辆小推车的欢快声，从合龙口涌出。

千辆小推车成为大坝的独有的风景。飘着红旗的独轮车、小铁车，一辆跟着一辆，卸下土，沿着另一条路回到土窝再装土、再奔跑。实车、空车，在大山之间形成一个美丽的运动闭环。

红旗在大坝四周迎风招展，喇叭里的声音在风里抑扬顿挫。人们你追我赶，身上冒着热气，脸上、脖子上滴着汗珠子，铲土，打石，推车，夯土，扬沙，共同演奏新春的奏鸣曲。

这不正是中国人民的伟大劳动精神吗？路遥在《平凡的世界》里，高赞过这种伟大精神：“当你看到他们像蚂蚁啃骨头似的，把一座座大山啃掉；或者像做花卷馍一样把梯田从山脚一直盘到山顶的时候；当你看到他们把一道道河流整个地改变方向，如同把一条条巨龙从几千年几万年甚至亘古未变的老地方牵到另一个地方的时候，你怎能不为这千千万万的‘愚公’而深受感动呢？而且应当知道，他们是在什么样的条件下完成这样的壮举啊！他们有时一个人一天吃不到一斤粮食，更不要说肉了；拿着和古代老祖先们差不多的原始工具，单衣薄裳，靠自己的体温和汗水来抵御寒冷……就这样一锹锹一镢镢地倒腾着山河，这就是我们中国的劳动人民！”

太河水库上的劳动者，把用来填坝的黄土按标准铺满厚厚一层，压路机和链式拖拉机轰隆着上阵，将松软的土一遍一遍地压实压紧。

铺土，碾压，测量，上细沙，上粗砂，碾压，测量。

就这样一遍又一遍、一层又一层地重复着、碾压着、检查着。究竟重复了多少遍，没有人去计算。人们只记得合龙时，分成四个班在工地上连轴转，每班干6个小时。

指挥部的领导也分成四个班，跟班装车、推车、抬筐、砸石。市委主要负责人高启云也在这个人群里忙碌。

10 个昼夜，分秒不停。两万多方黏土、砂砾，终于将 150 米长、底宽 330 米、高 45 米的合龙口填了起来，与从西边伸过来的大坝拉平，成为一条连接东西两岸的水平线。

这条水平线，人们期待了 11 年。1960 年喊出的“截断淄河”的豪言，终于在 1971 年 3 月 25 日实现了！

如果说合龙口施工从 1970 年 4 月算起，大坝合龙用了 360 天；

如果从 1971 年 2 月底算起，用了 45 天；

如果从 1971 年 3 月 15 日算起，大坝合龙用了整整 10 天。

不管哪个数字，都不是虚度的日夜。

1970 年 11 月 26 日晚上，大坝上的探照灯把合龙口照得像白昼一样，岭子民兵营 17 岁民兵王汝汉在撬顽石，也把身上的汗撬了出来。他索性脱掉棉袄，继续用钢钎清理爆炸过的乱石。乱石龇牙咧嘴，他把一块大石撬起，穿上钢绳，让人抬走。人刚离开，一块石头从他侧面袭击过来。小王身子轻，一看不好，顺势向外跳开一米多。大石头躲过去了，却被一块小石头砸伤了脚面。

人们看到那惊险一幕，替小王捏着一把汗，急忙跑过来搀扶他。小王脚上的黄军鞋已渗出了血水。

连长见状，命令他去包扎，回工棚休息。他慢慢活动着脚，回答连长，又不是纸糊的，没啥。只让赶来的卫生员包扎起伤口，又一瘸一踮拿起了钢钎。

有位女民兵叫高兰英。我不知道她是哪个民兵营的，也不知道她有多大，只知道她春节前就患了头疼病，厉害了就吃片“安乃近”。她把医生开的病假条都悄没声地塞在兜里，像往日一样拿着铁锨清理大坝上的垃圾和浮土。要不是她帮人拉车晕倒在地，谁也不知道她已高烧两天。

再说一位退伍军人，他叫刘同庆，原峨庄乡山桥大队（村）党支部书记。他在战争年代负过数次伤，右手失掉了大拇指。没有拇指的手，攥握东西都相当困难，更不用说推车抡锤了。这些困难被我们这位战士克服了。他推车下坡，把拉动车闸的绳子紧紧拴在手脖子上，久而久之，他的手脖子被勒出了血。血干了，又勒出一圈硬茧子。

该怎样向这样的奉献和青春致敬？巍峨的大坝，壮观的大坝，让今日游人赞叹不已的大坝，正是那一代人向青春致敬的魅力书写。大坝在劳动者的手上奠基，提升着坚强和美丽的高度。

2. 草　棚　会　议

草长莺飞又一年，转眼又到了阳春 4 月，淄河峪一带充满生机。但是，工地上的当家人，无暇顾及身边的春色涌动，而是在想防汛问题。

刚刚填建起来的合龙口，还有宽厚的大坝，能不能抵挡住洪水，能够阻挡多大流量的洪水，大家心里没有底儿。虽然对水库质量充满自信，但毕竟没有经历过汛情考验。再好的练兵，没有经历过刀对刀、枪对枪的实战，心里总不踏实。

清明时节雨纷纷。两场不大不小的雨，使淄河水流更加丰富，跌宕的水浪也加重了这些当家人的心事。

按常规，淄河汛情一般出现在 7 月前后，如果超常规怎么办？老天爷不按常规出牌怎么办？

战金林、孙迎发对这一带极为熟悉，想到了这个问题。张洪亮、宋天林也想到了这个即将到来的问题。

1971 年 4 月 6 日晚，工地会议室灯火通明。

会议室是间大草棚，在金鸡山下，四根立柱，半截墙，上面钉着大苇席。屋顶铺着苇箔，苇箔上面敷着厚厚的草。会战以来，工地上的许多大事都在这里商议和决定——现在已经找不到这件历史见证物了。

这次会议主题很明确，怎样保证水库第一次安全度夏和洪水说来就来的汛期。

会议由太河水库会战指挥部党的核心领导小组副组长兼政委张洪亮主持，核心领导小组副组长兼副指挥翟慎德做主题发言。军代表庄延顺以党的核心领导小组副组长的身份参加会议，各位副指挥、各民兵团团长参加会议。

那是次未雨绸缪的“诸葛亮会”，很严肃，也很活泼。大家围绕如何安全迎接汛情各抒己见。大坝成为你一言我一语的争论焦点。

大坝设计高度为48.7米。合龙后，坝高已达31米，离设计高度还有一大段距离。溢洪道设计开宽56.5米，会战以来已开掘近30米。深度距离设计要求也差3到4米。

向设计方向奔，加紧施工成为共识。

技术设计组的负责人鹿传琴被邀请列席会议。他说，从现在开始抢施工，到6月底，大坝可增高5米，溢洪道也可再通20米左右。如果这个目标得以完成，便能阻挡上游每秒1200到1500立方米的水。

如果超过每秒1500立方米怎么办？张洪亮瞪着眼严肃问。

众人将目光射向鹿传琴。鹿传琴无语。

翟慎德说话脆快，见鹿传琴尴尬不好讲，便接过话头回答：会出麻烦。他没有在“会出麻烦”4个字前加任何量化词，比如“可能”“肯定”等。

但是，麻烦二字一出，大家心领神会，掂出了其中的分量，那就是“肯定”。

会议室烟雾缭绕，顿时严肃凝重起来。

后来，鹿传琴说当时藏在心里没有说：如果入库水量超过每秒1500立方米，水将淹过坝顶。

水淹坝顶，后果不堪设想。不仅建坝心血付诸东流，也极大威胁水库后的黑旺铁矿、齐鲁石化炼油厂、胶济铁路，还有十几个村庄和20万亩农田。

鹿传琴不敢说的话，大家已经从翟慎德归纳的“麻烦”里，瞧见了问题的严重性。

谁也不知道老天爷会下多少水。

必须以一万个措施迎接一个“万一”。张洪亮干公安出身，用公安的语言强调严肃性。

军代表庄延顺站起来表态，如果水库出现麻烦，我们战士上。

一句话，大家投去赞许和感激的目光。

子时，工地灯火通明，会议也在继续。张洪亮的笔记本上出现了5条措施：

第一条，报市委和市革委批准，麦收期间工地不放假，不减人，跨汛期施工。所有的营连，既是施工队，也是汛期抢险队。

第二条，在保证质量和安全前提下，集中力量筑坝，突击打通溢洪道，提高防汛能力。

第三条，备足抢险物资。

第四条，健全上下游通信，确保联络系统畅通和安全。

第五条……张洪亮说这条时，抬起头来扫描会场。

会场鸦雀无声，只有挂在草棚顶上的那盏钨丝灯在咝咝地响。人们停下手里的笔，看主持会议的张洪亮。

这条是，张洪亮振振嗓子说："制定破坝方案"。6个字都很沉重。这个不得不的办法，抑或叫预案，也写在了笔记本上。也就是说，如果来水超过安全流量，给大坝带来危险，届时将大坝西头炸开，让水泄进山沟和农田里，确保下游工矿单位和村庄安全。

3. 汛情呼出"泰山车"

草棚会议第三天，动员大会又一次在河滩上召开。这个会，距上次会战誓师大会恰好相隔一年。

议题很明确，抢汛期，确保大坝万无一失。

抢汛期要完成两件挂在眉梢上的事，增加大坝高度和疏通溢洪道。

傅山修代表张店民兵团表态：争时间、抢时间，汛前一天当两天。王复荣代表淄川民兵团表态：装满车，推满车，争取一车推两车。杨兴远代表博山团表态，继而临淄团、周村团表态。

比着干、抢着干的火焰，呼呼啦啦带着劲儿，又一次点燃在远离市区的山峪里。

参加过抗战和解放战争的市委副书记陈宝玺，被你追我赶的工地激情深深感染，对身边的张洪亮说，和天老爷抢时间，也是场硬仗啊！

宋天林那天围着一辆装满土的手推车，这边瞧瞧那边看看。推车人笑着说，宋指挥，你看啥呀？

被宋天林瞅的独轮手推车，与工地上手推车没有任何区别。车体加两侧篓子，一样不少。

在宋天林眼里，这辆车似乎和别的车不一样。但哪里不一样，他一时说不出来。

恰好。一辆手推车从他身边走，被他喊住。

两车放到一块，宋天林立即看出“猫巧”（方言：秘密或者缘由的意思）来。前面那个车篓子大，后面这个车篓子小。他用手一扎量，大篓子不仅长出了二十多厘米，还宽出了半个肩膀。

用这车推土，一车起码要比普通车多载四分之一。推大篓子的是东坪民兵营的民兵。

宋天林明白了，没再说话，朝两个推车的民兵摆摆手，疾步向指挥部走去。

动员大会后，东坪民兵营长悄没声息地回到公社，跟社长商量换大车篓子的事情。凭着加大的车篓，东坪民兵营连续两周夺得流动红旗。《淄博日报》用一整版连续报道东坪民兵营的先进事迹。

其他营红眼了。

就在人们效仿东坪“半吨车”的时候，另一种车出现在工地上。那天清晨，孙迎发照例披着上衣在工地上转悠，只见一个小土堆往大坝的方向挪动。他定定眼睛，断定那是辆推土的车，但那是辆啥车，自己怎么没瞧见过呢？

他拽拽滑到肩上的衣服，迎着那辆车走去。

推车的他认识，是罗村民兵营的营长王锡亮。

王锡亮那年二十三四岁，个高肩宽，肌肉结实而分明，很像健美运动员。孙迎发很喜欢这个憨直、干活不惜力气的小伙子，边走边想，不知这次他又在鼓捣什么名堂？

孙迎发走到车前，看了一眼，没说话，转到王锡亮身后跟着走。

只见王锡亮两手握着车把，弓着腰，一件无袖的小褂敞着怀，胳膊上的肌肉绷得紧紧的，手背上跳着青筋。

独轮车，布车襻，鲜黄土，硬肌肉，汗珠子，与清晨的阳光合影，成为一座定格的青春雕像。

孙迎发等他卸下土，仔细打量那辆车。车中间的隔挡被改造了，中间空档处被扣上了一块薄铁板。堆在铁板上的土，冒着尖，像座山。

这车能多装多少？孙迎发问擦汗的王锡亮。

一千多斤吧，没称过。王锡亮老老实实地回答。

比大篓子车还多吗？

当然，超过他们了。王锡亮掩不住自豪，憨厚地笑了。

孙迎发一面问，一面心算。这满满的一车土，少说也有 1200 斤，真的一车差不多顶两车了。

孙迎发压不住对王锡亮的喜欢和欣赏，跟他开玩笑，你这哪里在推土，是在推泰山啊！

“泰山车”由此诞生和出名。

后来有人给王锡亮算了一笔账，他一车装 1200 斤，每天推 20 多车，相当于他每天为 30000 斤土搬了家。“搬家”的路连接起来，每天要负重前行 100 多里。

“泰山车”出名了。

紧接着出了一个“龙泉泰山营”。

“龙泉泰山营”营长叫程衍佩，带着 120 多人在工地上跑。他见东坪、罗村都有了“泰山车”，很不甘心，跟他的兵说，咱也弄。龙泉营有 50 余辆小车，有 30 多人日推土超过 20000 斤。有个小伙子叫刘成强，才十七岁，他每天推土都超过 25000 斤。还有个叫刘元奇的，每天定额 20 车，他几乎每天推土都超 35 车，近乎一个人干两个人的活。而杜仲侠比其他人更厉害，不但推得多，而且推着跑。杜仲侠在抢建工棚时，48 天干了 96 个班，几乎每天都上两个班，每天推着车跑一百多里路，被评为工地标兵。采访时有人透露，因为他憨厚能干，村里有好几位老太太托人给他做媒说媳妇。

人们说，大坝的高度是小车推出来的，一点不虚。

抢速度，当然是在保证质量的前提下抢，没有质量死守把关，抢来的速度将是危险的速度。原太河水库管理局局长邵成孝跟我介绍这些事情时，依然很激动，的确是在拼命抢速度。

为了推土抢汛情，罗村民兵营青年民兵王加宝被塌下来的土埋在了下面。王加宝牺牲后，他父亲又把十七岁的小儿子送到工地上。

从合龙到夏日汛期来临，人们在这里攻坚 40 多天，用手和肩膀推了 20 多万立方黄土、白砂和石料，甩下成串成串的汗珠子，为保卫大坝筑基。

日复一日重复性填土、夯基，看似简单，实则不易。我在一份资料里，看到对当时筑坝质量的描述：

以往大坝上推土为例，用作大坝的黏土心墙，必须用纯红黏土。土就是土，就像面粉就是面粉一样，纯的，里面连大米粒大小的砂砾也不能要。

堆上 30 多厘米厚的细黏土，再用压路机反复碾压至 20 厘米，让其结实、密实得像块平整的澄泥大砚台。

黏土心墙外边是过滤层墙。这墙厚度 20 厘米，用经过筛子筛过的细沙，细沙像小米，里面绝对不能掺有超过豆粒大的东西。

细沙外是层 40 厘米厚的粗砂墙。粗砂是经过 3 厘米直径以下筛眼筛过的沙料。

粗砂外再上大砂砾，即沙滩上卵石与沙子的混合料。

红土、细沙、粗砂、砂砾都必须分层上，分层碾压，达到标准才能进行下一步。四层压为一个循环层。层层压实的墙，如同焊接起来的一块铁，足以抵挡机关枪的扫射。

大坝到这儿并没有结束。三层过滤带外，还要用石头垒砌护坡。

人们到大坝去，看到的就是垒砌在最外边的石头。它们方方正正，一块紧挨着一块，不苟言笑，不惧风雨，日夜守护着大坝，也守护着这座城市的安全。或许人们的心劲、干劲感动了上苍，那年，淄河沿途没有出现暴雨和大降水。

大坝安全度过了合龙后第一个汛期。

4. 溢洪道是这样修建的

如果你从金鸡山东麓走进大坝看碧波荡漾的水，映入眼帘的肯定不是大坝，而是一座五层高的建筑物。

建筑物呈土黄色，敦厚方正、严谨古朴，上面两头有挑檐护亭，类似结构对称的瞭望塔。建筑物矗立在空旷的山间，透着中国建筑的独有元素。

这座塔楼就是管理西溢洪道的中枢机构机器房。建筑物下面，是六根承载建筑物的粗大立柱。立柱之间，是用来启动升降的五扇大闸门。

从上往下俯瞰，胆小的可能有些眼晕，平时可能没有奔腾轰鸣的泄流涛声，却有“造化钟神秀，阴阳割昏晓”的气势。

溢洪道有东西两条，紧挨大坝的是西溢洪道，伴随大坝而建，是水库修的第一条溢洪道。1960 年承担西溢洪道开挖任务的是淄川区田庄的民工。1970 年会战期间，先后有博山、张店、淄川民兵团交互参战。后金岭铁矿、黑旺铁矿、五〇一厂（即山东铝业公司，下同）等企业带来挖山机械与运输工具，加快了溢洪道的开挖速度。

溢洪道与水库大坝捆在一起，一高一低、一纵一横立在金鸡山根，成为不可或缺的部分。如果说大坝是为了拦水、防洪和蓄水，溢洪道则是在水库超出警戒水位、大坝吃不消的时候自动溢出，或者人工放水和泄洪。

溢洪道被业内称作水库必备的“三大件”之一。太河水库的溢洪道，设计图纸上原有两处，因为缺钱，从 1960 年开建到 1970 年会战，都以修建西溢洪道为主。为了省钱，设计者让西溢洪道与大坝结合为一体。也给建设者带来一个挑战，溢洪道要修好，必须劈山。

劈山与凿山洞和搬迁村庄相比，成本低许多。“少花钱，多办事”是那个艰苦年代人们的共识。但是，劈山不同于劈柴，并不轻松。

1960 年水库开工时，担任溢洪道开掘任务的是淄川区田庄民工和一部分淄博矿务局的职工。煤矿工人是打山洞的行家里手，他们与农民兄弟一起，娴熟使用雷管、炸药，还有钢钎与大铁锤，硬是在荒无人烟的大山开始创作“劈山”杰作。

1961年2月水库建设下马时，金鸡山已被这群勒紧裤腰带的好汉们劈出了一道卓然不俗的风景，挖走了十三多万方石头。

有3名劈山勇士也将年轻生命留在了这里。

1970年会战开始，没有完成的溢洪道需要继续劈山。初期仍然靠大锤和钢钎一点一点地啃、一块一块地撬。两人一组，愚公似的，叮当叮当地抡锤打钎咬山。后来，供电局将电源送到了劈山现场，黑旺铁矿和金岭铁矿支援了四五套风钻，从此这里有了电气化的机械作业。

风钻在电能的鼓舞下，每天欢快地突突叫着，进度一下子拉了上来。风钻的使用，不仅使“老五件”中的大锤、钢钎有了休息的空儿，也成为水库建设迈向机械化、电气化的一个十分重要的进步标记。

能不能再快些呢？

有没有比风钻效力更强的办法呢？

有。

用“药室”或者“洞室”进行爆破，这是外地的经验。

所谓“药室”“洞室”，就是根据现场需要，在山间打一个相对宽绰的洞，将定装的炸药排放其间，然后用电力启动引爆。

1970年6月14日晚，为了赶进度抢汛情，指挥部决定在溢洪道实施第二次“洞室”爆破任务。这个任务交给了有经验的博山民兵团，具体任务由五龙民兵连去完成。这个连号称“风钻爆破连”，在工地上赫赫有名，爆破能手和工匠很多，凡工地需要爆破的老大难项目，常找他们去帮助处理。第二天早上，五龙民兵连长老胡兴冲冲从营长屋里出来，与爬上山头的太阳撞了个满怀。他没有感觉到太阳的灼热，相反加快了步子。他带着谈恋爱的那种高兴，要把营部将爆破溢洪道任务交给他们的消息，告诉伙伴们。

那夜刚下过雨，路上泥泞，他穿一双半高雨靴，连蹦带跳朝连部所在的工棚走去。这次，五龙民兵连要超越传统的炸山方法，将没有劈完的山进行到底。

上千公斤炸药一次引爆，肯定会掀掉半边山。破碎下来的山石不快速运走，同样影响进度。市委根据指挥部的报告，要求有关企业，连夜制作了1500辆独轮小铁车。同时在现场安装了轻便铁轨，用小滑车运载石头，这是开山以来第一次。一切都在为集中爆破做准备。

这个大胆的任务，也是工程开建以来首个特别重大的爆破任务。任务十分明确，要一次使用15000斤炸药，将半个山崖啃下来。一次用如此多的炸药爆破，对熟谙爆破技术的“风钻爆破连”来说，也是个从未经历过的大考验。

为安全顺利完成这一最大项目，金岭铁矿送来两台潜孔钻机，即电动钻眼机。这种工具比一般钻机力量大，打孔既粗又深，装药也多。黑旺铁矿派出有经验的爆破职工和技术人员到现场协助，与“风钻爆破连”商议确定爆破方案，并按照方案开凿了七八个“药室”洞口。

经过认真紧张准备，确定第三天清晨装药。爆破连的民兵全部来了。博山民兵团郇团长、五龙公社民兵营赵营长也站在队伍里。人们戴着柳条编制的安全帽，严肃的表情覆盖了往日的各种笑颜，你挨我、我挨你地站成长长一排。

被称作小程的副连长站在队伍第一个，连长兼指导员老胡此刻已经钻进第一个“药室”里。后面紧跟着一排民兵，准备往“药室”里传递炸药。

实施爆破的现场总指挥是人们熟悉的孙迎发。

他问站在旁边的排险小组负责人张虎增：准备好了吗？得到肯定答复后，下发口令，民兵们开始传递炸药。炸药用黄色油纸紧紧裹着。副连长小程拿起一包炸药，递给身边的民兵，嘱咐一句“小心”。炸药一一传进“药室”，最后递到连长手里，他将炸药逐一排放好。

一包接一包的炸药，击鼓传花似的，带着人们的体温和手纹，被小心地摆放在一个一个“药室”里。从早上6时布阵，到中午10时30分，15000斤炸药全部安放完毕。

孙迎发命令民兵用乱石和黄泥封口，堵死“药室”洞门。

全部工作结束，恰好中午11时15分。

之前，孙迎发嘱咐博山团政委杨兴远和团长郇修竹，务必把伙食弄好，菜里必须见肉。那天中午饭，除了芹菜炒肉和拉面馒头，每人还分得一段香肠。

老胡和小程见大家忙着低头吃饭，他俩每人捏起两个馒头，夹上一段香肠，又去几个“药室”周围转悠查看。

正午12时30分，阳光喷射，工地上静悄悄的，没有人影，也没有鸟鸣，远处几座山头上有人拿着红绿小旗在摇晃。

一切就绪，等待指令。

此刻，头戴安全帽的孙迎发，攥着“手提扩音喇叭”，一遍又一遍大声告诫人们躲到警戒线以外。同时提醒在工棚的人迅速离开棚屋，到警戒线外隐蔽。

早在爆破前两天，指挥部已经通过附近村庄的党组织，动员村民在中午12时之前务必离开房屋，躲到院子里。他们想得很周全，村民住的房子，大多由石头和土坯垒砌，担心剧烈振动造成房屋倒塌。

四周的警戒红旗举了起来，守候道口的红旗也举了起来。

孙迎发气色凝重，见一切准备就绪，与站在旁边的张洪亮交流了下眼神，对着空旷的工地大声喊：五、四、三、二、一，起爆！

旁边握闸的民兵接到指令，立即推上电力闸刀开关。

地下响起隆隆的雷声，山崖微微晃动。紧接着，蘑菇云般的烟雾缠绕着轰隆巨响从地下涌起。雷声夹着云雾和飞尘，鼓舞着乱石窜向空中。

山崖被削去了一大半。爆破成功！

烟雾还没有完全散去，人们便按捺不住欢呼雀跃起来，举着彩旗，从四面八方涌向爆破点。

1970年11月24日《淄博日报》曾报道过五龙连实施爆破的故事。女民兵孙即华为了第二天的爆破，夜里零点就喊大家起床，与本团池上连的民兵一道，连夜将炸药从仓库搬运到工地。在低矮的山洞深处传递炸药。头不能抬，腰不能直，空气闷热，药味熏人，有的民兵还被熏得晕倒。就在这样的恶劣环境下，他们圆满完成了爆破任务。我还从报道中看到一个细节，装进“药室”山洞中的，除了炸药，还有30000斤乱石，2000斤沙土。

有人做过统计，“风钻爆破连”从会战开始到1971年7月，进行小爆破970次，中爆破31次，洞室爆破8次，打炮眼332个，运输和使用炸药8万公斤，雷管58582个，各类导火线931795米。没有出现一次重大事故。

5. 金鸡山炸响山东第一炮

那一炮发生在1976年冬，是让河南一场大雨逼的——河南警钟在山东敲响。

大坝顺利合龙后，建设者们干得更加欢实。攻山头似的，快马加鞭拿下一个接一个项目。不久，太河水库第一期工程胜利竣工。竣工比过年高兴，意义不言自明，水库可用指日可待。国家水利电力部、山东省政府及兄弟地市听闻这座大水库竣工了，纷纷发来贺信和贺电，万名施工大军人人喜上眉梢。

可以说，从兴建水库那天起，人们就在等水盼水。等拦起来的水能浇上庄稼，缺水村的老百姓更盼早一天喝上淄河水，结束喝湾水或爬山过沟挑水的日子。这个日子终于看得见了。

年轻人凑在一起开玩笑，“五一”该回家娶媳妇了。

有的说，媳妇快生了，甭管男娃女娃都叫水儿。

女青年很羞涩，休息的时候，方方正正的围巾遮着半个脸，在树荫或工棚里叽叽喳喳说笑。人们期盼着胜利，胜利那头，牵着人们各自的心事。

胜利的确值得庆贺。《太河水库续建工程扩大初步设计》里的内容不但完成，而且超额，最大坝高38米，坝顶高程实现234.5米，比设计高出了2米。还有呢，大坝的前砂砾护坡也提前达标，抵御百年一遇的洪水没有问题。

就在指挥部将目标转移到整修大坝环境、推进总干渠设计与施工、完成泄洪道等配套工程的时候，一件十分突然的事情在河南出现了。

1975年8月3日，一场特大暴雨天降河南驻马店。倾盆大雨裹着雷鸣、簇拥着闪电，疯了似的连降4天。暴雨导致山洪倾泻，造成板桥、石漫两座大型水库、两座中型水库，还有几十座小型水库溃坝。撒野的山洪，像群冲出铁笼的猛兽，吞噬了大片农田，冲毁连片的乡镇村庄。驻马店、许昌、周口、南阳等地区三十多个县市受灾，京广铁路一百多公里路段被冲垮，很多人被肆虐的洪水吞噬了生命。

百年不遇的大水，教训沉重又深刻。

河南的大雨，为山连山、水接水的山东敲响了警钟，也为正在修建水库的鲁中淄博敲响了警钟。人们在想，如果这场大雨出现在淄博或者淄河峪，我们刚刚修建起来的水库能不能扛得住、吃得消？

假设尽管是假设，也让人惊出一身汗。

未雨绸缪，比任何时候都重要和急迫。

山东水利界的权威专家和领导立即行动，分头查看各大水库，也来到太河水库，再次论证太河水库的蓄水与溢洪、泄洪能力。很快，一份由山东省水利勘测设计院编制、省水利厅批复实施的《太河水库保安全初步设计》放在了淄博市委主要领导和太河水库工程指挥部的桌子上。

时在1975年10月。

水库保安全设计主要项目有六条：

大坝加高增厚，坝顶高程由232米加高到242米。

新建东溢洪道工程。

西溢洪道加固工程，续建完成建闸工程。

灌溉洞续建及电站工程。

泄洪洞续建工程。

太河乡东下册大队（村）村民整体迁出库区。

还有一句关键话语，原文这样写：设计洪水（100年一遇），（相应水位236.92米）；保坝洪水校核（10000年一遇），相应水位241.54

米。要保证水库抵挡万年一遇的大洪水，水库的“三大件”必须按照更坚强的新标准来建设。

先说西溢洪道的强身健体行动。

在西溢洪道大闸前，有段 6 米多长的护坦，与大坝融为一体。大闸后面是泄洪槽。泄洪槽很长，超过 200 米，也很宽，足有 60 米左右，在大坝上看，像个抖开的大簸箕，由高及低斜向北去。

泄洪槽随着坝顶高度的改变，也在不断加固。看其变化：

1971 年，水库坝顶高程在 229.5 米时，西溢洪道用方方正正的料石作为溢洪底板，两侧的自然岩石为岸堤。

1972 年，坝顶高程达到 234.5 米时，溢洪道底板铺上了 30 厘米厚的钢筋混凝土，两侧用料石砌起。

1979 年进一步加固后，坝顶高程实现 243.17 米，溢洪道又被加固上 40 厘米钢筋混凝土来护底，两侧也用钢筋混凝土砌护。

望着美丽敦厚的西溢洪道，完全可以用“固若金汤”来形容。

再说东溢洪道。该溢洪道在金鸡山东麓山根下，距离大坝有六七百米，是这次保安全的重中之重。前面提到，东溢洪道在最初设计时，曾经做过安排，因资金捉襟见肘不得不暂缓修建。这次，市委态度十分坚决，时任市委副书记宋立言代表市委表达意见，即使在别的地方勒紧裤腰带，也要保证东溢洪道和其他项目开工建设。

他在 1976 年 6 月 17 日“太河水库保安全工程紧急会议”上严肃讲：

> “如果太河水库上游遭到河南省雨型垮坝，将有八万一千秒立方的洪水滚滚而下，对下游的黑旺铁矿、石化总厂、胜利油田、胶济、辛泰两条铁路，淄川、临淄两区以及广饶、博兴、益都、寿光四县都将造成毁灭性破坏……”

人们都掂量出“毁灭性破坏”的分量。

面对“太河水库下游是非多”这一严峻现实，确保完成保安全任务，他代表淄博市委下了三道命令：一、增加施工力量，由原来三个区上 6500 人增加四个区上 11500 人；二、提高机械化施工能力，组织八吨自卸车 40 部；三、凡有载重汽车的单位，每辆汽车必须承担 150 万方运输任务。

一场保安全的硬仗、大仗在溢洪道摆起了战场。一东一西两条溢洪道，颇似保卫水库大坝的两大栈道和卫士，把保证水库安全的“放心道”修筑在这里。

东溢洪道的场面宏大，规模远远超过西溢洪道，施工难度也不低于西溢洪道。好处在于，20 世纪 70 年代中后期的机械化作业已经比修西溢洪道时有了很大进步。汽车、拖拉机基本代替了独轮车、手推车；电钻、电力铲车替代了钢钎、大镐和铁锹。

黑旺铁矿、五〇一厂、淄博矿务局、市机械局、市冶金局、金岭铁矿、张店铝厂等单位支援的机械化设备，汇聚成集团军，威武地在金鸡山下亮相。

金鸡山作为见证者，见证淄博市无数个第一在这里产生。它还见证了至今没有超越的一个淄博第一，即一次性用 60 吨炸药开山。

西溢洪道曾经开创一次用 6 吨炸药的纪录，这次东溢洪道则一次用 60 吨炸药，整整增加了 10 倍。

许多人想象不出 60 吨炸药一次集中爆破的威力。一颗手榴弹或者一颗手雷里的炸药大概不会超过 500 克，其威力足能炸塌数间房屋。60 吨炸药是个什么概念？如果将这些炸药装成手榴弹或手雷，绑在一起集中释放，威力像个火药库。

决策者之所以想到这个法子，一是已经有了初步大爆破的经验，二是知道济南在建卧虎山水库时，曾经一次使用 48 吨炸药进行爆破，效果很好。他们决定去学习取经。

会议决定第二天，指挥部指挥孙迎发跟指挥部副政委杜麟山交代，你带着工程组一干人马上到济南取经吧，穿暖和些，路上小心。政委翟慎德也叮嘱，不要慌着往回赶，一定看清楚，问仔细，弄明白。

初冬季节，一辆黄色吉普在起伏的山路上颠簸。

内行人看门道，杜麟山他们到济南卧虎山水库一听一看，情况了然于胸，揣在心里的那只打鼓的小兔子，不知什么时候悄悄溜走了。

回来就将这项艰巨任务交给了张店民兵团。分别由湖田连和四宝山连去落实。据说，为装填炸药和其他所需材料，两个连花费了一个多月，用“白加黑”和连轴转，在金鸡山东麓依照山形开凿了 14 口竖井，最浅的 7 米，最深的 14 米。

依次装药。

依次订炮。

依次敷设引爆的电线和毫秒雷管。

作业，检查，复查，签字，一道程序紧跟一道程序。

用一万个仔细与谨慎，防止一个“万一”。

1976 年 8 月 15 日，刚刚立秋的金鸡山和淄河滩，依旧翻卷着暑热。上午 10 点，市委两位领导宋立言和韩连祯来到东溢洪道施工现场。问被汗水湿透了半个脊梁的孙迎发和翟慎德，都检查过了吗?

检查过了，没有问题。

务必确保万无一失。

他俩点点头。

周围群众安排了吗?

宋立言和韩连祯一边听介绍，一边在现场认真察看。

早在一个多月前，指挥部按照市委和市政府要求，对方圆 5 里的乡村、学校、商店进行宣传，要求听到放炮警报，必须立即离开家、离开墙，到空旷的地方去。

临近放炮那几天，大喇叭喊得更紧。

现场指挥依旧是孙迎发。

中午 12 时整，孙迎发表情严肃，站在高处环望四周，见没有什么异常，发出点炮的指令。

顿时，声响如远处的滚雷，闷闷地出现在群山之间。在远处捂着耳朵瞭望的孩子大失所望，问身边的大人，咋不响呢?

但见砂石腾空，飞旋四散。与砂石一块飞腾的还有弥漫四野的浓烟尘雾。金鸡山东麓被新爆破工艺炸出了一条宽宽的巷道。

这一炮，据说至今还没有被超越。

我们应该记住那个日子，那一天不仅炸响了 20 世纪 70 年代的山东第一炮，那天还是日本侵略者宣布无条件投降的日子。前事不忘后事之师，抗战，奋斗，牺牲，进取，都是中华民族行进的鼓点和顽强的书写。

第六章　清 流 扬 波 去

1972 年 5 月 15 日，彩旗在河滩上迎风飘扬。经过两年艰苦会战，太河水库首期工程胜利竣工。

如果将胜利竣工 4 个字写在别处，可能不会出现夺人眼球的效应，而出现在十分偏僻的淄河峪里，就会让人铭记，胜利与竣工来之不易。淄博市委副书记陈宝玺感叹，淄博人打了一个了不起的大胜仗。20 世纪 90 年代，太河水库管理局曾对水库建设情况做过粗略统计，自 1960 年水库开建到 1972 年一期工程竣工，先后有九万八千多人参加劳动，共投工日一千二百九十多万个。1970 年会战以来到一期工程结束，两年时间有近三万人参加会战，完成土石方三百六十多万立方米。

整整 12 年，一个完整的地支循环。这是多么壮观的一幅画卷啊！

这里面的艰苦、辛劳、牺牲、奋斗、图强、革新、创造、泪水、血汗、苦闷、坚持，都化成大坝的石头和泥土，散发着没有虚度年华的生命芬芳。

面对来自北京、济南以及兄弟省市的贺信、贺电、掌声、赞扬，面对沉甸甸的大成果，人们喜过，但没有陶醉；人们手舞足蹈地高兴过，但没有忘乎所以，因为胜利的只是第一期或首期工程，恰如《工地简报》所说，只是万里长征第一步，要把清澈的水灌进老百姓的水缸里，浇到地里去，还要拼些日子。

水库蓄水不是为了养眼看景，而是为了使用。使用的工程还有很多困难，在前面等待着。

1. 总干渠走哪里?

如果把水库看作一个人体，大坝、溢洪道、输水洞便是人的大脑与身躯，干渠水道则是将水分布到四面八方的四肢和血管。

整个渠系分为六级，主要是前面三级。

一级为总干渠，一条；二级为干渠，三条；三级为分干渠，无数条。接着四级、五级、六级。库水流进出水洞，进入总干渠，继而沿各级渠道，分布至24个乡镇（公社）。从地图上俯瞰弯弯绕绕的干渠，宛如粗细不一的血管，分布在半个淄博的土地上。

总干渠相当于整个库区的大动脉。

太河水库管理局首任局长杜麟山，他在撰写的《碧水千秋》一文中介绍这条大动脉：

> 南起金鸡山下的输水洞口，北到临淄的金山脚下，全长26.5公里，深3.8米，净宽7米，设计流量25立方米每秒。

还说这条大动脉：是用料石水泥浆砌而成的矩形渠道。

料石、水泥、浆砌，行走近二十七公里，从头到尾不走样、不改型、不换装。料石、水泥、浆砌，装饰着两人高、两辆汽车可以并行的渠道。

整齐划一的壮观景象已经初现，看这段描述——

> 穿山越岭，途经三十多座山头，六十多条沟壑，凿穿石洞7条，土洞12条，架设大小渡槽24座，各种桥、涵、闸门42座。

壮观、整齐划一，还有惊心动魄的威武。老局长眯着眼睛讲故事：

> 总干渠工程量为225.3万立方米，用工758.2万个，国家投资1327万元。

3 个数字类似 3 条回望的渠道，可从任何一个数字中触摸工地的脉搏。会战两年完成土石方三百六十多万立方米，那么，仅就总干渠而言，工程量已经接近会战工程量的三分之二。不足二百字的叙述，将总干渠栩栩如生地推到我们眼前。杜麟山局长介绍的数字是任务完成后的结果，过程更精彩，充满岁月赋予的生动与丰满。

1971 年 11 月 1 日晚，那个用砖石和苇席搭建的会议室又彻夜通明。翟慎德、孙迎发、冯传钦、王伦、孙兆兰、于建义等指挥部的负责人，还有叶纯正、鹿传琴、马守信、刘利光、张以钦、汪燕这些技术人员聚集在会议室里。

钨丝灯闪烁，房间烟雾缭绕。

一张五万分之一的地形图挂在迎门的北面墙上。

地图上有几根红线格外醒目，一条划在淄河以东，三条在淄河以西。起始点与目的地相同，出太河水库后直插位于临淄区的金山下。

据文献记载，临淄区的金山就是千年前失踪了的金雀山。它与水库紧挨着的金鸡山遥遥相对，为这片寂静山坳增添更多迷人的风采。

大家为选红线而来。

地图上的红线一旦确定，就马上施工，变成在地上流水的总干渠。

翟慎德时任指挥部指挥，主持这次会议。

技术组组长鹿传琴手持一根干净的粗苇秆，在地图前指点介绍情况。

总干渠设计方案有 4 个，他给参加会议的人逐一介绍。

第一方案：沿淄河以东、由南向北前行，这条线基本是直线，若执行此方案，最大好处是不用打山洞，路途能近十公里左右。但有段水渠要跨地区、走他乡。

第二个方案：走淄河以西，比现行方案节省五六公里路，但要钻打一个两千多米深的山洞。

面对这么深、这么长距离的山洞，大家无不发怵。

两千多公尺的山洞一气贯通，那时在全省还没有先例。天天打洞挖煤、挖矿石的淄博矿务局和金岭铁矿的技术专家们，也搔着脑袋不敢表态。危险系数太大，不好把控，又缺乏技术和资金支持，这个方案一提出即被众人否决。

第三个方案：同样要跨淄河，沿辛（店）泰（安）铁路北行。该线靠近铁路，施工会受到影响。投运后，因火车日复一日的穿行震动，水渠安全系数毫无疑问会打折。该线全部在山里钻来钻去，路途近了不少，可为了安全和长久之计，依然被大家放弃。

第四个方案：与现行方案基本相同。该方案与二、三方案一样，走淄河以西，多绕十几里山路，可以不用跨地区借地，也躲开了村庄，但要打若干个土洞和石洞。

会议集中在对第一和第四方案的选择上。

翟慎德让技术员们先谈看法和意见。

马守信和张以钦说，走淄河以东省些劲儿，但突出问题是要解决好跨区域协调。

什么协调问题？说具体。孙迎发提醒技术员。

人们将眼睛射向他俩。张以钦把自己的考虑，还有在技术组讨论时摆出的问题都端了出来。

如果河渠走东岸，占人家的地，人家要补偿怎么办？水从人家门前流，让用不让用？让用怎么办？不让用怎么办？不让用人家一定要用怎么办？再是管理问题，天长日久，如何维修，如果有人偷着用水怎么办？

所谓“人家”，是指相邻的潍坊青州市。太河一带，两地市的土地山峪相互交错，村挨着村，地连着地，村民都喝同一条河的水，赶同一个大集。即使现在，由张店区到太河水库，依然要经过青州市的庙子镇。

张以钦绕口令似的一气说了七八个怎么办，仿佛放了一串噼里啪啦的鞭炮，把会场气氛点燃起来。

大家你一嘴、我一嘴地讨论着、争论着，形成了“河东派”和“河西派”。大家各说各的理，都说服不了对方。

会议僵持了。

会议最后决定，由翟慎德、冯传钦、鹿传琴负责，以第四方案为底本，再进行一次实地调查。

时间不等人。第二天，翟慎德带着鹿传琴、冯传钦，还有其他几位技术人员，拿上望远镜、地形图等一应物品，从出水洞开始徒步查看。

从太河乡东下册村出发北行，第一站便迈进了有名的桐古村。一行人在此调整行走方向，由河东岸蹚河到河西岸。顺着正在修建的辛（店）泰（安）铁路路基继续向北。他们爬坡越沟，走走停停，查查划划，边走边讨论，从早上 7 时出发一直走到天黑，用脚量出了四五十里路。

晚上吃住在黑旺铁矿招待所。

翌日清晨，大家吃过早饭，迎着冉冉升起的太阳，继续勘测。

上午 10 时许，他们来到横担岭下。这是方案中的最后一道山梁，翻过去，接着是条宽宽的深沟。大深沟依然没有路，沟底是麦地，两侧是荆棘和荒草。大家小心翼翼地下山、过沟，踏进了益都县（今青州市）庙子村的地界。

接近 12 时，到达目的地。恰正午时分，阳光灿烂。

一路走来，大家心里都有了数。在鹿传琴他们绘制的第四方案基础上，进行了数处修改微调。一条更加科学、更省钱，不影响两地关系的新线路被技术员刘利光标注在地形图上。

他们勇敢地放弃走东线的方案。主要原因不是张以钦说的如何解决那些怎么办，而是水渠若沿东岸敷设，必须在庙子村附近架一副高度超过 60 米的长渡槽。60 米高的吊装，当时技术水平达不到，有限的财力也无法支撑。

没有调查就没有发言权啊，翟慎德很有感触地跟冯传钦说。

是啊，有时候脚丫子也有决定权。冯传钦幽默回答。

当他们将一张新的标注图挂在草棚会议室的时候，参加会议的人都一致同意他们用脚丫子丈量出来的水渠方案。

总水渠从出水洞出发向北，再折向西跨越淄河，然后向北蜿蜒北行到达目的地。以类似 S 形的姿势，从鹿传琴、张以钦他们精心绘制的图纸上，在齐桓公曾经跃马驰骋的东方峡谷中，铺设出一条水光潋滟的金色大道。

2. 一槽飞架西东

如果你从淄博张店方向去太河水库或者马鞍山、峨庄等旅游景区，一进入太河镇，一座很长的封闭式建筑物就横挂在眼前。那就是淄博水利史上有名的“桐古渡槽”。

关于桐古渡槽的情况，杜麟山留有这样的记述：

> 桐古渡槽是总干渠横跨淄河的咽喉工程，也是总干渠建设难度较大的建筑物。渡槽全长超过 460 米，30 米跨度，采用双曲拱箱形封闭式。槽中通水，槽下泄洪，槽上行人，是一座多功能的大型建筑物。
>
> 这样大型的水工建筑物，在淄博市是史无前例的。

这段简略自豪的文字告诉我们许多信息：一是大，在鲁中区域，前无古人，属于首创建筑物；二是奇，一架渡槽，上、中、下各有所用，兼着桥梁通行功能；三是巧，双曲拱箱封闭，如同贯穿相连的动车车体，保证流动的水不受外界污染。

在科学技术还比较落后的 20 世纪 70 年代，有这样的设计与施工，不仅有眼光，有胆识，也为后来树立了可以效仿的典范和样本。

任何成就的取得，往往都要在艰难上攀登。难，往往是胜利与成功的产床。

桐古渡槽也是。

第一难，设计图纸迟迟确定不了。那时争论还在，你想搞明渠，他想搞暗渠；你想用石头，他想抹水泥。认识见解不一致，思想不统一，技术员们十分焦急。

必须抓紧定说法，再拖下去，于施工不利。翟慎德、孙迎发跟军代表程惠林商量。程惠林表态，你们抓紧出图纸，出现问题我去说。

指挥部决定技术员鹿传琴做渡槽主设计，由他负责拿施工方案。鹿传琴接到任务，先去湖南韶山等地考察，回来后设计出了 6 个方案。

此时已在 11 月下旬，若再犹豫争论，明年汛期前就很难完成任务。市委确定的“明年水要用起来，不要攒着”的意见，就会落空。

翟慎德、孙迎发带着鹿传琴和他绘制的 6 个方案，驱车去济南，请上级有关领导和省水利厅专家定盘子。著名水利专家、山东省水利厅副厅长兼总工程师江国栋认真听取了汇报，仔细比对和分析各个方案的短长，认为在淄河上面架设 30 米跨双曲拱箱型封闭式渡槽比较科学。

一锤定音。设计方案解决了。

第二难，缺资金、缺物资。计划经济时期的资金、物资都要按计划来，丁是丁卯是卯，不能随意挪用。况且还要自筹，经费捉襟见肘。建如此长距离的高架渡槽，钢材、木材和水泥需要量都很大，而这三项恰恰都是国民经济的紧缺物资，即使有钱，也难以采购到。

面对指挥部自己无法解决的“双缺”困难，他们请市委领导给锦囊妙计。

第三难，施工技术力量薄弱。采访时问鹿传琴和邵成孝，参加水库建设时有多少技术人员？他俩扳着指头一个一个地数，归指挥部管理的技术人员只有十五六位，加上各团带来的技术人员，总数不超过 30 人。而且各有分工，各有专长。

第四难，缺乏施工机械。尤其吊装设备，几乎是零状态。

第五难，季节不合，天时不对。三九寒天手都冻得拿不住瓦刀锤子，怎么去砌石头、抹水泥？水泥还没有抹好便冻了，质量如何保证？

第六难，时间紧。

难，真难，太难！

难也要干，必须的。办法总比困难多。许多办法和智慧往往是被逼出来的。

办法之一，继续会战，分段包干。指挥部统一协调人马，从淄川、张店、临淄和周村抽调 15000 人，组成 4 个民兵团，共同布阵，打一场长距离的突击战。

这一战，又成为淄博市的第一。

包干的办法，类似于改革开放后推行的安全生产责任制，将责任和具体工作层层分解，把任务结结实实压在肩膀上。

任务一旦上肩，人就有了使劲的地方。

办法之二，开展社会主义劳动竞赛，激发建设者们的劳动热情和积极性。

办法之三，干部参与劳动，积极带头。

关于办法之二与办法之三，将在后面专述，我们先来看谁包干了桐古渡槽，他们又将如何干的。

建设桐古渡槽的艰巨任务给了张店区民兵团，指挥部派技术员张以钦协助做技术工作。

张店民兵团老团长傅山修说，既然接了桐古渡槽这个瓷器活，就必须拿出金刚钻来。那年恰逢他的不惑之年，生日还没有过。

任务上手后，他召集各营长及相关企业连夜分析，商定施工措施。时间不等人。他们决定土法上马，特事特办，搞“三边”齐头并举。

一边由张以钦负责，制订具体施工设计图；一边按照渡槽设计位置，组织人马立即开展清基，为矗立槽墩做准备；一边实施二次分工，备料的备料，排水的排水，砌石头的砌石头。总之，每个人不能闲着，个个手上必须有活，立马干。

20 世纪 70 年代的冬季要比现在的冬季冷许多，况且在“三九四九冰上走”的最冷时段。山里的风像看不见的刀子，在山峪里刮着飞着，有时还把冰冷的空气吹得像哨子，吱吱响。地上结着冰，屋檐下挂着一排排成串的冰凌子。70 年代初，尽管人们的日子有了些许好转，但没有摆脱贫穷，过冬的服装绝大多数是缝制的棉袄＋棉裤，许多女性的脖子上系上了不同颜色的方围巾或者毛线织的长围巾，条件稍好点的，会有件棉袄或者军大衣。在北风寒冰肆虐的季节，户外行走都要把自己捂严实，戴上口罩和帽子，将脖子尽量往领子里面缩，到河里去干活，伸出手去摆弄冰冷僵硬的石头蛋，又该是何等情景？想想都会打颤颤。

此时此地的清基与水库清基标准一样，也要挖到“齿墙”。不同的是，要围绕槽墩挖。槽墩面积不会太大，有些地方挖掘机派不上用场，还要靠人力。

那年冬季的淄河滩上，除了肆虐的冷风，冰冷的河石和结冰的河面，有了迎风猎猎的红旗，有了脚手架，有了挖掘机和拖拉机的突突声，河滩上下也涌来成群结队的人。

一个槽墩由一个民兵排负责，一个排三四十人，分三班轮换交替，半小时轮换一次——水太冷，时间一久，人扛不住，也会受伤。

在寒冷的冬季施工于河床，需要智慧和坚强，更需要“不怕”的毅力和精神。在保证作业质量前提下，加快施工进度，张店团经过几天摸索，开始推行流水作业法，即随挖土石，随即清运，紧接排水。排水后，立即浇筑混凝土底盘，紧跟着用料石垒砌。

颇似写文章，笔墨不停地一气呵成。

我不知道是谁想了这个点子，创造了这一作业法，采访中也没有人能说清楚。这一作业法，较好解决了在冰冷水里建筑槽墩的难题。

当我围着至今高高耸立在淄河滩上一架架渡槽，仔细端详的时候，想到那句老话：高手在民间，群众是真正的英雄。

创造没有完结，还在继续。

水泥浇筑的最好时间在春秋两季，冬季浇筑是建筑行业的“忌讳”。即使现在建筑业施工，也尽量避开寒冷的冬季。但碰上了，躲不开了，必须要做了，怎么办？

桐古渡槽就碰上了，躲不开了。他们不但办了，而且办好了，一根根立在河滩里的结实槽墩就是无言的明证。

为了质量，看看他们的土办法：

所用的石子、沙子都在塑料布围起的草棚用清水冲洗干净，搅拌投料配比严格过磅执行。

在预制件现场或者搅拌机所在地，同样扎上塑料工棚，支起大铁锅点上火，一锅一锅地炒沙子。不断用热沙搅拌水泥与石子，提高搅拌温度，保证水泥预制件在正常温度下凝固。

他们用这种土方法，浇筑了所需要的 144 件大拱肋，件件符合标准。

每根拱肋 3.5 吨，硬是让他们一丝不苟地“炒”了出来。

只有艰苦＋奋斗＋办法这一公式才是最完整的，完整的公式成为推动事业前行的支柱和动力。

翟慎德说，桐古渡槽的建成，完成了总干渠的一半，也拉开了“东水西调”的帷幕。

3. 水 过 三 瞪 眼

三瞪眼是卸石山峰中的一座山，总干渠的必由之路。

卸石山峰方圆近百平方公里，由吉吉顶（髻髻顶）、影像山、迎门山、三瞪眼、寨顶、轿顶、洼峪坡、将军帽、三角山等三十多座山头组成，吉吉顶（髻髻顶）为最高峰，海拔 786 米。从远处眺望，吉吉顶状如“发髻”，高入云霄，当地居民把这里称“髻髻寨”。

卸石山的山头相依相连，有的岩势奇崛，有的如崮憨卧，丛深林密，曾是抗战时期中共鲁中区委（辖益都、临朐、淄川、博山、昌乐、安丘、潍县等县）和中共益临工委所在地，也是明朝唐赛儿扯旗聚义的大本营。

关键是怎么打穿这座横卧的山。

总干渠前后要凿 7 座石洞，总长 3675 米，三瞪眼就占去了三分之一，超过 1200 米，是最长的一个石洞。

为了快，所有石洞都采用两头掘进的方式。两头同时掘进比单路开掘时间能缩减一半，关键是两头对着打，能否完全接茬。

测量定线成为打穿石洞的第一步。

任务仍然交给鹿传琴他们办。他带着测量技术员安存水、刘利光，水利技术员李道林、汪燕、马守信、张以钦和张钧堂等，一个山头一个山头测量。

大家担心的是，三瞪眼山洞能否对穿在一起。

毕竟1000多米啊！山洞对穿，这头看不见那头，线如果拿捏不准，黑咕隆咚地挖，能够打穿到一块吗？

鹿传琴代表技术组立下军令状，两头对打，若误差超过5厘米，甘愿受处罚。这是一种承诺，更是一种自信。鹿传琴说，如果我们不相信自己，怎么让人家相信？

他们把一张张跑出来的施工线路图交给相关民兵团的时候，常常对担心或者犹豫的眼神留下一句话，放心打吧，没问题。

他们眼神里没有丝毫犹豫。

最后的结果很理想，三瞪眼从两头开掘，中心线交错相差只有三厘米。

第二步是打山洞。

总干渠上的7座石洞，淄川民兵团打了6座。其中三瞪眼山洞难度最大，硬被他们一镐一锤打穿了。

7月上旬，我去三瞪眼山看山洞。山间苍绿，鸟儿鸣飞，知了声衬托得深山更加幽静。洞口相当宽绰，严格说不该叫山洞，叫巷道更为恰当。洞口4米多宽（据说最宽处达7米）、高度3.8米，里面完全可以跑汽车。

这里地理位置太险要、太偏僻，远离乡村驻地，既没有电，也没有水，风钻、排风扇、照明等用电的家伙都失去了用武之地，只能用大锤和钢钎一点一点地“啃”。

指挥部给他们定了一年时间，希望能够圆圆满满“啃”下这个千米山洞。

山洞的两头挂出同一幅大红标语：奋斗一周年，打通三瞪眼。

奋斗的时间，又在艰苦条件下的空间磨砺推进。

照明没有电灯，又不能用松把和柴油，可用的是井下采掘工人挂在身上的矿灯，还有煤油灯。

在小小矿灯和煤油灯的照耀下，他们对着大山抡起了大锤、洋镐和铁锹。

那日阴天，浓浓的乌云压满山头。放完炸山炮后，石洞里的浓烟弥漫巷道，久久不能散去，有个叫李法江的小伙子沉不住气了，戴上柳条安全帽，提上工具就跑进巷道去扒炸碎的石块。时间不长，洞口的人听不见里面扒渣子声，喊也没有回声。大家说，可别叫烟熏了。李存喜、孙振喜两个民兵将毛巾捂在嘴上冲了进去。果然，李法江已晕倒在地上。

团长王复荣得到讯息，急忙驱吉普车赶到三瞪眼工地，叮嘱已经苏醒过来的李法江，精神要表扬，方法要批评。我们既要奋斗，也要注意安全，绝对不能蛮干。

洞越打越深，排烟用时越长。为减少等待时间，他们重拾古老的“驱烟法”。从家里带来大蒲扇，或者用自己的衣服，驱赶盘踞在石洞里的烟雾。古老的“驱烟法”，在唐赛儿起义军居住过的地方，又一次派上了用场。

他们创造了 20 世纪 70 年代的“白加黑”和“6 加 1”，放弃了周末和节假日——说准确些，在水渠修建的日历里，压根没有什么周末之说。

哪有什么星期天呀，家里只要没有特急的事，天天吃住在工地上。龙泉营施工员贾士富当时三十多岁，是两个孩子的父亲，半月一月回不了一趟家。有时想娃想得心疼，便抽不忙的空当回家瞅瞅，再匆匆赶回工地。虽然他的家离工地只有五十多里，依旧住在山里，吃在山里，与大山为邻，成为青春的奋斗底色。

215 天后，三瞪眼山被李法江、李存喜他们打透了。

比计划提前 150 天，一条贯穿南北的大洞，成为三瞪眼山上的崭新创造。

他们手里没有现代化的钻山工具和设备，没有现代化的运渣车辆和通风设施，却在无电无水无设备的大山里创造了奇迹。

4. 一种血性的表达

从登上水库大坝、与这里的人接触那一刻，我就在思索掩映在绿水间的那种忘我劳动、拼搏奉献的精神。

习近平总书记常告诫人们，一个时代有一个时代的付出。的确如此，20 世纪 70 年代的建设者们，在极其艰苦困难甚至恶劣的条件环境下，凭着对祖国的爱、对领袖和人民的忠诚，珍惜自己的声誉，排除各种干扰，以铺路石的顽强燃烧青春，用手上老茧、汗水鲜血、青春年华和生命，为社会主义道路的坚守和美好生活的步步登高奠基。这种正义血性是建设时期的忠诚和爱的表达，应该受到社会礼赞和尊敬。

人是应该有血性的。和平年代的血性更需要唤醒、需要呵护，需要激励和燃烧。德国军事理论家和军事历史学家克劳塞维茨有句名言："物质的原因和结果不过是刀柄，精神的原因和结果才是贵重的金属，才是真正锋利的刀刃。"而这种真正锋利的精神就是敢于战斗、敢于进步、敢于胜利的血性素养。

这种正能量的血性沿着"不愿做奴隶的人们"的道路赓续，为摆脱贫穷、摆脱落后的集体行为展示。这种展示体现在"两弹一星"上，体现在戈壁滩上找石油的大庆人身上，闪烁在崇山峻岭的红旗渠中，也闪烁在淄博水脉治理和太河水库建设工地上。

这种在太河水库建设中昂奋出来的忘我、吃苦、敢做铺路石和敢于牺牲的精神，难道不正是我们今天呼唤的吗？

这些精神素质的载体之一，是贯穿水库建设全过程的劳动竞赛。因为，榜样无论在什么时候，都具有无穷的标杆力量；因为，各种条件下的英雄，没有定义。

社会主义劳动竞赛始于新中国成立之初。为尽快医治战争创伤，恢复国民经济，大力支援抗美援朝，全国在工农贸易等各条战线开展了以增产节约为内容的劳动竞赛。1954 年 5 月，政务院政务会议通过了《关于生产发明、技术改进及合理化建议的奖励暂行条例》，由此在全国拉开了"比学赶帮超"、以调动和发挥广大人民群众积极性、创造性为目的各种劳动竞赛大幕。

太河水库建设中的劳动竞赛，杜麟山局长用文字告诉后人，所有的竞赛都围绕着优质、高效、低耗和安全用力、用心，调动和发挥劳动者的主观能动性和积极性，持续推进水库建设速度。

竞赛在工地上无处不有，有劳动者干活的地方，就有竞赛活动。1970年，以农民身份参加水库建设的邵成孝回忆：

刚去的时候用独轮车推土。咋推，手脚也不听使唤，不是歪到左边，就是扭到右边，累得满身汗，还推不了几车土。看到会推独轮车的老乡，驾着满车土呼呼地跑，羡慕得心里直发痒。

会推（车）了，就和他们比（赛），标着膀子干。你推700斤，我也推700斤；你推1000斤，我绝不推990（斤），总之不能落后。那个时候干活只有一个想法，有劲不使，或者落在后面，就感到很丢人。

因为得不到流动红旗，没有评上积极分子，大老爷们中也有闹情绪不吃饭的。有的得不到奖状，还会遭媳妇调侃或数落，感觉很没有面子。

人和人竞赛，团和团、营和营、连与连之间也搞竞赛。大坝上土时，为了撵进度，指挥部将大坝分成若干段，让每个团负责一段。于是，竞赛开始了。白天干，晚上也干，那个欢实劲儿啊，想想都激动。

打山洞也是如此。前面说淄川民兵打三瞪眼山洞时，民兵李法江在烟雾还没有散去就冲进去扒拉石渣装车，也是想夺取那月的流动红旗。

一无奖金报酬、二无劳保福利，他们那种热火朝天的劲头哪里来的？物欲极低的清苦年代，精神世界里很少有杂七杂八的自私自利，争第一、拿红旗成为没有或较少有的负压空间。

太河水库管理局档案室里有一份由指挥部核心领导小组颁发的文件，印制时间是1970年8月27日，题目是《关于开展向淄川民兵团东坪连学习的决定》，起因在于该连在会战第一阶段施工中，提前66天完成了任务，夺得头筹。

在“提前66天”那句关键词里，我们能感受到东坪连的那种忘我的劲头。

有先进集体，也有先进个人。指挥部通过层层竞赛，1971年在全工地评选出十大标兵：

推车能手杜仲侠；

好管家李佑军；

女英雄闫宾美；

架子、吊装土专家高振波；

小英雄李博新；

模范食堂管理员王强书；

打山洞创奇迹区干部刘建业、民兵营长王锡亮；

挖土洞、建明渠带头人郑良贵、寇京新。

太河水库管理局档案室给我提供了一组数字，从 1970 年大会战到 1980 年主要骨干工程建成的十年间，共评选出先进集体 3314 个；先进个人 32199 名；发展党员 120 人、发展共青团员超过 800 人；培养各级后备干部 3931 名。

这是一组奋斗、图强与拼搏的热血数字。我想，应该在太河水库附近建一座艰苦奋斗纪念馆，与英雄的马鞍山、太河惨案纪念碑一起，绘就一幅与山水共命运的大美彩图。

太河水库兴建中表现出来的忘我敢拼、蚂蚁啃骨头、不畏艰苦与牺牲的奋斗业绩，不正是沿着马鞍山山脉走来的那股精气神吗？艰苦创业与为民族求解放、求振兴在淄河流域构成一条不忘初心、赓续优秀传统的红色文化带。在不同年代、不同环境下，为民族正义舍命、为人民美好生活打拼过的人们，才是时代最好的记忆和教科书。

总干渠修成不久，山东省水利厅副厅长、总工程师江国栋前来检查。这位全国著名水利专家认真查看图纸，沿着总干渠从头看到尾。他站在桐古渡槽上，望着四周的田野，以知识分子和老水利人少有的感动告诉建设者，这样长的环山渠道，在山东省是第一条，你们了不起！

他给建设者和以后的管理者留下让人们至今不忘的嘱咐，长距离输水不容易，一定要搞好防渗漏，砌好渠墙，发好洞碹，保证安全。这条水渠代表着一个时代的水利建设水平，不光要坚固耐用，还要美观，为后代留个值得夸赞和自豪的样板。

可谓语重心长。

整整三年，长 26.5 公里、深 3.8 米、宽 7 米，流量每秒 27 立方米的总干渠像条美丽彩虹，横亘在淄博大地上。半个世纪过去了，总干渠作为齐鲁大地上第一条长水渠和样板渠，依旧汩汩流淌，为国民经济和城乡人民用水发挥着不可替代的作用。

5. 在杨寨村开了个座谈会

2021年8月21日，在淄川区委宣传部的安排下，我与淄川区作协副主席薛燕走进了杨寨村。原村民委员会主任高存永已在村委院子树下等候。会议室里，长方形会议桌的一侧，已经坐满一排人。这群鹤发童颜的老者，无不与太河水库“交过手”。我这次来，主要听他们讲与建设水库有关的事儿。

第一个讲述的是曾任杨寨营的副营长、在一干渠工地分管生产的七十八岁李志荣。他个头不算高，黑白相参的头发很整齐地梳向脑后。白色衬衣与精神抖擞的紫铜色脸庞，与条理性很强的话语组合在一起，感觉不像在地里“伺候”庄稼的老农民。一问，才知道他高中毕业，1972年上了水库，一直干到1981年，把最好的一段青春垒砌在水库和干渠上。

个头最高的叫张传仓，比李志荣小一岁，说话瓮声瓮气，是当地有名的老石匠。李志荣介绍，山东省原常委、副省长高启云题写的“万米山洞”4个字，就是他一锤一锤刻出来的，而今镶嵌在出口处。张传仓见老营长表扬他，脸有些红，急忙纠正，说他只刻了那个“万”字，其他不是他刻的。

接着是一片笑声。

集体采访的拘谨渐渐放开，张腾云、杨丽华、张庆学等也纷纷讲述起自己经历过的事情。

他们是在用语言集体编织一幅大图景，再现当时杨寨村农民怎样响应政府号召，抛家舍业去建水库。

杨寨与太河水库附近的村庄虽同属一个辖区，但距离不近。太河一带藏在东边的大山里，他们则坐落在西边的平原地带。两地相隔七八十里，经济也有很大差别。太河、峨庄与淄河上游一带，主要经济收入来自山林农田，种庄稼的收成要看天公脸色。杨寨村一带则不同，包括罗村、赵瓦村、双沟、月庄、大窎桥、黄家铺各村，因相邻孝妇河，紧挨张博公路和胶济铁路张博支线，属于平原地带，所以，20世纪70年代，这些村的粮食亩产已经达到五百公斤左右，70年代末总产达到1150万公斤。况且许多企业坐落于此，带动了他们的发展。1958年他们就相机建立社队副业，建起瓷石矿、农具厂、面粉厂、砖瓦厂、耐火材料厂等。规模尽管不大，但能挣钱，相对于淄河流域一带的峨庄、口头、太河、桐古、下册、东崖、纱帽、土湾等村庄，日子好过得多。村支部书记跟我说，1962年，在社队企业从业的农民就超过了两千人，以后当然越来越多。

日子好过，不能忘了同饮一江水的兄弟姊妹，况且淄河水还要经过我们的门口。政府号召修建太河水库，大家没有二话，都争着去。李志荣说，会战初期，去了百十人，1972年修总干渠，仅杨寨一个村就去了五百多人。家家都有人去干水库，有的甚至带着孩子去。

太河水库一干渠上有21眼井，杨寨打了两眼竖井，两口斜井。大家干活不怕使力气，但怕挖井塌方。张腾云慢慢介绍，我们这些人都是拿锄把种地的，没有下过井，更没有挖过井，碰上塌方能不害怕吗?

真的是怕什么来什么，在总干渠挖土洞时，塌方了，一个叫周梅春的连长失去了生命。在修一干渠时，一位姓范的民兵被砸成了腰瘫；还有一位孙姓民兵在井下被炮炸伤了眼，没有治好，时间一长，眼睛看不见了。李志荣的嗓音低了下来："修水库和修一干渠，杨寨有二十多人受过伤。"

李志荣很精细，许多细节记得十分清楚。

说到这里，热闹的场面出现了片刻寂静。

李志荣亮开嗓子，打破了寂静。那个时候的工作用"干"概括不了，应该叫"拼"。没有哪个领导要求你怎么怎么干，而是自己在跟自己拼，生怕完不成任务丢人。结果每天的定额、每月的定额没有不超的，就像拉运土，每人每天装、拉、卸九十多车，比定额超30%。

30%是什么概念？通俗说，3 天干完了四天的活儿。跟自己较劲，挑战极限争上游，一点都不夸张。

张传仓讲，就说扶钎打锤吧，手生的、没有玩过锤的，抡起来没有准头，锤头一歪，就抡在扶钎人的手上。把扶钎人的手砸得青一块紫一块，回家都戴着手套。说到抡锤打石头，大家话题顿时丰富了。而且聚焦在女民兵上。才多大呀，最小的十七岁，大的二十二岁，哪一个服输呀？没有。李爱云、刘其梅这些女娃娃谁打过石头？还是方方正正的料石？硬学啊。一手抡锤，一手握錾子，一不小心，锤头就飞到手上。砸得两眼出泪，抹抹眼，继续砸。

我知道杨寨营有个“小屯连”，连里有个“铁姑娘班”，专打“万米山洞”发碹用的料石和柱石。打石能手有刘继玲、张凤花、吴秀琴等，这些敢打敢拼的女石匠让男石匠都佩服得跷大拇指。他们见我问，纷纷说起姑娘打料石的秘密。

打料石，自然说到出水洞上方“万米山洞”4 个字。每个字很大，约一米见方，所用石材是坚硬美观的泰山石。

李志荣接过张传仓的话头，介绍相关细节：“那 4 个字，漂亮大气，是省委书记高启云题写的，张传仓带着石匠刻的。”

大家你一言我一语地回忆，每块大石头重一吨多，石头太大太沉，搬运难，雕刻字更难。那时还没有电动刻制工具，完全靠石匠用铁锤、钢凿这些老家什一点一点地凿刻。凿刻的时候很小心，不能打坏了，也不能出裂痕，必须做到一次凿刻成功，由 4 位手艺精通的石匠操作。每人凿刻一个字，要求在一月之内完成，保证万米山洞通水剪彩时能够展现在出水口上方。

我问那 4 位石匠是谁？

张传仓说，“万”字是繁体字，他刻的，“山”字是女石匠刘其梅刻的。另外两字是谁刻的，大家想不起来。高存永后来补充，“米”字是杨寨村高光长凿刻的。至于“洞”出自哪位石匠之手，至今查无结果。

这几个大字雕刻成后，由张传仓最后把关，对每个字逐一修雕，成为今天大家看到的模样。

“山”字出自年轻女石匠之手，大大出乎我的意料。因为那是阴刻字，深浅、笔画力道全凭手上功夫，一点一点凿地与其他三字浑然一体，充满阳刚之气，十分不容易。

说女石匠的事情，便将问“娘子军连”连长李志华的问题问这群老人，她们这么干，出了汗怎么办？有地方洗澡吗？

坐在桌子那头的杨立华站起来说，人都喝不上水，哪有水洗澡？他们排在土山峪挖山洞的时候，全村只有一个小水湾，水浑得估计现在牲口都下不去嘴，里面还有乱草和跟头虫。但那是村民的“生命湾”。为了解决施工人员喝水问题，他们每天用小拖拉机从洪山煤矿三立井拉一箍水上山，来回一趟五六十里路，水拉去后，送给房东一筲，房东高兴得不知说啥好，倒在缸里，盖上盖子，还舍不得喝。

也许有了这些现实的镜头和场景，不能守着一条大河没水喝。人们觉得把水引过来，凿石开山值，拼命也值。张腾云捋捋头说，人家红旗渠能把一层层大山凿通，咱也是中国人，为啥凿不通？他四十九岁到一干渠搞管理，是位不服输的老将。

由喝水、洗澡联想到吃饭。吃饭对杨寨村来说，不是问题。张传仓坦言，他饭量大，每顿能吃两斤半干粮，食堂定量不够吃，就从家里带。每次都背一大口袋玉米让食堂做——老娘每次送他出院子，就嘟囔，不能饿着儿。

大概提到了母亲，张传仓眼圈有点红。

人们七嘴八舌，越说越兴奋：老张能吃，营里、团里都有名，但他绝对不是吃货。太河水库打炮眼，他抡 8 磅大锤，每天打六米多深。还提着马蹄表，跟人家比赛。他的脊梁啥时候摸摸，啥时候都湿漉漉汗津津的。

说得大家哈哈笑起来。

最高兴的事莫过于两条山洞打通了。村里宰了一头肥猪送去犒劳我们。那个月村里连宰了两头猪呢，除了打通了山洞，我们还获得一面红旗。

从会议室出来，骄阳当空，空气中喷洒着伏天的热量。高存永带我们去杨寨惨案纪念馆参观。1938 年正月，驻扎在淄川炭矿的侵华日军为搜捕抗日志士，带五六百日伪军突袭包围了杨寨。挨家挨户搜查，搜不着，把全村老幼都驱赶到村南边宽阔的“抽匣地”，逼迫乡亲交“抗日分子”。日寇见村民不说话，用木棍打死了两位老人，又用机枪扫射，169 名乡亲惨死在敌人枪下。

我望着刻着死难者姓名的纪念墙，眼睛久久没有离开。总书记说，幸福是奋斗出来的。为了今天的幸福小康、国家富强和安宁，一辈辈人去拼搏，去负伤，去吃苦，去奉献，去做自己那个年代该做的一切。水库建设者大部分是农民，没有多少文化，可是，当国家需要了，“匹夫有责”的血脉就在骨子里激荡，支撑着他们义无反顾地奔向该去的地方——战场或者工地。

第七章　万　米　山　洞

如果说起源于太河水库的总干渠是铺设在淄博中部的一条主动脉，那么，由总干渠尾部向东、向西、向北分别伸展出的3条支干渠，则是将主动脉里的水，分布四面八方，流进田野和农舍人家的大动脉。

根据水渠走向和受益地域，分别将兴建一、二、三支干渠的任务派发给淄川区、张店区和临淄区。

向西的那条水渠叫一干渠，由淄川民兵团修建，这条干渠最长，穿行山洞最多，意义也最大。它的走向不仅能够使方圆近18万亩的田地得到浇灌，还将淄河与孝妇河、范阳河手拉手牵在一起，实现“三河相通”的设计梦想。同时，将东边流贯的淄河水脉引向西部，与静卧在周村“旱码头”的萌山水库汇融在一起，实现“两库相连”。

萌山水库与济南章丘市相邻，而今早已改名叫“文昌湖”。经过多年精心设计与打造，这里有了“小银滩”的美称，成为人们旅游和休闲度假的又一好去处。

这条水渠跨山越涧，穿洞飞悬，由东到西，相跨38.5公里。东水西调的梦想，由此在鲁中这片古老土地上落地蜿蜒，使山林田野得到滋润，妩媚的文昌“小银滩”有了群山的大气与淄河的雄浑。

这条干渠是淄川人民自己修建的，把它亲切地称作“幸福天渠”。

1. 拍板人叫“宋大胆”

早在修建总干渠之时，淄川区便开始考虑怎样修建支干渠。

1972 年，由淄博市水利勘测设计院担纲设计的两个方案，同时摆在了一干渠决策者们的桌子上。

一个方案要绕行，人们叫它绕行方案。该方案施工难度相对要小，也少打山洞和土洞，但线路相对比较长，要从总干渠渠尾向北行，经过临淄区边河公社地界，然后再折向西，爬坡进入淄川区邹家庄。关键在于半个括号似的弯曲行走，淄川区东山几个村庄和七八万亩地只能望水兴叹，不能解决土地干涸和 2 万多人的缺水状态。

另一个方案要打隧道钻山洞，亦称隧道方案。该方案的渠首略略提前，以总干渠 6 号山洞出口为起始点，直接凿洞钻入深山里，纵跨黑旺、寨里两公社（镇），直达邹家大队。行走线路比“绕行方案”缩短了许多。这样走，东山里的村庄和几万亩的庄稼地能够用上水。这样走，可以解决土湾、蓼坞、佛村、夏禹河、土山峪等村庄缺水问题，但难度加大，不但穿越淄黑公路，还必须打穿王宝山和佛山岭。

佛山岭是泰沂山脉中的一座延绵起伏的大山。岭上有一佛村，曾是八路军山东纵队第四支队司令廖容标、政委姚仲明他们开创的一片红色根据地，也是淄博矿区工人抗战联合会与武工队的驻地，号称淄博“小延安”。

“小延安”革命故事很多。1938 年 10 月 2 日，驻扎在淄川鲁大煤炭矿业公司（今洪山镇淄矿集团驻地）的六百多名日伪军夜袭佛村，四十多名战士和村民殉难。指挥村民撤离的淄川县妇救会会长、二十一岁的“双枪女战士”蒋舒和，为掩护村民，在日寇偷袭中壮烈牺牲。

钻透这样一座红色山岭，山洞的测量长度要超过 1 万米。打钻这么深、这么长的洞，20 世纪 70 年代的山东没有干过，中国没有出现过，亚洲也没有。

钻还是不钻，用哪个方案，是当时淄川区领导人面临的一件大事。

众说纷纭，难以拍板。

当时淄博市委态度十分明确，3 条支渠方案以及分支渠设计皆由各个相关区县决定和施工，市里投资一部分，资金缺口部分由各区自行解决。

市里把兴建一干渠的权利也给了淄川区，淄川区就必须干好。就在大家为修渠争论不休的时候，宋天林由淄博市农委副主任调中共淄川区委任书记。时在 1975 年 2 月。

宋天林没有想到，上任第一天，等待自己的竟然是这么大的一件事情。

宋天林是位经验丰富的老革命，“七七事变”爆发后即在家乡潍坊投身抗日救亡运动。新中国成立不久，担任中共南海地委宣传部副科长。1958 年昌潍农校升格为昌潍农学院，他出任院长和党委书记，继而调任临淄县委书记。1970 年太河水库搞会战，他受命任副指挥，后又任淄博市农委副主任。在他的履历里，与农业和水结下了不解之缘。

他在淄川区委书记任上风风火火打拼 3 年，1978 年 2 月，离一干渠正式通水还剩一个月，他受命调往山东省水利厅任党组副书记、副厅长。

他瞅着摆在桌子上的两个方案，没有立即表态——没有调查，就没有发言权，宋天林笃信这条规律。

他尽管担任过太河水库建设副指挥，对水库的设计以及未来使用十分清楚，但一干渠的修建毕竟关系整个淄川区的农业与水利的长远利益，况且投资大，不能不慎重。

他跟区委领导班子成员开会商量，先去转转看看，回头再确定施工方案。

6 月，割完麦子，他与区人武部的政委张寿泉，带着区水利局戴荣泉、欧阳甲弟、顾国才、张玉林等技术人员，开始对“隧道方案”考察把脉。

他们带着地图，带着水，也带着几把预防意外的小镐头和镰刀，从总干渠 6 号山洞出发，跨山过峪，穿公路，爬土堰，过黑旺，直奔设计图上的出口：寨里公社邹家庄。他们去了土湾村、蓼坞村、佛村，也去了夏禹河、土山峪村等。当他们站在寨里大牛山脚下的时候，那幅画在纸上的平面设计图，此时此刻已经有了明晰的立体感。

被荆棘划在手臂上的印痕，挂在脸上的汗珠，还有让汗水湿透的衣服，都成为增强信心和决心的一部分。

修建水渠的目的是让缺水村的老百姓用上水，让庄稼浇上水，这是千条意见、万条理由的第一条。这一条不能动，摇晃不得，否则，花钱劳民修水渠还有啥意义？

宋天林一行在一些山村里看到，一些村民把挑水作为家里一件大事，隔三差五跑老远挑回家的水并不干净，有的浑浊，有的里面有跟头虫。村里的吃水湾里，有蛤蟆叫，飘着杂草枯叶。地里的麦子像三毛的头发，稀稀拉拉。宋天林看到这些，心里很不是滋味，感觉愧对吃不上干净水的村民。

他们边走边议，无论采用哪个方案，必须以改善老百姓吃水、庄稼能够浇上水为主。或许因了这次触动心灵的徒步勘察，在宋天林的天平，逐渐倾向"隧道方案"。

在爬山过沟、沿路察看的同时，一幅新的设计图出现在宋天林的脑海里。

沿着山脉修水渠，钻山洞肯定少不了。关键是怎么钻，从哪里钻。既要钻得快、钻得合理，还要安全和节俭。

他跟欧阳甲第和戴荣泉说，修改图纸的事你们来整，佛村岭的大长洞不可能从这头一憋气钻到那头，中间按照你们的意见，可打一些竖井或斜井，这样通风好，也安全，两头掘进，更能够派上人手，提高修渠进度。至于在哪里打竖井、打斜井，你们说了算，可以再做更细的勘察，搞出一份更科学的施工设计图报区委。

他在设计图前加了"施工"两个字。

这份施工设计图几经修改，更加严密科学。11 月，淄川区委召开专门会议进行决议，一致同意举全区之力，按照"隧道方案"兴建一干渠。

只要水库有了水，咱就不能守着秆草饿煞牛。砸锅卖铁也要把水牵到缺水的村里和庄稼地里。

共识是金，也是燃烧的火把和力量。

很快，淄川区将新建一干渠的请示报送到淄博市委、市革委和淄博市水利局。淄博市委、市革委以及市水利局很快下发批文，同意淄川区按此方案组织修建第一干渠。

据说，淄博市有位领导看到淄川区委选择了"隧道方案"，十分欣喜，说宋天林是"宋大胆"。

2. 镐头掘出个亚洲第一

前面说道，经过多次勘测和充分调研确定下来的隧道方案，清晰地表现在于建义、王复荣以及欧阳甲第、戴荣泉他们修改过的施工设计图上。

这份设计图的起点位于土湾村附近，即总干渠 6 号石洞出水处。一干渠由此起跑，一直到昆仑公社（镇）洄村的东山。从地形沙盘图上看，三十多公里的一干渠颇如一把倒立的"萨克斯"，在淄川区境内蜿蜒前行。

在这条舞龙似的水渠路上，需要挖 5 条石洞和土洞，架 13 座渡槽，其中位于金川位置的渡槽，其长度超过总干渠上的桐古渡槽，达 2002 米。蜿蜒回环的水渠上，还要修筑 105 座小桥和涵洞，修建 28 处水闸；打通两座大山，其中一座是天台山。"天台山隧洞"全长 1004 米，以 2 号隧道的位次，标注在图纸上。该隧洞地处昆仑镇与龙泉镇之间。水渠出洞 2700 米，便接一干渠上的最大倒虹吸。倒虹吸从地下穿过孝妇河，越过车水马龙的张博公路和胶济铁路张博支线，然后直插二里公社贾官庄，继而实现前面说到的"三河相通"和"两库相连"。

这些，对在总干渠上啃过 6 条山洞的淄川人来说，都不在话下。关键还有个中国人以及山东大汉们之前从来没有碰见过的大山洞卧在前面。那就是一干渠上的 1 号隧道。

1号隧道比2号隧道长近十倍，人称万米山洞，是一干渠上的咽喉工程。

先看隧道的设计走向：

从太河水库直行往北便是淄川区寨里镇的地界，界内有个土湾村。万米山洞从该村东头马蹄山脚下入口，沿胶王公路（胶州至王村）地下折西前行，途经土湾村，接着进入蓼坞村、佛村、夏禹河村和土山峪村，然后穿越王宝山、佛村岭、卧虎山等山脉，蜿蜒至寨里镇邹家村大牛山西麓出口，全长10248米。

我站在“万米山洞”展览馆里看沙盘。沙盘带些岁月沧桑和痕迹。水渠似蛇，在沙盘标注的山间、山洞间蜿蜒盘桓，绕了半个淄川。“万米山洞”作为一干渠（或者说整个水库）上最大工程，就藏在佛村岭这片山中。

当我在2022年夏季登上那片山岭，透过绿树掩映看总干渠6号出水山洞和万米山洞的入口，依然为其险峻而震撼。万米山洞的艰险与难度成为关系一干渠工程的咽喉与核心。万米山洞如果顺利凿穿，一干渠就胜利在望。

曾担任淄川民兵团团长的王复荣，以一干渠指挥部指挥和副政委的身份向区委常务会议汇报，万米山洞设计高度与总干渠完全相同，为3.8米，只是设计的断面宽度略缩窄了些，为3.4米。顶部全部为拱形。

王复荣1948年入党，参加过济南战役和淮河战役，成绩优异，被部队授予二等功。他自1971年走上太河水库建设之路，水库、水渠、石头、山洞、山坡便成为他的至交，天天打交道，直到一干渠胜利竣工通水。

宋天林很欣赏这位既仔细又认真肯干的战友。望着他，幽默地说，老王，咱们不仅要把万米山洞修好建好，修结实弄牢固，还要修建得漂漂亮亮，给后代子孙留个表扬我们的样板。

崇山峻岭的百米之下，一条亘古未有的地下长廊将出现在蒲松龄讲述《聊斋志异》故事的土地上。

为了通风，为了安全，为了进度，根据山间地形，在万米山洞行走的山间，设计开凿 13 个立井，8 个斜井。根据预算，万米山洞将开挖浆砌 35 万立方米；投工 265 万个；投资 441 万元人民币。面对这几个数字，我在想，如果现在修建这条万米山洞，那些钱能够修建多长距离？

我猜测不出技术员戴荣泉、周继美、傅衍顺他们在设计计算时的表情；猜不出王复荣汇报这些数字时候，以及宋天林、张廷发、陈庆照、刘建业、于建义这些区委常委们听到这些数字汇报后的表情。

决心、共识、担当应该成为所有表情的内涵。

内涵就是一句话，那就是“别等，抓紧干起来!”

历史、特别是淄博市水利建设史和淄川区的历史，应该记住开始干的那个日子

1975 年 12 月 22 日，包括万米山洞在内的一干渠建设誓师大会在洪山镇第二小学体育场召开。

淄川区委的当家人为什么将大会地点选在洪山？有无潜在的奥秘或寄托？

洪山是淄川区的一个大镇，旧时写作“黉山”。“黉山”的“黉”可能笔画太多，久而久之，人们便用笔画少的“洪”字来替代。汉代郑玄曾在此地讲书论道，蒲松龄的故居蒲家庄也坐落于该镇。

洪山至今是淄博矿务局（现称山东能源淄矿集团）的驻地。这片大树参天，林立着许多德日建筑的地方，在 1904 年之前，当地老百姓称这片山峦野地为“大荒地”。德国地质学家李希霍芬来附近敲山问水，断言“大荒地”用不了多久，将会成为“大矿地”。

他的断言实现了。他用地质学家的眼睛，发现这里蕴藏着极为丰富的煤炭。

煤炭催燃了淄博，也改写了洪山历史。

1904 年，德国人开始在这里开矿挖煤；1906 年欧斯特将一台 25 瓦柴油发电机装在这里，淄博通电也肇始于此。1914 年，日本人借巴黎和会，接替德国人强行霸占了淄博矿山。他们端着枪、牵着狼狗在洪山

整整侵占了31年，还在1935年导致一次淹死356人的透水大事故，直到1945年他们宣布无条件投降才撤离。

洪山也是中共一大代表王尽美、邓恩铭在淄博播撒第一粒红色火种、发展第一个共产党员、建立山东第一个矿业工会组织，组建直属中央领导的第一个党支部的地方。淄博红色历史传承和记忆里，无数个“第一”像组火炬，点燃在洪山。洪山镇是个名副其实的红色之镇。

淄川区委将誓师大会选择在这里，有了传承红色基因的潜在意义。誓师大会当天，各路人马举着红旗，背着行囊，在满街的腰鼓队、花束队和震天锣鼓声中奔赴各自施工现场。

再看万米山洞。

承担开凿万米山洞任务的共有5个民兵营，也就是5个公社（乡镇）。他们是：

黑旺营。任务：平洞1750米，3眼井。井号：1至3。

罗村营。任务：平洞3500米，6眼井。井号：4至9。

寨里营。任务：平洞2000米，5眼井。井号：10至14。

二里营。任务：平洞1200米，3眼井。井号：14至17。

杨寨营。任务：平洞1879米，4眼井。井号：18至21。

井号按照入水口到出水口方向依次排列。罗村营承担的任务最多、最重，寨里营次之。

线路图有了，任务明确了，方向清楚了，部分施工资金到位了，其他都交给那个“干”字来承担。

干，是推向事业前行的必由之路，但一步一步干起来却十分不容易。因为干这活的绝大多数是农民。

如果让挖山洞的农民去收割小麦玉米，吆喝黄牛、抡着镢头、铁锹开荒种地，担水浇地，可以说，个个都不是孬种。眼前则是凿山挖洞，抡大锤，掌钢钎，坐罐笼，扒碴子，抱着风钻与山石拼。面对从来没有干过的事儿，无论技术、力气、思想与心理，都面临着巨大的困难和考验。

我沿着万米山洞步步细观，抚摸着山洞垒砌的方正石头，似乎在与过去的建设者们握手，感觉每一尺、每一寸的山洞挖掘，水渠垒砌，都渗透着永恒的体温和火热的青春。

我向勇于挑战自我，敢于改变老百姓吃水浇地现状的青春付出者致敬。

发生在这里的故事很多，我讲 3 个。

第一个故事：**修改图纸**。

黑旺营负责凿一号山洞，开头就遇上了难题。

施工图标注的位置在蓼河土湾段，这里不仅地势低洼，还是蓼河的转弯处。蓼河与黑旺沟连在一起，成为一条大川。黑旺沟很深，从土湾渡槽桥上往下看，胆怯的人会有害怕的感觉。

营教导员叫郑良贵，从小在蓼河边长大。他十分清楚这条河的脾性，自古以来都是山洪汹涌的泄洪道。每年的山洪像有记忆似的，从来没有改过道儿。雷雨季节，三面群山上的水都朝这个它们熟悉的方向奔涌，水流急而猛，如果在这个位置开凿山洞，一旦来水，必被灌入洞内不可。

他觉得这样不行，得改施工图。

他向公社汇报发现的问题和自己的考虑，然后召集负责开凿此处的二连和三连负责人开会，商量怎么办。

二连指导员王学法和连长赵文习，三连指导员赵京兰和连长罗峰都是土生土长的当地人，知道夏季蓼河来水的厉害。同意郑良贵的意见，建议以营部的名义向指挥部汇报，申明利害关系，提请修改施工图纸。

没想到，郑良贵跑了三趟指挥部，都碰了钉子，指挥部不同意修改施工方案。他睡不着觉，反复琢磨，如果按图纸施工一定存在危险，必须反映。再次郑重提请指挥部勘测和修改位置——向西挪一段距离，打一斜井，摆脱来水被灌的潜在危险。他直接跑去找王复荣汇报。王复荣很认真，也欣赏认真的人。他立即安排负责施工的欧阳甲第和戴荣泉再次实地查勘。

万米山洞的测量与定位，主要由他俩负责。

欧阳甲第是山东平邑人，十二岁跟随父亲南征北战。1961 年由曲阜水校毕业后来到淄川区水利局干技术员，1964 年加入中国共产党，时任一干渠指挥部副指挥兼施工组组长。

戴荣泉是上海人，很年轻，大连工学院毕业后便分配到淄川区水利局搞测量设计，总干渠的设计图上留有他参与的痕迹。一干渠确定了修建路径，他以测量组组长的身份，在 1973 年的冬天，带着农民技术员孙福田、张玉林、马志民等，满山遍岭地爬，为一干渠的准确定位与走向作出了很大贡献。

那天，他俩和淄博矿务局技术员牛全太坐一辆拖拉机赶往蓼河。经实地查看，又听村民讲雨季发生的事儿，认为黑旺营的建议很重要很及时。为了百年大计，决定对设计路径进行修改。淄川区工程指挥部同意他们的意见，按照黑旺营的建议组织施工。实践证明，对这段的图纸修改是完全正确的。

第二个故事：**一张大红喜报**。

1976 年 4 月 13 日，一张大红喜报在锣鼓声中送到了一干渠指挥部。

喜报是寨里营送的。他们向指挥部报喜：14 号立井提前 17 天凿到底部，提前完成任务。这是万米山洞上第一眼被打到底的立井，寨里营夺了头筹。

指挥部的人没有想到，首先打到底的立井会是 14 号井。14 号井在佛村以西的大山岭上，设计深度 64 米，总投工 5800 个，关键那里不好打。

佛村岭地质构造复杂，既有石灰岩、泥石岩，也有沉积岩。况且井口面积不宽绰，摆不开人马，拉不开架势。面积窄小，用不上多少人，只能轮番交替着干。

20 世纪 70 年代，佛村一带乡村还没有用上电，需要电鼓舞的电钻等机械一样也派不上场，施工进度全靠大锤、钢钎和两只手来作业。

开掘这眼井的是该营五连，连长叫李法江，副连长叫吕存金，年龄都不到三十岁，恰在青春洋溢的年纪。

凿立井，离不开打炮眼，点放炮，排运碎石渣土这些程序。不同的是，这里不是平展推进巷道，而是一直往下凿的洞穴。凿到一米深的时候好办，年轻人像燕子似的能够跳上跳下，两米深也没有问题，大伙一拉一推也能够上下自如，深度超过 3 米，上下就成为难题。寨里营附近有几座大煤矿，村里也有人在煤矿当工人。耳濡目染的一些煤矿生活常态和常识，此时派上了用场。他们请在煤矿下井的乡亲帮忙，在井口立起一座木制“井架”。没有电，没有绞车，就用滑轮；没有罐笼，就在滑轮绳上绑一根鸡蛋粗的光滑木棍。上下井的人骑在木棍上面，由四五个人拉滑轮，拉上送下。挂在李法江嘴上的口头语：“活人不能叫尿憋死”有了新的例证。

一切可以用的手段都派上了用场。干活的民兵这样来回上下井，破碎下来的石头、泥沙也用滑轮一筐一筐拉到地面上。家里的电石灯也拿来使用。点亮起来的一盏盏灯，摆在井口，远远望去，星星点点的火苗，有了诗与远方的倔强书写。

15 米后的井下，即使白天，也是黑咕隆咚的夜晚。电石灯的领地便由地上蔓延到了地下。民兵说，电石灯立功了。

在直上直下的井筒干活，最难、最危险的工作是点炮和放炮。

放炮的活往往由连长、排长们亲自操作，既要大胆，又要心细，如果马虎一点，后果不堪设想。有次李法江去点放炮，引信点上后，向井口发出拉滑轮上井的信号。拉滑轮是几位刚交替到岗的新民兵，见到拉绳信号，一紧张，滑轮拉到一半拽不动了，绳子跳出了滑轮道。

再有几十秒炸药就要爆炸。李法江急了。他见旁边有辆小推车，急忙将小车翻过来，扣在自己身上。刚刚藏在车底下，炸药爆炸了。李法江被车扣住，一动也不动，爆炸后的烟雾瞬间将他和小车淹没。

人们在井口焦急地大声喊。

烟雾唤起了他的精神，抓着上井的绳索使劲摇晃。他的耳朵几乎被震聋，嗡嗡响了一个多月。即使这样，也没有耽误上班挖洞。

第三个故事：**以身殉职副连长**。

山洞越打越深，也越打越难。

1976 年“五一”劳动节过后没几天，宋天林办公桌上的电话铃急促响起来。罗村公社党委副书记、营教导员孙在福在电话里沉痛报告，该营副营长陈香隆在爆破 9 号洞时负重伤，副连长常连芳以身殉职。

宋天林一脸凝重，喊上王复荣、于建义等人，立即驱车赶往现场。

9 号井位于佛村岭，是万米山洞最深的一眼斜井，深度为 218 米，坡斜 50 度上下。人们上下井，必须扶着洞壁慢慢走，一不小心就会摔倒，坐滑梯似的溜下去。

自通上了电、工地开始用风钻打眼，掘洞速度明显加快。

那天清晨 5 点，陈香隆、常连芳带着早班的民兵来到班上。与上夜班的民兵交接完毕，便到施工现场干起来。陈香隆负责点孔，常连芳抱着“7655”风钻机打眼。

“7655”风钻比常规风钻又进步了许多，转速快，每分钟可达 3600 转，一米长的眼孔，用不了几分钟就能完成，最大的好处在于很少有粉尘。用民兵的话说，抱着这钻打，就少吃半个“灰粉馍馍”。这钻也有两大不足。一是振动力强，噪声大，臂力小的人，根本拿不住。即使臂力大的，打不了几个孔，浑身就被震得酸麻难受。二是要用油润滑降温，机器一热，烟雾增加，容易呛人。

那天常连芳抱着风钻打，陈香隆紧握钻杆点孔。为提高打眼进度，他们采用“开心爆破法”。所谓“开心爆破法”，即在中间钻个 1 米深的直眼，再在两侧各打两个眼。这样的打法上下打三排。每排相隔半米左右。

那天他俩轮流打了 40 个孔。

钻完孔，两个山东大汉被风钻振得似乎散了架，耳朵也被振得嗡嗡响。两人靠在洞壁上喝口水，稍稍歇息，继而又忙碌起来——掏洞眼里的石粉，装填炸药，接雷管引信，为爆破做准备。

他们很仔细，有条不紊地按程序操作着。在每个孔眼里先填进一块炸药，接着塞进雷管引信，雷管之后又跟上三到四块炸药，最后用红泥堵上装上炸药的洞孔。

依次将所有洞眼装完炸药，检查无误，便点燃放炮的引信。

他们采用的是“开心爆破法”，所以须先点中心那个大洞眼，俗称

“开心炮”。他们点好开心炮，又麻利地点燃上层炮的引信。

就在他们点上下层炮最后一支引信，转身离开现场时，炮突然响了。

没有任何思想准备的常连芳当场被石块击倒在地，不省人事。陈香隆也被飞起的石头砸得满脸是血。

此时的陈香隆还清醒，一边焦急地朝洞口大声呼喊，一边忍着疼痛把常连芳拽起来，拉着浑身是血的常连芳往洞口跑。

等陈香隆醒过来的时候，已经躺在医院的病房里。头上、胸前、腿上都缠满了绷带。一睁眼便急切地问守看他的民兵，常连芳呢？咋样了？

当他知道常连芳当场殉职的实情后，失声大哭。

常连芳将二十二岁的青春年华，永远留在了万米山洞。

万米山洞的故事何止这些？托起万米山洞和整个水渠、水库的，是那代人的双手与脊梁，那代人的吃苦与牺牲。还有愚公般的倔强和不达目的不罢休的胜利精神。他们住山间草棚，啃窝头，喝湾水和雨水，唱着下定决心的歌，用最简陋的工具和最朴实的心境，用人心齐泰山移的信心，靠两只手，在泰沂山脉的东方大山里续写愚公移山的故事，创造了震惊世界的亚洲第一。

我数次沿着水渠寻觅，站在水渠上眺望，我们今天该怎样解读那代人的作为和牺牲？

3. 一座英雄井

壮举很多，来之不易，比如“英雄井”。

“英雄井”是万米山洞上的第 16 号井，位于佛山岭与天台山之间。

1976 年 10 月 25 日，负责 16 号井施工的淄川区二里营第二连的干部群众，左臂上还戴着悼念毛泽东主席逝世的黑纱，“化悲痛为力量”的标语还醒目地贴在井架或住处，一场意想不到的大塌方出现在那个时刻。

100多米深的16号立井在一星期前已开掘到位，人们怀着悼念领袖逝世的心情，开始向左右方向用力挖平洞，计划与前面的15号和后面的17号洞沟通。

就在他们往15号方向打钻掘进的时候，突然冒顶了。

冒顶是煤矿、铁矿等矿区的专业用语，其意是顶上塌方。

挖井掘洞最怕三件事：透水、瓦斯和冒顶。没想到，种地摆弄庄稼的农民碰上了塌方大冒顶。塌方面积很大。概括成一句话：吓人得很。

有人告诉我一个细节，塌方当日，指挥部的王复荣带着安全员张庆海急急忙忙赶到了现场，即由二里公社党委副书记陶厚先陪同下井察看。井下电源已被砸断，王复荣接过张庆海手里的长电筒，朝塌方顶部照去。顶部近处的石块相互夹挤，锯齿狼牙般地挂在那里。远处黑咕隆咚，深深地什么也看不到，5节电池的大手电筒，在这里也失去了刺眼的光亮，强光被狰狞的黑邃深洞吞噬得一干二净。

塌方像座“无梁大殿”，民兵们用了二十多个日日夜夜才完成抢险。

除了有时间上的二十多个昼夜，还有从他处调来的二十多部拖拉机，从其他营借来的三十多辆地排车、小铁车，齐聚在这里来拉石砟。男民兵不够用，女民兵们便毫不犹豫地冲到了井下。

我在寻找那些冲破世俗观念、敢与男民兵们并肩干活的女士们，许多女民兵的名字也被记到采访本上。杨发英、王爱兰、赵爱清、杨桂琴、高玉华、张红翠、张景芬这些普普通通的中国女性，是以怎样的姿势，在需要的时候一边抹汗水，一边去抢险。

塌方出现后，一些胆小的民兵害怕了，个别家长也担心害怕了，甚至跑到工地上将子女喊走。面对这种状况，有的干部怵了，想打退堂鼓，建议营部向指挥部报告，更改井口位置。

16号井在两山之间的接合部，有覆盖的沉积岩，更多是页岩碎石和流沙。如果更改位置，难道就能躲开这样的地质结构吗？

二里营教导员陶厚先坚持不改方案。他开导营连干部，咱们不能乱了方寸，干部乱一寸，群众就会乱一丈。没有主心骨咋办事？他传达宋天林和王复荣的意见，立即组织抢险队，再去淄博矿务局搬援兵，或者到村里找退休的煤矿职工来指导，务必在冰冻来临之前把塌下来的“无梁大殿”抢修出来。

陶厚先二十九岁，中等个，肩宽腰厚，是位从村民委员会主任、公社团委书记一步一步干起来的基层干部。他跟公社党委书记白怀乾说，自己去挑头干，把宋天林书记交代的事情做好。

白怀乾说，我和你一起去。

两人带上铺盖，开车先到兄弟营去悄悄“侦察”一番。一看人家的进度表，吓了一跳。二里营三天没干，竟落下了一大截，成为5个营中的“倒数第一”，受到刺激。

刺激加快了在路上奔跑的车轮速度。

两位公社领导带头下井抢险，民兵们的劲头回来了。

10月28日中午，险情又一次出现。井下民兵正在按照方案砌墙垒碹，回填井壁。只听吱呦一声，一根立柱随着吱呦声开始倾斜，顶板上也扑簌扑簌掉落碎石。

一位在井下指导抢修的煤矿工人见状，知道又要塌方冒顶，急忙告诉指挥部的安全员小宋，让大家赶紧撤，危险跟在屁股上了。

小宋很机警，急忙吆喝人们放下手里家什，抓紧往外撤。人们刚离开工作面，一块桌面大的巨石塌了下来。

撤出来的民兵看着石头，嘘了一口气。巨石把工作面堵得严严实实。

此时，接班的民兵、营部和指挥部的安全员都跑来围在井口。刚接班的几个民兵商量，不能让石头挡道，咱去弄了它。

副营长马振兴站出来说，我去弄，谁还去？

安全员高绍田整整安全帽，站出来说，我去。

他的话还没落下，唐作海、张洪圣、赵光海、张兴等几个民兵已戴好安全帽，系好腰带，威风凛凛地站在上下井的罐笼旁。

马振兴很感动，二话没说，下意识紧紧腰带，一摆手一扭身，甩出了个“走”字，和高绍田率先走进上下井的罐笼。

他们冒着极大的生命危险在与巨石较量，与不可知的恶劣现场较量。踩着碎石，弓着腰用镐刨，挥动着钢钎使劲撬，用耙子不停地往外搂。顶板上渗下的淋水与他们的汗水混合在一起，成为一组让人难以忘怀的生命雕像。

他们拼了四个多小时，终于在华灯初照的时候将巨石打败，道路又一次被畅通。

前面说到的那几位女民兵，就是在这最需要人的关键时刻，义无反顾地冲上了前线。

在抢险过程中，淄川区主要领导都先后去现场参与抢险。11 月 24 日晚，已任淄川区委副书记的刘建业带领指挥部一班人马赶来现场。在了解抢险进度情况后，戴上安全帽，登上罐笼去了一线，抢过民兵手里的铁锹便干了起来。

王复荣在《治水记》日记中，对 16 号井的抢险留下了这样的记载：

> （二里）公社书记白怀乾、副书记陶厚先既当指挥员，又当战斗员。陶厚先年轻力壮，一马当先冲在前头，带领突击队日夜奋战，一连三天三夜不下火线，坚持战斗。
>
> 那（抢险）环境恶劣得很。顶上冒水，脚下淌水，泥浆漫上脚脖子，浑身上下像个泥猴子。
>
> 四周都是锯齿狼牙般的石头，真是“四块石头夹着肉”，时刻有生命危险，可没有一人退缩，只听到一片叮当叮当锨镢镐碰撞的声音……

1977 年“五四”青年节那天夜里，许多人已经带梦入睡，佛村岭与天台山相夹相依的大山深处，却传来一片热烈的欢呼声，16 号井与 17 号井贯通了！

他们用自己的勇敢、勤劳和胆识，战胜了困难，战胜了从未经历过的塌方和危险，向“五四”青年节献上了一份大礼，也向自己的青春致敬。

因为他们敢“豁上”去拼去打，二里营由倒数第一一跃成为排头兵，得了第一名。指挥王复荣受区委书记兼一干渠总指挥宋天林的委托，代表淄川区委和工程指挥部授予16号井为“英雄井”称号。

那面书写“英雄井”的锦旗，悬挂在二里营会议室里，更作为一种时代的自豪、顽强与付出，悬挂在那些付出者的心里。

4. 红石岭上倒虹吸

尽管太河水库管理局原总工程师王鹏和淄川区老周给我说过倒虹吸的事儿，但倒虹吸到底是怎样的“虹”，“虹吸”又怎么吸，原理与构造始终想象不出来。

“当渠道与道路或河沟高程接近，处于平面交叉时，需要修一构筑物，使水从路面或河沟下穿过，此构筑物通常叫做倒虹吸。”早在两千多年前，中国已成功运用“倒虹吸”，河南省登封市告成镇的阳城遗址就是生动例证。该镇地下藏有战国晚期的管道供水系统，实际应用了曾经迷茫我的倒虹吸原理。整个供水设施由输水管、控制流量的控制坑、沉淀泥沙的澄水池、贮水坑和蓄水瓮等组成。还有8条供水管路，沿地形由高向低进行布设，总长数千米的输水管，其内径约为12.3厘米，在被物体淹没的条件下，输水流量可达每秒20到30升。

古代不但有先例，还有明明白白的记述。记述者恰是齐国名相管仲。在《管子·度地》里，这位睿智的老先生对倒虹吸水作过精辟的记录和描述：“水之性，行至曲，必留退，满则后推前，地下则平行，地高即空。”

太伟大了，太精彩了。超越时空、越过两千多年的“倒虹吸”，又一次在齐国故土上绽放。

绽放的地点在淄川区昆仑镇。昆仑镇是淄博瓷器重要产地之一，也是太河水库一干渠上的最后一段。该段由北而来，折向西，翻过昆仑山岭，进入周村区地界，直插萌山水库，即今天美丽的文昌湖。

淄河水流一旦沿着一干渠汩汩淌进萌山水库，前面数次说到的“两库相连，三河相通”和“东水西调”的远景目标就得以实现。这是新中国成立以来，淄博市第一次对当地水脉进行的大调动，也是自古以来，淄博对地域水系的一次大布局。

一干渠上的“万米山洞”已经贯穿，天台山也已经打通，最后的关键环节是如何引水上山。引水上山这一工程继续由淄川区来完成。时在1979年10月，党的十一届三中全会已经召开一年，以经济建设为中心的“拨乱反正”正在助力全国经济复苏。十一届三中全会鼓荡起来的东风，使人们切身感到国家经济建设在不断提速。

已经调任淄川区委书记的战金林带着一干人马查看地形，召集相关人员连夜开会，研究怎样尽快把淄河水牵上昆仑山。

昆仑镇作为淄川区与博山区接壤的一个大镇，煤炭、陶瓷、机械、铁路等工业起步较早，发展较快，所以日子不那么穷。但是，西部的昆仑山一带则不富裕。当地有谚云：“红石岭，遍地石头少土层；山头光秃秃，常年不见青。”红石岭是昆仑山脉的一座高岭，一干渠必经之路。

如果水渠修建过来，也能改变这里干旱缺水少植被的问题。水利专家欧阳甲第建议，让水上山，咱在这里搞个“倒虹吸”吧，这样把握性大些。

佟维鑫第一个赞同。他是淄川区水利局技术员。

区委同意他们的建议，在红石岭弄个倒虹吸。为了搞好，搞快，还专门成立了“昆仑倒虹吸工程指挥部”，由已任区委副书记的刘建业任工程指挥。

淄川区委书记战金林跟刘建业交代，在红石岭弄倒虹吸，看着容易，干着不易。人要选稳妥干练的，先把施工方案拿出来研究。这位老水利依然老作风，不打无准备之仗，把问题想到前头。

凡事预则立，不预则废。

班子组建起来了。刘建业任指挥，区农委主任、区人行行长等任副指挥。担任副指挥的，还有我们熟悉的欧阳甲弟和佟维鑫，两人都是水利行家。

队伍拉起来了。抽调昆仑、磁村、黄家铺、二里、杨寨、洪山、岭子7个营部分人马，加上区指挥部车队、吊装队等机械力量，组成一支浩浩荡荡的队伍，扑向昆仑山。

主设确定了。由年轻的水利技术员佟维鑫担纲。任务很重，须在半月内拿出设计与施工方案。

完全是个打围歼的战斗模式。设计施工方案如何，决定这场战斗的成败。佟维鑫知道肩上的分量，懈怠不得，马虎不得，也拖拉不得。全区几十万双眼睛盯着自己。接到任务第二天，便带两个技术人员和六七个民兵，扛着标杆，拿上仪器，还有一份 1/2000 地形图奔向昆仑地段，开始勘测。

昆仑倒虹吸由东山往西山延伸，全长三千多公尺。在这段路上，既要经过山脉田野、乡村人家，还要洞穿胶济铁路张博支线，淄博矿务局石谷煤矿专用铁路线，跨过张店直达博山的交通大动脉张博公路，越过孝妇河，经过一条很深的无名沟。

穿，穿，穿，成为倒虹吸上摆脱不开的一个常规动作。

第一个数据出来了，倒虹吸长达 6 里路。其长度应该拿了当时的淄博第一。

第二个数据紧跟着出来了。东山蒲笠顶为倒吸虹入口处，海拔高程为 180.3 米。西边禹王山低出口为 152 米，高出口是 172 米。

第三个数据出来了。孝妇河底高程海拔 105 米，高低差达 75 米，每平方厘米压力为 8 公斤。

数据决定方案。

方案很科学，融注了设计者们的智慧和担当。

其一，在进入口处设沉沙池，拦污栅和闸门，让干干净净的水上山入湖。

其二，禹王山出口高低位相差 20 米，低出口用阀门控制，高出口装设拍门，自动启闭。设计高低两个出口，一管两用，方便西山方圆的百姓能够尽可能多的用上来水，扩大灌溉面积。

其三，在埋设管道地，每隔 200 米安装一个伸缩节套管。在拐弯、重压等关键部位都设双管，方便日后检修和设备更换。

其四，为保证铁路运输和安全，过铁路采用 1.3 直径的钢管，同样设双钢管双道。不仅如此，在张博支线以西修建阀门室，用以控制灌溉和“引孝济范”的水量。也就是说，此工程还把孝妇河与范阳河贯通设计在其中。

其五，这一工程建成后，可直接灌溉相邻的昆仑、磁村、黄家铺、二里等公社（乡镇）四万多亩土地，大大改善红石岭山区的生态环境。

佟维鑫按时向指挥部提交了设计方案。指挥部吹响了进军的集结号。

全过程 6 个字：开挖，排水，安装。

因为要过铁路、过公路、过孝妇河，经过高压线，碰到这样那样不好解决的事儿，他们就去和相关单位“打交道”，求得理解、支持和帮助。

1980 年春，倒虹吸挖进西山，有段山路需要放炮炸石，恰巧炸石上空有 220 千伏高压输电线悬在上面。高压线不可能移动，管路也不可能重新改道，这对矛盾该怎么解决？常识告诉人们，高压线下施工十分危险，电力部门绝对不会允许。如果采用人工一镐一锨挖掘，花上一个月恐怕也难完成任务。他们跑到电力部门，与相关人员商量万全之策。

办法最终被他们“逼”了出来。用钢板覆盖炮眼，每次炸药再适度减量。经过几次实验，完全可行。

施工民兵终于绽露笑颜。用拖拉机拉来若干块 1 厘米厚和 1 米见方的钢板，每块钢板覆盖一个炮眼，炸药被钢板紧紧压着抱着，发出噗噗的声响。声响过后，石头开了、裂了，分管施工的欧阳甲弟和民兵们乐了。

难题不断，横穿孝妇河也是个大难题。刘建业在调度会上说，唐僧师徒上西天取经，还有九九八十一难呢，咱才碰了几个难题？难题来了想办法解决、干掉。还是淄川人喜欢说的那句老话：“活人咋能叫尿憋死。”

孝妇河开挖到两三米深，排净了水，接着是泥。稀泥除不干净，没法安装输水管。那个时候没有吸泥设备，对付挖不尽的稀泥成了“老大难”。指挥部的几个指挥前后都下到挖开的河滩，望着稀泥皱起眉头。

曾任淄川民兵团团长的于连岱也赶了过来，他喊老搭档欧阳甲弟蹲在洞里商量。跟他说，没有“现代化”，就用土办法吧。

他带着指挥部的人，包括3名女医生和护士，拿着脸盆钻进直径只有一米宽的洞里，蹲着将稀泥刮到盆里，然后你传我、我传你，击鼓传花般地往外倒。一盆接一盆，蚂蚁似地刮运。

河床能有多宽？我们刮一米不就少一米吗？何愁弄不净？

蹲在洞外、愁眉苦脸的民兵被鼓舞起来。昆仑、磁村的民兵主动蹲进洞里刮起来，杨寨、黄家铺的民兵也钻进洞里刮起来。

刮泥水队伍加班加点，一班接一班干，刮坏了十几个脸盆，任务如期完成。

时间迅速来到1980年10月。这是进入20世纪80年代的第一个10月。这年，国家不仅按照党的十一届三中全会精神，朝着实事求是的方向持续推进经济发展，而且在年初提出了“小康”目标。9月27日，中共中央印发了《关于进一步加强和完善农业生产责任制的几个问题的通知》，该文件指出，我们今后的任务，仍然是坚定地沿着党的十一届三中全会确定的路线、方针、政策继续前进……争取农业生产的全面高涨和农民生活的逐步富裕，实现农业现代化。

实现这一振奋人心的农业发展目标，当然离不开水。

也就在那个月，一干渠的建设者们，经过一年打拼，如期完成倒虹吸工程，在期待通水试验——期待淄博市第一座倒虹吸工程为小康生活增添光彩。

铁路、公路和孝妇河以东的蒲笠顶，铁路、公路和孝妇河以西的禹王山红石岭，进口和出口两处都站满了人。有农民、有工人、有戴红领巾的学生，也有领导。区委书记战金林、副书记刘建业和区委领导班子成员也站在人群前，等待水流的到来。

工地指挥一声号令，进口处的管理员立即开启水闸，只见白浪簇拥，你追我赶涌入倒虹吸管道。

出口处的人正在翘首等待水流的到来，担心的事出现了。孝妇河稀泥段的管道，没有经受住大水流的压力，管道迸裂。

一时白浪飞溅，水雾弥漫。第一次通水失败。

凡举事无不渴望成功，而不希望失败。一旦失败降临，如何正确对待，则能够看出一个人、一个组织的境界、心胸，处理问题的智慧和担当。

失败了谁都难受。于连岱、佟维鑫脸上失去了笑容；欧阳甲第眉头锁得更紧；参与那段施工的队伍和人员也不再闹着开玩笑。

压力像团乌云，压在人们心上。

淄川区委的领导明白，压力只有换成动力才能解决问题，否则，无论对谁，都会成为影响工作的负面能量。区委决定，任何人不要有思想负担，务必放下包袱，把坏事变好事。依旧由欧阳甲弟、佟维鑫带队，负责对现场拆扒检查，发现什么问题，解决什么问题。

检查结果报告出来了，水流喷射是“管道接头部位的止水圈断裂而导致”，其他均符合施工要求和标准。

面对问题和弱项，我们的建设决策者决定采取“水泥砂浆灌注，再用环氧树脂抹缝的办法”来处理。突击 1 个月，1980 年 11 月，第二次通水试验一举成功。

第二年，也就是 1981 年，经山东省水利厅验收鉴定，倒虹吸被评为优秀工程项目。

在建设者的努力和拼搏下，淄博市实现了有史以来第一次“东水西调”。

5. 万米洞就是万担粮

1977 年 8 月 10 日，万米山洞终于在一镐一锨和一锤一炮的昼夜作用下，全部贯通。

从起步到终点，这条诞生在农民手上的大山洞用去 19 个月。

半年后，一干渠全线竣工，时在 1978 年 2 月 25 日。

掐指算，一干渠历时 26 个月，投工 5526093 个，换来老百姓张张笑脸和“前无先例，后无超越”的褒扬。据说，就在水渠通水那天，罗村一位小脚老太太，让孙子用独轮车推着走了七八里路，要看看淄河水的模样，尝尝淄河水的滋味。

就在全线竣工的高兴时刻，立下大功的一干渠总指挥、淄川区委书记宋天林受命调任山东省水利厅。淄博水利战线上的老将战金林，由淄博市水利局局长调任淄川区接任区委书记一职。

“头儿”换了，事业在继续，况且来淄川的是位与水打了大半辈子交道的老专家。

万米山洞从开掘第一镐，就引起世人瞩目，各行各业的眼睛翘首往这里聚焦。偏僻陌生的黑旺、佛村、双沟、天台山、锦江川等地名、山名成为市民、农民、学生，老年人和年轻人四处打听的地方。打听的人群中，有好奇的，更多的是想知道，那长长的山洞是靠一种怎样的力量在挖掘。还有的在问，为什么花那么大的力气和精力凿山洞。

随着山洞的开掘，媒体也往这里聚焦。淄博市唯一报纸《淄博日报》，还有淄博广播电台等媒体，几乎隔三差五就有新闻或消息刊登或播出。继而《大众日报》、山东电视台、山东人民广播电台的记者来了；《人民日报》记者来了，相继报道了技术员欧阳甲第等人的感人事迹。媒体与记者的关注，颇似十多年前关注“驯淄工程”似的，万米山洞又一次成为山东水利建设史上一个被聚焦的亮点。

亮点闪烁，引起党中央和国务院的重视。

超越人的估计与设想的事情一旦出现，往往会产生一种荷尔蒙般的激情。激情也会蔓延。库区容量仅仅过亿的太河水库中，出现这么一条上万农民用面朝黄土背朝天的韧劲，用脊梁、铁镐、钢钎、石锤，在蜿蜒逶迤的淄博大地上，挖出的万米山洞，本身就是超越想象的大新闻，况且，是以农民为主体的集体创作，那种社会穿透力就更加强烈。

农民，山洞，铁锤，万米，亚洲第一，在中国社会政治发生重大转折的第二年，这几个词组排布成壮观一排，磁石般吸引着人们的眼球。

这是现实，不是虚构和神话。

现实永远比小说、戏曲更富有魅力。

太河水库和一干渠建设者们捧给社会的杰作，成为一份无法复制的厚礼，献给了1977年的国庆节。

紧接着，许多领导走进了这片红色沃土和名不见经传的起伏山梁。

国庆节过后第十天，国家第一机械工业部副部长项南走进了万米山洞。他第一个从渠首步行到达万米山洞入口处，接着又去10号井视察。秋天的味道与脚下的尘土让项南副部长流连忘返，他留下的3个字让人们记住了——很宏伟。

国庆节过后第二十天，山东省委副书记秦和珍视察总干渠、一干渠和万米山洞。他告诉淄博市和淄川区的领导，山区必须解决水的问题，万米山洞解决了历史上没有解决的问题。他还叮嘱人们，万米山洞建成后，一定要召开庆祝大会。万米山洞作为全省解决山区用水的一面旗帜，让这位领导兴奋不已。

国庆节过后第二十七天，国家水利电力部党的核心小组成员、副部长李伯宁来了。先上太河水库察看大坝，用望远镜看总干渠上的桐古渡槽，最后走进万米山洞。他在万米山洞出口处，上上下下来回察看，那专注的劲儿宛如一位艺术家在盯视一件久违的艺术品。

李伯宁在指挥部听完王复荣的汇报，叮嘱淄川区和太河水库指挥部的当家人，站位一定要高远，千万不要把万米山洞看低了、看轻了。要把万米山洞的进口与出口建成风景区，万米山洞可以建扬水站，整整齐齐像一幅画。看山山绿，看地有层层梯田，也可以建方塘、弄喷灌。李伯宁喜欢的劲儿，让陪同的山东省水利厅副厅长周新华，太河水库指挥部的翟慎德、孙迎发，市水利局局长战金林和区委书记宋天林等人无不动容。

李伯宁副部长太喜欢万米山洞这件大地上的艺术品了，他即兴赋诗赞朴实的淄博人：

淄博人民尽英豪，战天斗地劲头高。
两年建成万米洞，千年穷山变面貌。
百尺竿头再鼓劲，快把山河整治好。
库洞林田大样板，先进红旗全国飘。

第七章　万米山洞

国庆节过后第三十一天，四川自贡市和陕西铜川市的领导和客人们来了。

国庆节过后第五十六天，山东省农田建设指挥部副指挥、曾在淄博闹革命、在淄河峪一带打鬼子的张敬焘，在淄博市委副书记王韬等领导陪同下走上寨里东坡。

同一天来的，还有省市妇联的领导，还有中央电视台、山东电视台的年轻记者们。

国庆节过后两个半月，即 1977 年 12 月 21 日和 22 日，参加全国第三次农业机械化会议的代表，乘坐十几辆大客车来到万米山洞。代表涵盖全国 31 个省（自治区、直辖市），其中有人们熟悉的西藏自治区副主任巴桑。

山东，淄博，淄川，淄河，太河水库，万米山洞，一干渠，二干渠，三干渠，这些很少为代表们提到甚至陌生的名称，由那一刻起，驻留在他们嘴边，开始在他们心里占位。

离 1978 年元旦还剩 5 天，国家第一机械工业部部长周子健，披一件军大衣走进了万米山洞。

或许是巧合，国庆节后，第一位走进万米山洞的是国家第一机械工业部的副部长，最后一位是国家第一机械工业部的部长。两位机械工业部的领导前后走来，冥冥之中是否在告诉淄博人，暗示太河水库与万米山洞的建设者，未来的发展将朝着机械工业和科技领先的方向进军。

巧合与暗示被印证是正确的。包括太河水库与万米山洞在内的发展与改革开放，正是一步一步朝着工农业进步与科技是第一生产力的方向前行。

1978 年，来太河水库、一干渠和万米山洞视察参观者依然络绎不绝。我们不再一一回望各级领导的视察，只看两组很有特色与意味的人群。

一个定格的组群是黄头发、蓝眼睛、黑皮肤的各色外国人。

1978 年初，改革开放还没有完全拉开帷幕，中外各种交流还在起步阶段，淄博也少有外国人来。人们一看到外国人，如同看“西洋景”一样稀奇。

但那次，淄博一下子来了若干辆载着外国人的大巴车。采访中，一位蒲姓和秦姓受访者比划说。言语里还有当年见到外国人的兴奋。

人们依然清晰记得那几个忙碌兴奋的日子，1978 年 5 月 5 日、11 日、22 日、28 日，80 多个国家的驻华使节在中国外交部相关领导陪同下，兴致勃勃走进了这片山区，驻留渠首入口和万米山洞的进出地方。眼睛大了，摄像机似地扫来扫去，晃动着白皙或者黝黑的手臂，似乎要拥抱这片超出他们想象的田野。

有位大使文质彬彬，很有礼貌地跟陪同他们参观的区委副书记陈庆照和于建义说，你们的工程很了不起，是部伟大的劳动艺术品，边说边竖起了大拇指。

在这个外交使团来之前，泰国和墨西哥的客人已先后来参观过万米山洞。他们惊讶地问陪同参观的区委副书记刘建业，为什么你们靠落后的技术和工具，能够挖掘出这么恢宏震撼的山洞？

我没有采访到刘建业当时如何回答他们的话，却在故事的层层叙述中，感觉出唯有干过和经历过的那份自豪。

还有一批特殊的人也来参观过。这批人为中华人民共和国的特赦战犯，其中有位叫李仙洲。老一辈淄博人对李仙洲不陌生，他既在抗日战争期间带着队伍打过鬼子，又按照蒋介石的剿共反共政策与八路军、解放军作对。1947 年 2 月，他作为国民党高级将领，指挥整编四十六师和七十三军六万余人从济南明水和淄川、博山开拔，南行到莱芜、新泰一带，企图南北夹击陈毅、粟裕率领的华东野战军。李仙洲自己做梦也没有想到，会在莱芜战役中成为解放军的俘虏。

时过境迁，李仙洲的又一个没想到，自己从前住过和经过的地方，会出现亚洲第一的万米山洞，而且是用近乎原始工具挖出来的。

建国兴业中，人民依然是艰苦奋斗的耿直脊梁。太河水库是人民的作品，万米山洞也是人民的杰作。

《淄博市志》记载这部写在大地上的伟大作品，说三条干渠通水后的灌溉效益："太河水库灌区自1976年开始，实行按亩配水，按方预收水费，灌后结算。每方水收费3厘，1982年调整为1分2厘。灌区粮食作物以小麦、玉米为主，灌前平均亩产210公斤，灌后达533公斤。"

第八章　淬　剑　坝　上

太河水库作为淄博市绵延时间最长、用工最多的一项国家工程，修筑的意义不言而喻。不仅解决了当时饮用水和农田灌溉等问题，也解决了后来工商业与城乡用水、防洪等问题。其高远意义不止于此。工地作为没有院墙的大学校，在远离闹市的山区躬耕打拼，也锻造了成千上万人。

回望人声鼎沸、彩旗猎猎的会战工地，既有“安下心，扎下根，修不完水库不回村”的决心表达，也有“修上两年备战库，胜读十年寒窗书”的哲理闪现。这些语言下的行动，无不在“下定决心，不怕牺牲，排除万难，去争取胜利”恢宏誓言下接受锻炼。

淄博市戏曲家协会原主席巩武威说过一句值得深思的话，接受过排除万难锻炼的人，一辈子不会得抑郁症。

把工地作为冶炼工场，置身于这座无边大熔炉里锻造，不仅代表着建设者的毅力与决心，也是发现人才、培养人才的一个战场。回望历史，一批有才华的建设者，无论农民、机关干部、青年学生、知识分子在这里锻炼、淬化、嬗变以致后来到不同岗位上施展才华。资料记载，水库建设30年，培养提拔各级干部1680人，各类专业技术人才超过5500名。这是两个有分量的数字。沿着数字长廊寻觅，肯定能采撷到惊喜的浪花。

第八章　淬剑坝上

1. “泰山车”推出一位副市长

他叫刘建业。

1968 年，刘建业从淄博五中高中毕业，因全国高考时已暂停，他想考大学的愿望完全落空。作为没有城市户口的农民娃，不得不返回生活的原点，到淄川区罗村老家当农民。那时，国家号召城市知识青年上山下乡或者回乡劳动，在广阔土地里施展才华。

他的这段经历，很有些像《平凡的世界》里的孙少平。上高中开了眼界的孙少平，毕业后不得不回到生命的起点双水村，跟着父亲去地里推车、挑粪、摆弄庄稼。刘建业当然不满足天天在生产队长的哨声里，去面朝黄土背朝天。但没有办法，这是生活，种地劳作成为青春生活的唯一选择。初中生、高中生那时并不太多，尤其在农村，往往把他们看作肚里有墨水的“秀才”。然而，他们不愿意做四体不勤的“秀才”。刘建业采取了与孙少平几乎完全相同的办法，到庄稼地里拼命干活，让劳累做刀，剪掉青涩年华里的想入非非的翅膀。

这期间，他学会了推独轮小车。推小车在北方农村，是衡量一个男人作为一个整劳力还是半劳力的重要标志。他用独轮车完成了由“秀才”到整劳力的转变。

刘建业的机会源于太河水库大会战。

1970 年初，淄川区在所属各公社和生产队招兵买马，组建民兵团。地处偏远或者贫穷生产队的农民都争着去，一则为了改变“吃水难”的窘况，二则去水库出伕，每天有四毛钱和一斤半粮食的补助，生产队还给记着工分，相当于双份收入。刘建业的村靠近淄川城区，距离市中心的张店也不远，附近还有数家大企业，或许占了“地利”的优势，他们村从 20 世纪 50 年代副业就很发达，有煤井、有机械加工、有砖瓦厂等，村民收入在区里也拔了尖尖。基于都有事干和有钱挣，大家都在等生产队的安排。

傍晚，刘建业悄悄走进生产队长家，开门见山说：“队长，我想去水库。”

队长坐在火炉边吸烟，斜眼看立在屋里的年轻人，将手里的烟头朝脚下炭窝一捻，嘴里蹦出两个字：“真的？”

“真的。”

“君子无戏言。”

“知道。”

刘建业那年二十三岁，已经长得虎背熊腰。

“水库离家远，活也苦累，可一定想好了。”生产队长见刘建业不像开玩笑，拿话提醒他，脸上的表情也转换着温度。让他坐下，倒了杯白开水递过去。

“放心吧队长，保证干好，不给您和咱村丢脸就是。”

队长见他一脸认真，又问了些其他事，便答应刘建业上水库的请求。

罗村公社第一次组建民兵营，刘建业所在的村只分配到两个名额。刘建业和生产队长的弟弟成为第一批上大坝的民兵。去水库那天，生产队长把大队用来值班看场院的被子送给他俩：“山里风硬，晚上睡觉盖上，挡挡风。”

刘建业说，生活对他很恩惠，让他碰上了好领导和好同事，这些人成为他生命里的“贵人”。他上水库碰上的第一位领导，就是罗村营第一任营长王锡亮。

去水库干的第一件出彩的活是推独轮车。推小车用刘建业的话表达，不仅是拿手好戏，更是“张飞吃豆芽——小菜一碟”。每人每天定额推 10 车，对他来说很轻松。挂上襻，撅着腚，弓起腰，从近千米外的石窝将石头推到大坝上。天天超额完成任务的刘建业，很快成了“冒尖户”，3 个月后，他被营里评为劳动积极分子。

营长王锡亮找他说，你识字最多，给全营人马记工吧，全营二百多人，名字只有你认得全、写得对。记工就是给每个人每天运送量记次数，要求准确别出错，月底营部依据每个人推车数据定工分、评先进。

因为增加了记分任务，营里将他的推车定额由 10 车减为 7 车。他很感激营部对他的信任，他想记工耽误不了多少工夫，怎么能比别人少推呢？不但不能少，还要多推点才行。这样，刘建业给自己重新定了指标，在完成记工任务的同时，每天至少推 11 车石头或者土砂。

刚开始那几天，人们以为刘建业年轻，想出风头，所以看在眼里没吭声。第五天，有人开玩笑打趣他："建业，人家抽烟喝酒有瘾，你推车出风头也有瘾啊？"

刘建业嘿嘿一笑没吭声。

第六天，有个和他走得挺近的民兵好心劝他："建业啊，别犯傻了，多推又不给你多加二斗红高粱，还弄得人家背后说闲话。"

"没啥，推车松松筋骨散散劲，要不憋得难受，睡不好觉。"

十多天后，闲言碎语渐渐销声匿迹，奇怪的眼神换成了点赞的表情。朴素的农民兄弟知道，没有谁愿意拿自己的力气去犯傻和出风头。

农村需要这份心劲儿，水库也需要这份心劲儿。

每日记工加上推 11 车石头或黄土，刘建业以这个标准完成了第一阶段施工任务。也在无意间完成了对自己的初步锤炼。年底，经罗村营推荐，他被淄川民兵团评为学习毛主席著作积极分子，受到工地指挥部表彰。

刘建业像颗新星出现在水库建设工地上，无数双眼睛瞄向那幅宽肩膀和浓发大脸，当然，也有团部和指挥部领导的眼睛。他的这段经历，颇似《平凡的世界》孙少平在煤井舍命苦干，受到工区领导关注一样。

临近春节，工地放假。领导找他谈话："小刘，工地放假，人手少，你就甭回家了吧，在工地上值班过年，行不？"领导商量口气里暗含着决定。

过年是老百姓举家团圆的大节日，咋能不回家呢？有钱没钱，回家过年嘛。再说，来水库半年多，中间仅回去一次，很想家，特别想吃老妈包的韭菜水饺。他心里有些不顺畅，但没说。逢年过节留在工地值班的都是营连排各级干部，我刘建业只是个记工员，连个班长也不是，怎么安排我值班呢？他有些摸不着头脑。望着谈话人的眼睛，咧嘴一笑，咬着嘴唇吐了一个字："行。"

春节过后，人马一到，寂静的工地立刻被激活。营部领导找他谈话，让他当罗村连副连长。

他懵了。在他之前的履历里，没有当过任何带长字的管人干部，班长都没有当过。想不到平地而起，越过副排长和排长两级，直接担任副连长，他被破格使用。破格提拔，刘建业成为太河水库第一个。

刘建业那些天很激动，睡不好觉，掐掐自己的腿，问自己是不是刘建业，你该怎么干？最后确定的目标是，不管当什么长，娘给了这身肉，就要继续干，还要干得比以前更好。尽管连级干部仍然是农民身份，相当于生产队的副队长，但有一定管理与指挥权。

11 车的推车指标仍然不减，每车还要加量。营长王锡亮在工地发明“泰山车”后，他第一个跟进效仿，而且争取比营长推得再多些。

“累吗？”

“说不累是假的，最主要的是紧张。”

“没当过官呀，感觉好多眼睛都在瞅自己。”

他天天嘱咐自己，说在前头，更要干在前头。苦干实干，任劳任怨很为他的成长加分。1971 年 6 月，刘建业作为太河水库工地第一批优秀分子，光荣加入了中国共产党。

同年秋季，在民兵轮换三波的当儿，他从副连长提拔为副营长，兼任罗村连指导员。第二次被破格提拔。

1971 年年底，大坝合龙紧锣密鼓，彻夜施工。上级决定从有一定文化水平、表现优秀的农民中选拔一批国家正式干部。水库作为“大学校”“大熔炉”的作用显现了。毫无疑问，刘建业在被推荐之列。1972 年 5 月，他有了一个做梦也没有梦到的新身份——罗村公社团委副书记。由此，他由普通农民成为一个国家正式干部。这一崭新身份给他带来了新荣耀，人们用一种新眼光瞄这位年轻后生。他娘叮嘱他，孩子，千万别翘尾巴，国家粮食咱不能白吃，你要多干才行。

生命的转折在太河水库，新旅程的起点依旧在太河水库。娘的叮嘱成为座右铭。多干的第一件事情出现在打通总干渠 5 号和 6 号山洞的工地上。6 号山洞位于叫作“三瞪眼”的马子峪和横担岭之间，地质相当复杂，塌方多，成为总干渠最长，又最难打的山洞。施工一年，只掘进了几十厘米，成为“卡脖子”的“老大难”。罗村公社书记李清泉接到区里指令，要求派一名公社领导靠上抓，把进度撵出来，务求必成。

罗村公社三位党委班子年龄偏大，有的身体状况不佳，很难适应高强度的野外作业。书记自己想去，党委会上大家不同意，一是书记去挖山洞，家里这摊子事谁管？再者年龄已在五十岁开外，还有高血压、冠心病等病，吃住在山洞，身体肯定吃不消。面对这种情况，李清泉将刘建业喊到办公室，开门见山说：“建业，今天给你派个活，不是商量，也不是征求意见，而是去办，代表公社去指挥总干渠 5 号、6 号山洞的开掘，保质保量完成这个活。”

刘建业见书记说得严肃，知道任务不轻。直接答应道：“啥时候去?”

“把手上的工作交给其他同志，下午就去，公社派‘212’送你去工地。”‘212’是公社唯一一辆吉普车，公社领导平时极少坐，这次专门安排送他，表达的内容很清楚，类似见车如见人的“尚方宝剑”，重视程度可想而知。

李清泉书记再三叮嘱刘建业：“任务非同一般，务必干好……这次我拿黄鼬当马骑，你一定给我当好这匹马。”他喜欢这位实干的年轻人，知道不会差，但为了不出闪失，还是认真叮嘱。响鼓也要重锤敲，看出老书记的苦心。

刘建业不负众望，1974 年年底，在他和王锡亮带领下，创出日掘山洞 3.5 米的高纪录，工效达到 301%，5 号与 6 号山洞如期贯通。

贯通前，淄川区委书记宋天林、副书记张廷发专门到山洞检查，临走，与刘建业、王锡亮在隧道洞口留下一张合影。

刘建业心里很明白，区委领导主动与一个公社团委副书记合影，说明领导对自己工作认可。但他不知道，领导这次来，除了检查工作，还对他暗暗进行考察。

1975 年年初，罗村公社向中共淄川区委推荐刘建业担任公社党委副书记。出乎人们意料，任命文件下来时，不是任命他为公社党委副书记，而是淄川区革委会副主任、淄川区委副书记。

刘建业第三次被破格提拔，这是一个很大的政治台阶。刘建业三次破格提拔，除了领导作为“伯乐”敢于识才、用才外，与刘建业的实干、能干分不开。

我在采访时，包括王锡亮在内许多熟悉他的人讲，刘建业被破格提拔重用，沾了实干的光。

20 世纪 80 年代中期，他由淄川区委书记升任淄博市委常委、秘书长，市政府党组副书记、副市长；以后调到省林业厅任副厅长、后又任省农委正厅级副主任、党组成员，山东省农村经济开发服务总公司总经理、党委书记。后担任山东普利建设发展有限公司董事长。

他在七十岁时总结自己：“从一个未经世事的学生、农民成长为一名领导干部，起步于太河水库建设工地，得益于兴建太河水库，这一伟大壮举的壮阔历程得益于当时各级领导的信任和提拔。有与太河水库结缘十多年的经历，再大的困难也难不倒我，我从内心感激、感恩年轻时能有这么一段宝贵的历练……”

2. 局长原来是民工

1992 年 7 月 7 日，太河水库管理局副局长邵成孝和往日一样，早早来到单位，先围着水库大坝转一圈，再到办公室处理相关事务。办公室主任推门进来，将一份汛期报告递给他说，太河水库大坝出现塌坑了，有 4 处。

这已经不是第一次出现塌坑。1990 年的淄博水利汛情上就有类似报告，太河水库大坝在高程 226.73 米处，上游出现旋涡塌坑。

塌坑是水库坝体常见的一种塌陷现象。出现这种现象，说明大坝有些部位进入亚健康状态，必须抓紧时间诊治。否则，“带病运行”轻则可能造成局部渗透破坏，重则将危及大坝安全，有造成溃坝的潜在风险隐患。

“千里之堤溃于蚁穴”的故事很多，无论古今都不是危言耸听。

邵成孝分管生产，立即拿着汛期报告，走进局长办公室。

“局长，大坝又出状况了。”当时太河水库管理局领导班子刚调整不久，局长张福国调走，由党支部书记、副局长周继美主持工作。

“我看到了，正要找你商量。”周继美让邵成孝坐下，继续交代：“刚才与张书记碰了碰头，明天上午开支部扩大会，班子所有成员参加，专门讨论研究这一问题，要有未雨绸缪的意识，请你拿具体方案和意见。”

第二天上午，主持工作副局长周继美、党支部书记兼副局长张兴寅，副局长朱连孝、邵成孝，副书记刘德兴，委员许祝和调研员高玉泉，以及有关部门负责人悉数参加会议。会议很快形成决议，由邵成孝挂帅，成立“病险库抢修领导小组”，拟定抢修方案和预算，报淄博市水利局和分管副市长，同时呈报山东省水利厅。

水情、库情就是命令。很快，山东省防汛指挥部专家组来到金鸡山下，与淄博市防汛指挥部、太河水库、设计部门专家对太河水库塌陷现场进行“会诊”。

伏天 7 月，淄河流域连续降雨，上游来水多，库区水位加深，难以对塌坑状况做出准确判断。他们根据经验和现状形成两条命令式决议：一是调潜水员到水下摸清塌坑情况，立即对险情进行抢险处理，对塌坑险段投压砂子、石子和乱石，防止塌坑面积扩大。同时要求无论何种天气，都要在 7 天之内务必完成。二是汛情过后，立即对塌坑进行钻探勘查，进一步对塌坑深部情况做出准确诊断，研究确定针对性处理方案。

2021 年 6 月 3 日，已经退休的邵成孝、鹿传琴一块接受采访，跟我慢慢讲“过去的事儿”。

那天十分炎热，陪同采访的原总工程师王鹏一边抹脸上的汗，一边说，是今年“下火”的第一天。在最热的第一天，采访有传奇色彩的人物，肯定会有好彩头。

传奇在于这位曾经主政太河水库的一把手，起点完全与前面说的刘建业一样，是参加水库会战时的一名民兵，一位农民。只是他们不同乡，刘建业的家在淄川区城北的罗村镇，邵成孝的家在淄川区东南部的龙泉镇。

邵成孝戏言自己“推小车出身”，是“推出来的局长”。又戏言似乎命中注定，是为太河水库生的。他从二十岁上太河水库当民工推小车，后当施工员，从此再也没有离开过这片水，一直干到退休，退休也是太河水库的人。总之，这一辈子属于太河水库。

1979 年，他作为第二批转正农民，成为太河水库正式一员，从此步入“吃工资”的队伍。那年他三十一岁。“三十而立”，立在打拼 10 个年头的淄博这座大水库上，生命由此发生转折。

他转正那年，也是太河水库管理局正式挂牌成立之年，他成为第一批被招工的工人。

“高兴吗?”

“当然高兴，尽管我在那次转正的三十多人里，年龄偏大，也十分高兴。特别在拿到第一个月工资的时候，感觉工资袋里面的钱和以前的钱不一样，那是正式工人的工资啊。”他有些微胖，语速不快，条理很清晰。

他用第一月的工资给父母买了礼物，给媳妇和孩子买了喜欢的玩具和食品。父母嘱咐他，好好干，咱得对起用这份工资。一家三代都在地里刨食，他是家中第一个挣工资的人。

他说，既要对得起这份工作，也要对得起培养教诲的杜麟山、王干、王宝丰、董汉文、王世珍等许多老领导和老同事。干不好工作，挣钱事小，丢人事大。

像给自己家干活一样使劲，不久，他被“以工代干”，以后提拔为中层干部。1988 年 7 月，在他临近“不惑之年”的时候，由于业绩突出，被任命为太河水库管理局副局长，由此步入决策层。

对这一职务的到来，用他的话说，做梦也没有梦到，只是想当好工人，把本职工作搞好，别丢人。6 年以后的 1994 年 9 月，他走上这个县级单位的“一把手”岗位，那年他四十五岁。

上面说 1990 年和 1992 年太河水库出现塌坑，被紧急处理。是年汛期刚过，他作为“病险库处理领导小组”组长，立即向上级汇报，组织人员进行勘察，并给自己定了关门时间，在来年汛情到来之前，必须把塌坑问题彻底解决好。

人有生病的时候，钢铁有生锈的时候，水库运行 20 年，出现问题似乎也属正常。关键是出现问题必须重视，若轻描淡写，小洞不补，就容易酿成大祸。在我采访的各行各业人物中，但凡那些有突出建树的，无不具有超前发现问题的意识和雷厉风行的纠错素质。

山东省水利厅接到淄博市水利局的请示后十分重视。1992 年 11 月，派省水利科学研究所 5 位专家来太河水库，对大坝 2 号塌坑进一步钻探勘察。

这次钻探勘察类似“会诊”，给大坝做 CT，找准病点，然后对症下药，予以处置。

经过对塌坑扫描检查，结论很悬，其损坏程度超出了事前的估计与预判。他讲了一大段术语性很强的话，归纳起来有两点：一是大坝斜墙防渗体已形成竖向漏斗状，水不断滴漏渗透，形成破坏区，破坏区的面积不小于 350 平方米；二是由于防渗功能减弱和被破坏，使大坝土体不断受到来水的冲蚀和崩塌，以至流失。大坝上部砂壳的砂粒也因渗水，水带着砂，不断充填到不该去的渗漏通道内，造成土、砂混杂沉积，形成一个很危险的潜在“肿瘤”。表面看风平浪静，一旦来水压力增大或超过库容，潜在的隐患一旦发作，后果不堪设想。

出现塌坑是个坏事，也是件好事，由此诊断发现存在的水库潜在危险，尽快“治疗”。

天气炎热，开着空调的会议室并不凉爽，他的头上沁出一层细细汗珠。

面对大坝出现险情和病情，一刻也懈怠不得。他沉甸甸地回忆，如果当时大坝病情处理不好，抑或不及时，一旦造成溃坝，将会对下游的村庄、老百姓、庄稼、牲畜、企业、铁路都会造成不可估量的损失。我们这些管水库的人，即使跳进水库里，也难辞其咎，成为历史和淄博罪人。

说得很沉重，沉重恰是责任在肩的一种表达。

于是太河水库大事记上有了以下几个时间点的记录：

1993 年 2 月 21 日，动工修复坝体；

1993 年 3 月 23 日，山东省水利厅对应急抢险工程请示予以批复；

1993 年 4 月，水利部专家组对太河水库大坝整体加固进行现场勘察和分析，提出修固意见；

1993 年 6 月 10 日加固工程完工，共完成投资 363.78 万元。

4 处塌坑经过应急抢险，在 1993 年汛期来临之前全部完成。

这些塌坑被及时处理，其他地方会不会还出现类似塌坑？有没有一个彻底治理大坝的方案让我们的大坝像金鸡山、卧虎山和青龙山一样坚固千年甚至万年？

太河水库领导班子决定，4 处险情虽然解除，但为防止再出现新的塌坑，必须对大坝实施除险加固工程。他们的决定得到淄博市委和市政府的大力支持。

1993 年 7 月 14 日，由山东省水利厅组织，在济南召开了“关于淄博市太河水库大坝除险加固工程方案论证会”。对省水利设计院事前提出的 4 个方案进行比较论证。决定采用修砼防渗墙的办法，为十万人建起来的这座水库穿上“防弹衣”。

在为大坝穿“防弹衣”的过程中，邵成孝接替主持工作的周继美，成为水库管理局第四任局长。

毫无悬念，经过两年修固，工程取得很大成功。1995 年 11 月，由水利部组织的鲁、豫、苏、皖、青（岛）在建工程施工现场考核评比中，太河水库的混凝土防渗墙荣获总分第一名，获得金奖。

1996 年 8 月，水利部副部长周文智、山东省副省长邵桂芳前来视察，对加固水库工程的思路、办法、措施都给予高度评价，认为在全国走出了一条处理险库的新路子，在全省带了个好头。

3. 农　民　营　长

他叫王锡亮，先后出任淄川区民兵团罗村民兵营副营长和营长。

按照市委水库建设指挥部干部配备要求，各区县民兵团的领导职务一般由县级或者副县级干部担任，营职干部由公社一级（乡镇）干部出任。王锡亮则以农民和村生产大队主任的身份担任了应由公社干部担任的职务，成为水库建设队伍中的一道风景。

我在采访王锡亮之前，先去采访了一些熟悉他的人，了解为什么会有这种安排。

原《水利战报》的编辑卢俊德与王锡亮同村，说他是个“干活不要命”的人。这个结论我在淄川采访时得到印证：

像他这种以农民身份担任营职干部的情况极少，村支部书记和村主任担任连、排长的多；

他有群众威信嘛，组织信任他；

他能干，有力气，单手就能推着“泰山车”呼呼地跑，没有人不翘大拇指。而且危险活总往前头冲，群众服气他。

2020 年 7 月 27 日，我走进了他的家。

他家在罗村镇牟家村，村里街道很整洁。他的房舍与村民的房舍完全一个模式，一个大院子，四间北屋，两间东屋，西边是个简单的杂物棚。院里摊晒着玉米，类似豆秧的根茎等。东西一多，占去许多空间，使硕大的院子显得有些凌乱和拥挤。

他站在北屋门口迎接我们，右手拄着一根手杖。

至此才知道，七十七岁的王锡亮，两年前被“栓住”过，现在行动还不太麻利。

我打量眼前这位虎背熊腰、个头超过一米八的太河水库风云人物。与他握手的那一瞬间，宽厚的手掌立即向我传递，大坝上的那股劲儿似乎没有逝去，依旧在他身上流淌，尽管他现在行走有些不太利落。

房子陈设极为简单，或者说很简陋。一张旧桌子，一个生火的炉子，一套已经塌陷的花色沙发，一个有些脱漆的茶几，几把摇晃的简易椅子，如此而已。迎门墙上挂着两张领袖像，一张是毛泽东主席，一张是习近平总书记，使空落落的房间有了色彩和信仰。

王锡亮已经知道我来的目的。话题很快切入到太河水库建设频道波段，记忆瞬间变成不能抑制的河流，沿着日月渠道，清晰哗啦地奔涌过来。

1968年王锡亮上水库，一去就当了罗村营的营长。第一年全营有250人，第二年增加到超过600人。罗村营当年就干出了名堂。人们用“霸气”来称赞他们能干。淄川团出了两个“霸”，“西河（民兵营）南霸天，罗村（民兵营）北霸天”。不仅在于这两个营人强马壮，啃“硬骨头”从来不打二唬，还在于水库上无论武的文的流动红旗叫他们“霸”去得太多。

太河水库最难、最紧的活是大坝合龙与清基。水库在1966年第二次上马复建时，汛期和数九寒天一般就不再施工。会战那年不行，为了抢进度，冬季清基也要干。咋干呀，人们望着结着厚冰的河，还有冻得棒棒硬的石头怵头。手都伸不出去，咋下水干活？

团部曾安排两个营去清基，其中有个营在水里鼓捣了一个星期，只清出半米多。

天寒地冻，无法撵出进度。

指挥部的翟慎德和孙迎发“急眼”了，这个进度咋行，猴年马月也清不干净呀。他俩带着团长王复荣来到罗村营找王锡亮，开门见山说：“锡亮，敢不敢带着你的人马去清基？”孙迎发、王复荣打心眼里喜欢这位闯将，很想让他去啃这块“冻骨头”，但又不好说，毕竟这段清基任务不属于罗村营，咋开口让人家去干？于是用激将法来说话。

王锡亮憨厚，也明白这位老领导的用意。笑着回答：“孙指挥，您不要用激将法激俺了，您说吧，叫俺干啥？”

合龙段清基的活儿拿了一半交给了罗村营。

王锡亮比划着给我介绍，砸开冻冻，半米深的水淹过膝盖，人在水里顶多干十几分钟就撑不住了。那时，大家穿着自己缝制的棉袄棉裤，条件好点的，里面加条秋裤，更多的是光溜溜穿棉裤。这样的衣服根本抵不住零下十几度的寒冷浸泡。加上肚子里干粮少，更感到冷。冷也得干呀。他与几个身体壮的民兵一气干了四十多分钟。上岸后，两腿不听使唤，像打了麻药，掐、拧的感觉像蚊子咬，似乎不是自己的腿。

他们组织突击队啃硬骨头。突击队员的行囊里，除了常规工具，增加了高度白酒。谁下水就先喝上几口，借着烈酒鼓舞起来的热能跳到河里舞锨弄镐，20 分钟轮换一次。就这样，他们用两个多星期的时间，将三十多米宽、一百多米长的大坝合龙处的基础清到了底。

修水库最累的活一是打山洞，二是推小车。会战初期，为将大坝北边的土尽快运到金鸡山以东，各团、各营之间展开劳动竞赛。王锡亮为了多推土，就在独轮车中间放上一块木板，木板上再装土，孙迎发见他的车子和别人不一样，装得像座小山，啧啧称赞王锡亮："你小子这哪是推独轮车，是在推'泰山'呀!"

"泰山车"由此得名。

王锡亮的绝活不仅推得多，还能单手推满载的独轮车。

淄川民兵团长王复荣在《治水记》里留下这样一段话："开始发明'泰山车'的是罗村营副营长王锡亮同志和他所在的连队民兵们。后来，在罗村营民兵中推这种'泰山车'受到广大民兵们的热爱和效仿，都把能推'泰山车'当作自豪和骄傲。"

罗村营教导员刘建业、龙泉营杜仲侠、博山石马营等许多民兵成了推"泰山车"的标兵，"泰山车"成为太河水库独有的一张名片。

我问他上水库之前在村里做什么事情。

"村副主任，民兵连长。挣 12 个工分。"他直言不讳地回答我。

在水库还挣工分吗?

"挣，15 个工分。每人每天还补助四毛钱和一斤半粮食。"很知足的样子。

听说您会武术?我在其他地方采访时，有人告诉我，王锡亮是个有名的"武家（架）子"。

"会。"说到武术，他眼睛亮起来。说他的武术在太河水库上还派上了用场。

会战时，有个别人曾挑唆罗村一些民兵不干活，去贴标语闹革命，还有附近庄的村民夜里想偷钢筋或者木材，都被王锡亮制得服服帖帖。以后再有人想歪点子，只要说王锡亮在这里，想歪点子的人就悄悄溜了。

他笑了，笑里流淌着青春刻下的回忆。

他妻子忙碌着沏茶。我望着她那瘦单单的身影问：“老营长，妻子是哪里人?”

“太河人，北下册村的。”

王锡亮带民兵上水库的时候，先住民房，后住工棚。他媳妇是房东家的女儿。人家见他不仅长得威武帅气，还勤快，每天早上都给房东的水缸挑满水，打扫干净院子才去上工，觉得这小伙子不孬。打听他还没找对象，就托人说媒，将女儿许给了他。那年他 23 岁。

我跟他开玩笑：“大坝为媒，您不但修建了水库，还娶回了媳妇。”

他媳妇见说她，有些不好意思，插话说：“附近几个村的姑娘，被修水库的青年娶走了不少。”

“去修水库的青年，不管是工人还是农民，都是单位挑选肯干活的，偷懒耍赖的少，年轻姑娘能不喜欢吗？再说，那时太河一带乡村太穷了……”她还想说，被王锡亮拿话岔到别处。

两个人的脸上洋溢着对青春的怀念。

他跟我说，修水库没有惜力气的，有多少劲使多少劲，生怕干不好丢人。那个年代干部手里没有奖金给大伙儿发，但将一个身子交给了大伙儿。干部带头，不说空话。哪里危险就冲进去干，难弄的地方肯定有干部领头在“啃”。带头干很正常，没有二话，谁叫你是干部呢？哪个营都这样。干部带头干，大家伙才服你、听你的，我以为干部的带头作用超过了奖金……

我没有想到王锡亮心里藏着这样的感悟。

王锡亮在水库干的时间最长，属于不吃“供销粮”的农民营长。1982 年乡镇企业蒸蒸日上，淄川区在冶头村开凿了一个焦宝石矿，让他去当厂长，实际是想给在水库滚打摸爬 14 年的王锡亮解决户口问题。就在办理“农转非”的当儿，淄川区为加强包括万米山洞在内的一干渠管理，组建管理处，他被调到管理处负责生产。“农转非”手续还没有办理下来，村里需要带领村民发家致富的领头人，找不到合适的“村头”，公社书记不得不狠心将他拽回来担任村支部书记。王锡亮从此再也没有离开牟家村。

4. 大 个 子 团 长

1972 年冬，横跨淄河的桐古渡槽工程进行到最困难阶段。一面要开山凿石，一面要在河滩里挖穴建槽墩。槽墩入水基础浅处六七米，深的要在 10 米以上。冬天里挖槽墩弄基础，是个非常难干的活。没有机械作业工具，所有的挖、清、排、浇筑、垒砌等工序全靠两只手。为了保证施工质量，冬天要比春夏施工要多付出几倍的力气。

“爬山靠走，挖渠靠手”，手工作业在寒风飕飕的季节拉开大幕。

张店民兵团负责这段工程施工。

一道工序紧接一道工序，严丝合缝地往前递进，就像机枪的点射，打出一颗子弹，另一颗子弹必须立即上膛，稍有差池，付出的力气就会付之东流。总干渠上的艰苦硬仗就在冰与石、冰与泥水的较量中进行。

手肿成饽饽了。手上裂口子了。磨起大水泡了。被石头碰伤流血了。挖渠民兵的手，无论男女，没有一双手是白腻纤细的。

傅山修带着他的人马来到淄河滩上。他是张店团的政委兼团长，那年三十七八岁。见许多人的手都已带伤，裂开的口子新茬接旧茬地挂在手背上，很心疼。在工地召集连长以上干部开会，命令说：“挖槽墩这活很苦，是个硬茬，带伤的、体弱的，还有女民兵特别是女同志来了好事的，不要去干，干部和骨干爷们带头去。”

布置完活儿，他带着几位连长率先跳进淹及小腿的泥水里试着挖起来。宽阔的河滩是北风呼啸穿梭的地盘，见有人来，便越刮越紧，在槽墩里拧着旋子，使劲往大家怀里钻，棉裤加上水靴根本挡不住凌厉的寒风。半小时后，傅山修被大家拉上来，腿已经冻得通红，麻木得迈不开步子。熟悉傅山修的知道，他的膝盖在两年前垒砌水库大坝时就受过伤，此时站在冰冷的泥水里干活，怎么受得了。可是，他喝上口酒，稍一暖和，拍拍腿又跳进了河滩。大家劝不了他，便给他找来一根木棍拄着下河滩。

他根据自己的体验，让各连各排分班干，歇人不歇马，半小时轮换一次。民兵们见团长拼命，劲头被鼓舞起来。口号声、抡锤声、欢笑声，彩旗的猎猎声，压过了肆虐呼啸的北风。就这样，本来两个星期的工程，他们用了九天半，就将桐古渡槽 13 个槽墩清基任务啃了下来，而且质量优等。傅山修的腿从此添了一个新功能，阴天下雨都会提前预报。

当我走进他家，见到这位名声很响的老团长时，他拉着我的手不放，很亲地说，听说你要来，我一早就在等着。话语里没有一丝一毫陌生，仿佛久违的同事或朋友。我问他多高？原来一米八九，现在矮了，只有一米八七。高寿？他摆摆手笑着回答，不高，九十一岁。指着坐在沙发上正聚精会神看电视节目的老伴讲，她高寿，比我大两岁。

我被傅山修的幽默逗得直乐。九十一岁的耄耋老人，耳不聋，眼不花，思维敏捷，说话清楚，我暗暗祝福这位极具亲和力的长辈。

我问他："修桐古渡槽时，您带多少人马？"

"1500 人。"他想也没想，立即回答我。

"干了多久？"

"干了 10 个月，张店团受到指挥部表扬。"他笑着介绍，曾经的自豪在眉目间飘着。杜麟山主编的《太河水库》一书里记载："桐古渡槽建设计划一年半的时间，仅 10 个月就完成了，算总账，节约资金 60 万元，节省木材一千多立方米。"

资金本来就丁是丁卯是卯地卡着计算，他们能够省出 60 万元，是个奇迹。

"最难干的活是啥？"

"挖槽墩、搞预制板、吊装，件件都不容易。"一说到吊装，他从沙发上站起来，开始比划。

一条拱梁三吨三重，十五六米长，桐古渡槽一共用了 144 条拱梁，每拱都是人拉肩抬从预制品工地抬到河滩上。你没有见当时场面呀，二三十号人抬一根拱梁，一根接一根，哼哧哼哧喊着号子往前挪，可壮观了。

他给我背那首顺口溜："大拱肋，三吨三，用肩抬，谁敢？我们敢！"

听得我激动不已。

那时没有吊车，也没有装载车，怎样把这些拱肋一条条弄到槽墩上面去？只能用绞磨和钢绳往上吊。现在想想都觉得了不起，多亏了指挥部从潍坊请来的温师傅，那人太厉害了。一根粗粗的钢绳，一头扎在东山头，一头捆在西山头，中间架起一个钢梁子，那可不是糊风筝，扎不牢不得出人命吗，温师傅竟弄得稳稳当当。绳子距地面接近三十米高，十几个人推一台绞磨，十几台绞磨按照温师傅哨声和红旗，齐步走似的一拱一拱吊上去。

他回穿到那个年代，有了"醉里挑灯看剑，梦回吹角连营"的英雄本色。

他告诉我，前两年女婿开车带他去太河水库转，到渡槽上走走，跺跺脚，仍然杠杠的，咚咚响。微红的脸沉浸在付出过的青春岁月里。

除了吊装，浇筑渡槽也很难。为了防冻，扎起塑料大棚炒沙子，一锅一锅地炒，十几个人簇成一台搅拌机，拿铁锨在地上搅拌水泥沙子和石子。垒砌槽墩也扎上大棚子，相当于在室内施工。所有干部都靠在工地上，谁也不敢歇，有的累得撑不住劲，拄着铁锨就睡着了。

我问他捞水泵的事儿。他继续着他的幽默，说那次自己"出风头了"，惊动了指挥部。挖槽墩时，用几台潜水泵排水，作业结束后，有台潜水泵在深水下被石头卡住了，咋也拽不上来。有的为难说，算了吧，反正捞不上来了。

三四月的河水太凉，扎人，有的怵头想放弃。这咋能行？一台水泵上千元，国家大资产啊。他让人把高度白酒拿来，让两个体力好的民兵喝上几口下水捞，仍然没有捞上来。他的牛劲儿上来了，把酒倒在手上，擦擦脖子和胳膊，对着瓶子咕咚咕咚喝上几口，告诉旁边两个力气大的青年，我下去抠，你们使劲压住我的脊梁，别飘上来。电工杨思峰见团长往水里跳，也把酒瓶子对着嘴灌上几口，跟着团长跳进两米多深的水里。两人来回鼓捣数次，终于把那台潜水泵捞了上来。

他拍打着腿描绘：“站在冰水里啥滋味？和在热水澡堂里泡澡一个滋味，被冰水扎得真难受，都成了红烧肉。说完自己哈哈笑起来。

在他的笑声里，我似乎窥见他长寿健康的秘密——豁达无我。

5. 两位“组头达人”

2021 年初夏，我第 5 次到太河水库。在大坝西溢洪道处往南瞭望，只见水波泱泱，烟霞弥漫，群山秀出，逶迤环绕。这颇有“遥坐齐州九点烟，一泓海水杯中泻”的迷人景色，让我浮想联翩，筑坝时的千军万马，一辆接一辆的运石推土的小车，卷起尘土的汽车和拖拉机，轰鸣的压路机，迎风招展的彩旗，架在木杆上的大喇叭，开山凿石和堵水合龙的矫健身影，都像蒙太奇镜头，一幅幅从水库中弹跳出来。此刻，有两个影像在我眼睛里逐渐清晰和定格，一个是施工组组长叶纯正，一个是技术组组长鹿传琴。眼前的景象与壮观，都与他俩有紧密关系。

先说叶纯正。

20 世纪 90 年代某个春季，叶纯正办公室来了位着西装扎领带的中年男子，自言是某建筑公司的负责人，由某市领导介绍前来参与淄博水利工程招投标云云。叶纯正已在 1988 年担任了淄博市水利局总工程师，兼任河渠工程招标负责人。他和往常一样，对任何前来参与招投标的单位都表示欢迎，有礼有节地与这位陌生男子交谈。说完主题，那位男子临走从手提包里拿出一个信封，大咧咧地往叶纯正办公桌上一放，笑着念叨：请叶总多多关照。

叶纯正忽地一下站起来，收敛起温文尔雅的笑容，严肃说，赶快收起来，不要搞这个！刚才说了嘛，你要想揽工程，只要有合格的资质，有实力，价格公道，质量可靠，就有希望，搞这个对不起，行不通。

叶纯正个子高，硬朗瘦削，站在那里看着那人。

那人还想辩解，叶纯正正言告之，我不是你说的任何人，我叫叶纯正，纯正你懂不懂？

那人大概没想到叶总如此严肃，知道在别处行之有效的“敲门”之法在这里行不通。便将鼓鼓囊囊的信封塞回小提包，快快地离开了叶总办公室。

2021 年 5 月，我在电话里与他联系采访，第一句话依然用“我是叶纯正”开头。他很喜欢自己的名字，也一丝不苟按照名字去处世和处事，规规矩矩，认认真真。

他是湖北人，1959 年毕业于西安交通大学水利系。毕业那年，全国水利正忙，他没有回湖北老家，而是揣着“哪里需要就到哪里去”的理想和毕业分配通知书进了山东水利设计院。1966 年太河水库第二次上马，他按照组织安排，于这年 10 月来到淄博。太河水库作为兴修水利的制高点，留下他的青春色彩，由此走遍了鲁中的山山水水。淄博成为他生命的第二故乡。

湖北养了他的身，他为山东和淄博水利献青春。

他说，他这一辈子就干了一件事，就是伴随淄博水利和太河水库走过半个多世纪。他的故事几乎都与“认真”“古板”“一丝不苟”之类的词儿有关。

大会战阶段，万马战犹酣。往大坝推土推沙，各团、各营都在热火朝天地竞赛。叶纯正到一个营测量黄土的细腻标准与含水量，结果，含水量超标。他把满头大汗、正在推土的营长喊过来：“营长，这土不合格。”

他把攥在手上的土摊开给营长看。

“怎不合格？”营长知道，不合格就要返工重来，一旦重来，竞赛进度肯定会落在后面。

“水比重超标，要重来。”叶纯正一板一眼地又重复一遍。

“俺都快弄完了，咋重来？”营长抬起胳膊，使劲擦脸上的汗珠子，有些急眼。

“弄完也要重来，何况你还没有弄完。”

“差多少？”营长沉着脸问，脸上写着不想返工的表情。

“差 0.5。”

"差这么点就要返工？你别太教条了。"营长急不择词，似乎要吵架。

"这与教条没关系，与质量有关系。"叶纯正毫无商量地交代："抓紧弄，说不定你还垫不了底。"撂下话转身到别处检查。

营长知道叶纯正是水库上有名的"一根筋"，只要让他抓住"小辫子"，就必须得改。

叶纯正常说，修水库不是小孩子堵水湾过家家，而是关乎生命的千秋大业，不光修建要负责，也得对以后有交代。"前人栽树，后人乘凉"，树栽歪了，叫后人怎么乘凉？还不指着脊梁骂我们？

叶纯正心里有个偶像，就是东汉时期的水利专家王景。王景参与过黄河和汴河的治理，留有"王景治河，千载无患"的至高美誉。把太河水库修建成抵挡千年一遇的洪水，是他藏在心底的梦想。

所以，从他来太河水库工作那天起，叶纯正就开始筑梦前行。发现任何与修筑标准不达标的事情，毫无例外地解决纠正。修建水库绝对不能心存半丝半毫的侥幸，要对得起国家投资、人民节衣缩食贡献的人民币，对得起建设者在这里留下的青春、血汗和生命。

填砂，黏土，砌坝，每个环节他都去查验，碰上不合规矩的，都要返工重来。他曾经含着泪跟一位连长叫真儿，我不是难为大家，而是为了大家伙修建的大坝（质量）。我如果今天不难为你，说不定哪一天水库就难为我们，或者难为我们的子孙。

质量第一，不是用来说或者作秀的，而是毫不含糊地用来做的。做，必须有把关的黑脸"包公"。

有人在水库上放风，叶纯正不就是个施工组长吗？有啥了不起？联络一些人揪斗批判他。批判完了上工地，照样一是一、二是二地检查。规矩就是规矩嘛，他带着湖北口音说。有规矩不按规矩来，除非不让我管，否则我就不叫叶纯正。

大坝合龙那年春节，翟慎德问他想不想回家？他一边整理资料一边说，想回呢，两年没回了。翟慎德环顾透风撒气的办公室，往炉子里填了些炭，打趣说："你走了，水库想你咋办？今年咱不回了吧？咱在水库过年，让你嫂子包饺子吃。”那年水库赶着砌坝，离不了“把关”的行家。叶纯正对象在西安，七百多天不见面，咋不想呢？叶纯正见指挥如此说，知道指挥有指挥的心思，停下手里的活回答“听指挥的吧。”

翟慎德在指挥部说，有叶纯正他们几个在，水库砌坝质量咱就不用多操心。

20 世纪 70 年代末，水库早已蓄水使用。几场雨后，临近大坝处有水珠冒出，一层一层的泡泡在水面滚动，颇似层层叠叠的闪亮珍珠，煞是好看。水库人则不然，看着这些水珠不放心，急忙请叶纯正来把脉。他见冒出的水珠相当清澈，而且很有规律，告诉水库管理者，是水库底层出山泉了，没啥问题，水龙王给咱水库增加库容呢。

20 世纪 80 年代某年连降大雨，上游来水特别多。水库值班人员建议市里下令提闸放水。叶纯正赶到大坝上察看，告诉值班人员，雨量一天只要不超过 80 毫米，你们可以放心睡觉，大坝没有问题。

据说，2019 年“利奇马”台风来临时，有人向他请教水库需要不需要泄洪？叶纯正在分析了风量雨量后说，适量泄洪，没有问题。

面对恶劣天气和不可预测的情况，敢说“没有问题”，这需要多大的定力。而定力的背后，离不开对水库状况的把握。当我面对这位八十五岁的老总工，才发觉他之所以敢打保票，源于他对水库的熟悉超过了对自己掌纹的熟悉，更浸透着一代知识分子难能可贵的自信，“自信人生二百年，会当水击三千里”，在淄博水利史上留下摇曳的风姿。我们应该向敢于在工作上叫真儿、不马虎又自信的人致敬。

再说鹿传琴。

鹿传琴是位农家子弟，老家在太河水库上游的博山区。1962 年从山东工学院水利系毕业，就迈进淄博水利系统，由此开始在水里滚打摸爬。他戏言自己从跳进水里，就没有挪窝，围绕着水到处扑腾，至今没有凫上岸来。爽朗幽默的话语，叫我怎么也不敢把他往八十二岁上想。

修建水库时，他是技术组的组长，测量、放线、绘图之类的活儿，都出自技术组。

水库有语传：技术组定了线，民兵们开始干。你推小车我抡锨，美帝苏修完了蛋。足见技术组的重要性。

定线是施工第一步。线定不了，再大的气力也只能收藏着。我想到了电影《红旗渠》上的一个镜头：定线的橛子被人无意稍稍移动后，导致一个生产队白忙活了一大段路。

定线像水渠的侦察兵，人们沿着放准了的线干，施工就事半功倍。太河水库定线最长的是总干渠，全长 26.5 公里，最难的则是张店团施工的桐古渡槽。

这一长一难不仅对鹿传琴，对指挥部所有人来说，都是无比艰巨的。前面说道，1971 年冬天，为科学确定总干渠的走向，翟慎德曾经带领鹿传琴等技术人员，沿着预案线路翻山越岭，徒步丈量了总干渠要经过的村庄田野和山脉沟壑。丈量以后的活儿就交给了鹿传琴。他被任命为总干渠主设计师，负责拿出设计方案。第一个方案就是桐古渡槽。

这样的长渡槽自己没有见过，该怎么设计？用什么材料？他翻阅身边有限的书籍，到潍坊、临沂、湖南韶山等地查看相关水渠，期待得到有益的启示。然而，收获并不丰硕，更没有可以参考和照抄的作业。二十九岁的鹿传琴开始失眠。

他跟失眠较起了劲，睡不着就索性不睡，屋里屋外打转转。香烟一根接一根地抽，烟雾缭绕的房子里，有了“浓茶冲倦意，香烟伴失眠”的现实画面。

那次，他像小学生似的摆弄手里的丁字尺，忽然想到，应该给设计定位才是，没有位，没有尺子衡量，瞎捉摸不是老虎啃天吗？

他从丁字尺上开悟，顿时“山重水复疑无路，柳暗花明又一村”。

图版上出现了写了擦、擦了改的一行字：结实、经济、安全、轻快、不漏。

他对着那 10 个字笑了。时已过子夜，他往床上一歪就睡了过去。那夜他没有失眠。

他围绕上面确定的思路，花费六七个月，设计出 6 套渡槽方案。技术组的同志看到组长搞出的方案，顿时都懵了：“鹿组，你什么时候弄出来的？你不是和我们天天上工地吗？”

鹿传琴没有接话，也没有告诉这是失眠的馈赠。站在办公桌前给同事们布置任务："我已经跟翟指挥说了，这周不上工地，抓紧审核设计方案，看看哪个方案合适。另外，对不合适的地方直言不讳提出来，别掖着藏着不好意思说，大家一块修改完善。"

我们来看鹿传琴设计的 6 个方案：

一个是砌石拱；

一个是 U 形薄壳；

一个是倒虹吸；

一个是 60 米跨双曲拱；

一个是 50 米跨桁架拱；

一个是 30 米跨双曲拱。

技术组有七八名技术员，刘利光、安存水属于测量技术员，张以钦、汪燕、马守信、李道林、张钧堂是水利技术员。他们一个方案一个方案地认真翻阅，比较讨论，当然，也离不了面红耳赤的争论。

三四天过去，技术组意见难以统一，只好交指挥部定夺。

指挥部经过几次分析论证和比较，认为第六个方案比较合适。一结实，二经济，三防漏，关键比较容易施工。为了审慎起见，指挥部驱车去济南，请山东省水利厅副厅长、总工程师江国栋帮助审核。

江国栋系江苏阜宁人，1934 年毕业于中央大学工学院土木系水利业，我国著名水利专家，为山东省水利建设作出过卓越贡献。他反复推敲和比较几个设计方案的短长，最后同意采用第六方案，搞 30 米跨双曲拱箱型封闭式渡槽。认真嘱咐大家，设计只完成了第一步，要把后面的路一步一步走扎实，按设计方案保质保量落实好。

大家见江国栋一锤定音，十分高兴。担心的石头落了地，对建好总干渠更加充满信心。

而今横亘在我们眼里的那座桐古渡槽，便是依照那个设计方案施工的。渡槽全封闭，上面行人，水在槽内流淌，避免尘土杂草污染。半个世纪过去，桐古渡槽依旧如故。渡槽下，是宽阔的淄河和往来南北的热闹公路，渡槽周围，还成为附近村民喜欢的贸易大集。

第一个难题解了，随之而来的是 26 公里的总干渠设计。

任务仍由鹿传琴挑头负责完成。

总干渠路途远，要经过三十多座山头，六十多条沟壑，有明渠，也有暗渠；有桥涵，也有渡槽；有土洞，也有石洞。设计难点集中在石洞和土洞上。总干渠上有 7 座石洞，12 条土洞。为了尽快用上水，指挥部要求抢速度，山洞施工，要从两头对打。

两头施工对设计的精确度要求更高，不能有丝毫含糊。如果设计图上差 1 毫米，施工就会差 8 丈。绝不能让“差之毫厘，谬以千里”的成语在这里上演。

鹿传琴铁青着脸给他的兵们下任务：“4 个团、15000 人钻在山里干，如果我们手下错一点点，‘差之毫厘、谬以千里’就会上演，这个损失就比天大……咱丢人、挨批、挨斗事小，没法向领导、向全市人民和干活的民兵交代事大”。张以钦、马守信、刘利光、安存水、汪燕他们天天和鹿传琴在一块工作，很少见他这么严肃说狠话，知道这次设计非同小可。个个庄重表态，看行动吧。

最艰苦的行动在放线。他们分成 3 个小组，扛着标杆，带着锲子，抱着全市最好、也是两个唯一的宝贝仪器——瑞士进口的水准仪和德国进口的定位仪，沿着确定的线路去翻山越岭，蹚河越沟。

每天早上 7 点钟，他们带着饭，提着水壶，领着七八个民兵准时出发。晚上 6 点后收工，走到哪，吃到哪，睡到哪。黑旺铁矿招待所，边河乡的茅草屋，小学校的冰冷教室，寨里煤矿的食堂，路边的小旅馆，都留下他们疲倦的呼噜声，还有他们的玩笑声。山里的野獾、野兔，粗粗细细的蛇，常被他们惊扰起来，窜向别处。

淄博东部的群山间，有了细细测量的红旗，有了一遍一遍核对数据的灯光，有了定高程的呼喊，有了挖中心线的起伏背影。

两个月的时间，整整齐齐的设计，放大了的施工图放在了指挥部办公桌上。

1972 年 12 月，在最冷的季节，总干渠开工。

1973 年秋季，一条 1000 多米的山洞两头穿打成功，误差没有超过

5 厘米。

打通山洞那一刻，民兵们欢呼起来，庆祝“两头穿打看不见，相逢拥抱一瞬间”的胜利。

鹿传琴先生幽默，善谈，他向我介绍，这条水渠在当时很了不起，无论设计和施工都达到了国内最高标准，位列全省第一。

他在说那些事时，眼睛里透着光芒。我从闪烁着兴奋的眼里，看到了一句话：青春依旧。

2021 年 6 月 29 日上午，我看“庆祝中国共产党成立 100 周年‘七一勋章’颁授仪式”电视实况直播。总书记铿锵有力地讲，“七一勋章”获得者都来自人民，根植人民，他们“平常时候看得出来，关键时刻站得出来，危难关头豁得出来……”我想，那些立足淄博水脉治理和太河水库工程的广大建设者，无论党员、干部和群众，不也是这样一个站得出、豁得出的忘我群体吗？

该书即将束稿时，市水利局告诉我一个悲惨的消息，鹿老扛过大水，扛过许多生命的坎和许多困难，却没有扛过这次突如其来的新冠疫情，画上了生命的句号。向这位为水利贡献一生的老专家致敬。

6. 干　部　考　场

太河水库作为锻炼人的一所没有围墙的学校，也是考察干部觉悟和能力的一个考场。

关于有多少干部进过水坝这个考场，参加过建设，抡过镐、推过车，是许多人关心的一个问题。我曾多处询问，答案都是含糊的，也没有查阅到相关档案和原始统计记录。2021 年 4 月，在博山区档案局查阅到了两份文件：一份是 1966 年 11 月 16 日颁发的《中共博山区委关于公布淄博市太河水库工程博山民兵团党、政机构和人员职务的通知》，一份是 1969 年 11 月 20 日以博山区革命委员会生产指挥部名义下发的《关于抽调民工修建太河水库的通知》。除了解到博山民兵团团长、副团长等人选名单，团部下设的组织外，还看到一条要求，规定各营包括连长、副连长、司务长、卫生员、炊事员在内的人员“一般不超过6%为宜”。由此推断，若除去卫生员、炊事员等人员，连排长以上干部的比例大概不会超过5%。

5%的干部比例让我喜出望外。

按照这个比例，我在10万建设者中寻觅当年那些大大小小领头人。

这是一件说起来容易做起来又不易的事。

当时干部与群众的生活差别不大，穿戴大致相同，有的基层干部甚至不如群众穿戴得好。如果仅从衣帽上找寻干部，恐怕会闹出笑话。而且大多数基层干部都是本地人，肤色、体型、乡音大致相同，如果不指给你看，谁也不知道站在你面前的是不是位领导。有人戏言，个个晒得黑不溜秋的，咋区别？

兴建水库时节，指挥部党的领导小组要求团、营、连干部必须执行“五带头”（带头学习、带头宣讲辅导、带头劳动、带头执行政策、带头遵守规章制度）、“五到现场”（组织指挥、政治思想工作、技术指导、物资供应、生活管理到现场）和“三同”（领导和群众同住工棚、同吃大锅饭、同在工地值班劳动）。第一任太河水库管理局局长杜麟山在回忆录中写道：“原淄川、张店、临淄、周村、博山五区的区委副书记、副区长，如张廷发、于建义、谭少贤、张国权、宋倬宾、方文山、李树勋、王汝森、方明等老同志都轮流在水库工地上带过队，亲自参加劳动，现场指挥施工。”还说：“博山民兵团的政委杨兴远同志身强力大，带头推泰山车，大大鼓舞了士气。”

尽管干部与群众同吃同住同劳动，也绝不是一色儿无法分辨。在热火朝天的工地上，看到那些安排工作、部署任务、调兵遣将的，准是头儿。另外，看到那些抱着钢钻、抢着打洞的，抡大锤开山的，推着满车土快跑的，带头往危险地方冲的，往往都有基层干部的身影。革命战争年代用血铸成的“同志们，跟我上”的那股精神，在水库建设中继续赓续和流传。

有人给我讲过龙泉营长孙兆恒的故事。说他腰间常年系着一根草绳或者布带，在工地上和小伙子推车跑，戏说自己以前在陶瓷厂推大瓮，给厂里挣钱，现在推土，给家家户户引水，都是一个劲儿。身边还带一个咸菜罐儿，萝卜头、白菜叶、红辣椒都被他腌制成有滋有味的咸菜，无论蹲在哪里吃饭，都端出来给大伙儿添上这道“佳肴”。

我在历史照片中看到两幅标语，应该是这种精神的秘密所在。一幅是“干部能下水，咱就敢擒龙”，另一幅是“干部带头干，强似说千遍”，一语道出干部在实际工作中以身作则和率先示范的重要意义。

修筑水库时的最大干部是指挥。

有人给我说，水库建设期间有十大指挥，有人说是八大指挥。在这些指挥中，人们念叨最多、印象最深的是翟慎德、战金林和孙迎发。在我所见的资料中，这 3 个人几乎都与土和水打了一辈子交道，既是治水专家，又是种地弄土的行家。

翟慎德是太河人，老家在紧靠太河水库中心区域的东下册村。20 世纪 50 年代淄河修建“驯淄工程”时，他在博山县委任组织部部长，以政委的身份参与该工程建设。1970 年太河水库会战伊始，他协助市委副书记陈宝玺出任副指挥，继而任指挥。1974 年调出指挥部，1976 年 6 月又调回来出任党的核心小组组长和指挥部政委。他两进两出，直到 1978 年 1 月调入淄博市农委，不再抓水，而扑向离不开水的农田，为桓台“吨粮县”出谋划策，作出了许多贡献。当然，水库第一次移民的时候，他还以移民的身份，将家搬迁出来。

战金林是山东胶南县人，大个子，二十二岁投身革命，推着车子做党的地下交通工作。1946 年加入中国共产党。1956 年由老家藏马县（如今胶南市）县长岗位调入博山县（今淄博市博山区）任县长。继而推动和领导声势浩大的“驯淄工程”。因成绩突出，被山东省人民政府表彰为模范县长。1958 年出席全国建设社会主义先进单位代表大会。1959 年担任淄博市水利局局长，同年 10 月 1 日应邀到北京国庆观礼，受到国家领导人的亲切接见。当年淄博市有 8 位先进模范人物赴京参加国庆十周年观礼，他是水利系统的唯一代表，也是唯一的一位县级干部。

这位县级干部除了在退休前两年调市进出口管委会任主任外，其他时间都在与土和水打交道。

孙迎发同样是位老干部。1960 年前任淄川区委副书记，太河水库一动工，他调淄博市农村工作部任副部长，兼任太河水库工作委员会副书记。1966 年水库第二次上马，他任续建工程筹委会副主任。1969 年至 1979 年，他在指挥、副指挥、指挥岗位上轮换。有人说，他是太河水库指挥部第一任副指挥，也是最后一任指挥。1979 年，他把水库建设的接力棒交给了太河水库管理局挂牌后的第一任局长、与他搭班子的杜麟山。

3 人插花似的在太河水库上滚打摸爬，成为群众最熟悉的身影。3 人心里都藏着个标杆，那就是出生于博山、同饮一河水的焦裕禄。这里条件虽艰苦，但比河南兰考强多了，焦裕禄能做到，自己有什么理由做不到？

孙迎发是有名的“三快”干部。吃饭快。两个窝头攥在手里，别人或许只吃了一个，他手里的两个窝头已不见踪影。喝酒快。一两酒倒进杯里，他不管别人喝几次，他就一口或者两口喝干净等着。走路快。不管谁与他上工地，脚下必须提速，否则会被他拉下一大截。快，成了他的工作作风，“抓住不松手，咬住不撒口”是他顺口溜，久而久之，也成为许多基层干部的顺口溜。孙迎发有个毛病，一天不上水库转转看看，就害腰疼和腿疼病，一迈上大坝，啥病也没有了。战金林跟他开玩笑：老孙啊，你若在水库累死了，我就用半吨水泥把你埋在大坝上。他朝战金林鞠躬，笑着回应，我若走在你前头，你可一定要照办。

翟慎德办事有条理，说话脆快，不拖泥带水，而且话语朴实有趣，喜欢用歇后语。曾经的民兵黄淑庆回忆，最愿意听翟慎德作报告，他很少念稿子，重点难点，该干啥不该干啥，表达得一清二楚。工地上的民兵大多数文化程度不高，若口若悬河，只讲之乎者也和摸不着勺子的大道理，恐怕会把报告变成催眠曲。

特色鲜明的 3 个人，在水库建设期间交互担任“一把手”。“一把手”不好当，既要抵御“文化大革命”影响，防止派系串联“搅局”带来内乱，又要与各方联系，争取支援和支持，坚定不移推进水库施工进度。这需要智慧，需要沟通协调，需要领导艺术，更需要不怕扣帽子、打棍子的胆识、襟度和公心。

人心是杆秤。或许人们看到，无论谁当指挥，他们都以推进水库建设为第一要务，而不是为自个儿打小算盘。所以，工地上尽管有人想借“造反”之际把水搅浑，借些事儿把工地整出些动静，但都如雨后的地上水泡，转眼消失。王复荣、傅山修和王锡亮曾经与挑事者进行过面对面的较量，战金林他们仨也与好事者进行过较量。正义是不怕较量的。较量的结果，让大家把真理、道理看得更清楚。地里长不出庄稼，水缸里舀不出水，老百姓瘪瘪着肚子，生活得不到改善，算是怎么回事呢？

举全市之力把水库修建好，水缸里有水，米缸粮食见长，才是正事和大事。

“大事难事看担当，逆境顺境看襟度”。以公为心，举公为义，得到的是干群勠力，还有挥斥方遒的恒久精彩。这一凝聚点聚焦在指挥们身上，聚焦在倾心倾力敢于流血和牺牲的干部身上，也聚焦在广大建设者身上。翻阅昨天的历史，以公为心，身先士卒，成为水库这本教科书上不可或缺的珍贵一页。

第九章　工地上的女人们

女性的力量源于哪里？我在与淄博市政协原副主席、著名书法家王颜山先生交谈淄博孝文化的时候，不约而同说到女性的魅力与力量之源。现代女性的力量之源在自立自强和自信，我们以为是她们对生活的热爱，勇于负重和敢吃苦的秉性与韧劲。所以，女性不仅是“家”概念的另一种表达，一种尊重，也是很难定义的一种力量和精神。

无论如何探究，女性在不同时期产生的社会力量，不应被埋没，应当被看见。

从对太河水库建设女性第一次采访，再到翻阅相关材料与史料档案，有个词儿引起我特别关注，那就是“半边天”。“妇女能顶半边天”这句话出现后，作为女性豪气、平等的专用词汇，就在九州大地飞翔，至今已超过半个多世纪。我之所以关注这个人们熟悉的词儿，在于尚未尘封的许多诉说、文字与记忆里，无论工业、农业、商业、科教、部队等各行各业，都有太多关于“半边天”的鲜活故事要表达。

太河水库也是。

女性部落本来就充满许多神秘，她们的色彩、付出与这座水库凝练在一起，出现在男的干啥、女的也可以干啥的工地上，肯定有鲜为人知的故事，随着大坝的高度在产生，随着河流在流传。

探究这个魅力部落，成为必须采访的一个方面。

我问几位民兵团长、营长、连长和排长，参加太河水库建设的女性有多少？占多大比例？

傅山修告诉我，张店团有二百多名女民兵；

王锡亮回忆，罗村营女民兵最少，只有六七十人。还透露个秘密，淄川岭子营女民兵最多，一半以上。

曾任淄川副营长的冯东平讲，他们机动营50％以上是女性。

有个关乎女性的一致回答是，有谈对象的，也有结婚的，但都很少，一色二十岁左右的青葱女子。

淄川区龙泉镇的陈桂香曾任妇女排排长，她在电话那头爽朗告诉我，龙泉营妇女排最早全是女的，有二十多人。为方便打山洞，后来掺进十几个男的，还安排了个副排长。清脆的笑声和话语，似乎没有远离豆蔻年华的青春时代。

我问太河水库有关工作人员，参加太河水库建设的女性有多少？对方很憨厚又很抱歉地说，没有专门统计过，总之不少。尽管这些回答与回答的数字不那么具体，但是，他们的眼神与语气里无不流露着超高的欣赏与赞美。

傅山修用敬佩的口气说，工地上女的与男的没啥区别，男民兵干的，女民兵照样干，而且干得不孬。

此言不虚。

1. 李志华和她的娘子军

我采访的第一位女性是李志华。

2021年6月4日，天气很热，我与太河水库管理局原总工程师王鹏、办公室原主任陈淑新一起去采访李志华。车开到她所居住的小区楼前，陈淑新侧身告诉，站在树荫下的那位就是李志华。

我一面与她握手，一面仔细端详这位曾经叱咤大坝的人物。眼前这个脸上充满善良与流露着笑意的老年女性，彻底颠覆了文字固化在我脑中的想象。

在我的想象里，名气很响的李志华应该是位“女汉子”才是，风风火火的，声音洪亮的，甚至威风凛凛得像舞台上的穆桂英，可这一切意象都与眼前真实的李志华形象不沾边儿。她身高绝对超不过一米六零，瘦瘦的很灵巧，脸上虽然刻着岁月赐予的深浅皱褶，依然掩盖不住小鸟依人的模样。

这就是那位敢在大坝上与男民兵比赛的独轮车车手？

这就是那位得到许多领导赞叹的娘子军连的女连长？

答案只有一个字：是。

采访沿着“是”字通道，有了半个世纪前的多彩故事。

1968 年忙完秋收，淄川区岭子公社在各村组织人员到水库参加劳动，李志华瞒着家人报了名。那年她刚好十八岁，除了上坡种地，在村里还分管妇女工作。

两个娘听说后都投了否决票。生母抱怨她，女孩子到处跑啥，疯疯癫癫，过两年咋找婆家？养母也软言劝她，水库上的工分咱不去挣，整天推土搬石头的，你一个闺女弄不了。

养母是她亲姨，因未开怀生育，母亲便将李志华过继给自己的妹妹做女儿。

我不去，咋去动员别人？

两个娘犟不过她，卖掉 30 斤粮食为她置办了被褥。李志华作为淄川岭子民兵营成员上了淄河滩。1969 年春节，李志华没有回家，有了第一次在外过年的经历。这平生第一次便雕刻在太河水库上。

她在营部食堂做炊事员。空闲时，喜欢蹦蹦跳跳到工地上转悠。十八岁的年龄，眼里一切都是新鲜和好奇的。她看山看水，看花看草，更见那些打锤的、推车的、夯土挖土的个个累得满头大汗。见状，李志华跟食堂师傅商量，咱给工地送开水吧。

从此，一个围方巾、挑一担热水的瘦瘦女子出现在淄河滩上。

岭子民兵营的工地有热水喝了。

一天、两天，半个月过去了，李志华用空闲时间给民兵送热水的事儿在大坝上传播开来。受感动的民兵们，你一言我一语编了首顺口溜表扬她：

志华想得很周全，开水送到咱面前。

一口喝下青山水，修好水库拼命干。

无论打锤的推车的挖土的民兵，只要见到李志华挑着两只热水桶上工地，都甩一把脸上的汗珠子，高声诵咏顺口溜。齐爽爽的赞美声与平仄乡音在大坝工地上弹跳，羞得李志华满脸红色。

她见推土的人手不够，悄悄请同村的男民兵教她推车。男民兵指着水库大坝说，你看推车的有女民兵吗?

我不管有没有，叫你教你就教，说那么多干啥!

男民兵被她怼得没办法，便教她如何握车把、使襻和用粘脚（车闸），手、脚、腰怎么配合等等，还幽默地告诉她“诀窍”——多推车。

每次往工地送饭，趁推车民兵吃饭的空儿，架起他们的独轮车就去推。独轮车似乎欺负这个小女生，两个车把硬硬地不听话，一到她手上，不是歪倒左边，就是歪倒右边，引得大家哈哈笑。

李志华赌气地敲打着独轮车说，非把你“制服”不可。

推独轮车，既是个力气活，又是个技术活。两手须紧握车把，保持平衡。关键还要会用“车襻”。车襻是挂于两车把之间的一条长长布带，推车时，将车襻挂在双肩上，两手持把，肩膀用劲，鼓舞着车子向前走。

就在越学越带劲的时候，出现了一件让人哭笑不得的事儿。

推车手推车，大多使用“外襻”，即将车襻外挂于肩膀上。这一用车襻的好处，除了推车能够用上力气，还在于卸车的时候，不管推土、推炭、推石头，只要借力将车把往上一举，车襻便从头上自然滑出，车上的货物自己倾泻出来，减少卸车的工夫和力气。

新手往往使不了外襻，就用“内襻”。“内襻”是将车襻套在脖子上，经过腋下，手在车襻里面握车把。内襻的好处在于车襻不容易滑落，但卸车难。

李志华学推车时用的是内襻。那次，她推着近二百多斤的车子在现场走，快到卸土地方时，见前面的人一举手，车里的土就轻轻松松卸了个干净。她羡慕地学前面那人，到了卸土场，猛一扬手，没想到，人不见了。

她被车襻套着脖子，自己把自己甩到了车外边。她人小身轻，又被摔倒在黄土上，除了胳膊和腿被摔紫了几处外，没有大碍。李志华的倔强劲儿，因了这一摔，彻底被激活，开始学外襻。功夫不负有心人，男爷们的推车姿势，竟然让她学会了。

男民兵对她刮目相看，开她玩笑：志华，你这么楞，将来谁敢娶你啊？

她很高兴地跟我说着青春往事，比划着推车技巧，眼前竟不觉得她是位七十岁开外的老人。

她丈夫也曾经在大坝上滚打摸爬半年多，后来参军，转业后在乡镇学校任教，善书法。丈夫见她说得热烈，插话介绍："自幼好强，至今不改，昨天还去公园拔草呢。"言语里透着夫妻间的那股疼爱。

李志华根本想不到，源于善良而激发出来的自觉行为，正在诠释"妇女能顶半边天"的伟大号召，那年，她十九岁。

岭子营里一些女青年见她会推独轮车了，眼馋，也悄没声地学了起来。

1971 年，水库大坝合龙，需要更多运力。李志华见状，联合学推车的其他几位女友，向淄川民兵团领导提出参加大坝会战的申请。

淄川团团长王复荣对李志华她们学推车的事儿早有耳闻，听到请求，打心眼儿喜欢。考虑再三，不但答应了她们，还让岭子营专门成立了"娘子军连"，由李志华任连长。从此，一队留短发、梳小辫的"娘子军"们，系着围巾，戴着护肩，推着独轮车，成为大坝工地上的别样风景。那年，李志华二十一岁。

娘子军连有多少女民兵？我问。

137 人。李志华记得十分清楚。

年龄最大的多大？最小的多小？

最大的在二十三四岁，小王最小，只有十七岁。都没有结婚，个别在处对象。

岭子营去了多少民兵？

最初二百多（人）吧，以后又增加了不少。记得营长跟我开玩笑，说李志华带的人马比他多。

那么多女民兵，好领导吗？

民兵思想都好，可听话了，一吹哨子，齐刷刷从屋里跑出来站队，有事外出都主动请假。

李志华担任连长后，劲头更足了，车技也更加娴熟。由每车推二百多斤土，渐渐加码到了三百五十多斤。由土场到大坝每日往返 10 趟左右，后增到 20 趟，来回一趟差不多一公里半，她们每天要在工地推车往返三十多公里，而且要爬一个大土坡。

我继续问她，你们连谁的推车水平最高？是不是你？

她急忙否定，说，推车最好的是大她一岁的王凤云，推得多，也推得稳，一些男民兵都羡慕得翘拇指。

在大坝干，女民兵最难的事情是什么？

洗澡啊。她似乎想都没有想就直接回答了这个问题。

她接着讲道，那个时候吃饭不是大问题。团里、营里都很重视伙食，粗细（粮）搭配着，尽量让大家吃饱，还经常改善生活，包大蒸包，调剂胃口。营里照顾女同志，让女的住到村里民房里。但是洗澡问题没法解决。干一天活，出一身汗，不擦擦洗洗，身上都馊了。夏天好说，冬天怎么办？我们在屋后面用大苇席圈起一块地方，烧点热水，蘸着往身上淋，那水淋到身上立刻成了冷水，冻得直打颤，好多女民兵例假期见了冷水，得了妇女病，或者留下腰腿疼的毛病……

我在采访时，有人感叹，那时大家只知道干活，很少想怎样保护自己。许多女民兵泥里水里干，例假没有规律，有的留下妇科病。她看我们在认真听，又低下头说了一句，自己也被扎（冻）出了妇女病……

气氛有些凝重。

她见状，起身给我们往茶杯里添水，像换了一个频道似的说，条件的确很艰苦，但都乐哈哈的。有次，市委书记到水库检查工作，碰到我问：你是不是李志华？我说不是，李志华在外边呢。说完羞得赶紧从领导身边溜走。

营长抓住熊我："你是孙猴子穿棉袄，不受扎裹（打扮）。"

有次去给在大坝上劳动的解放军作报告，战士们见我走上主席台，使劲鼓掌。面对掌声，本来想说"向中国人民解放军学习"，结果一紧张，竟然把解放军这三个主要的字忘记了，说成"向中国人民学习"。话一落地，掌声更响，后悔得想找个地缝钻进去，弄得好几天吃不好饭、睡不好觉。

笑声在屋里回荡。

那稿子是你自己写的吗？保存着没有？

没想到，她敛起脸上笑容。说自己识字很少，家穷，农村受旧传统影响又重，家里大多不让女孩去读许多书。她在同伴的心里，成了一个不识字的识字人。

苦涩在她眼睛里打转转。

李志华的心病是没有入党。人们奇怪这位"推车女状元"，曾经给解放军战士做过报告、上过报纸的"娘子军连连长"为什么没有入党？

围绕着这个话题，她眼里闪烁着复杂和欲言又止的无奈。继而又用坚定的目光和语气告诉我，她很自信，虽然组织上没有入党，但行动上早已经入了党，一块劳动的同伴们也把我当个党员——她提高些声音说，我就是一个合格的党员，绝不会干半点对不起党的事情。不管过去，还是现在。

那种坚定和对信念的坚守，让我们十分震撼。

大坝合龙后，在水库上连续奋斗 4 个春秋的李志华，根据工作安排和自己身体状况，重新回到村里继续担任妇女主任。那年她二十二岁。

十八岁到二十二岁，是当下读大学的年龄，李志华将自己读大学的青春留在了太河水库，这里成为雕塑她、影响她一生的人生大学。

如今七十六岁的李志华，依然是位农民，或者说，是位把共产党员称号看得比生命重要的农民。

2. 女石匠，你在哪里？

翻阅那些泛黄的旧时战报和资料，常常出现有关女石匠的报道，其中有这样一段话吸引了我：

> 战斗在工地上的临淄女民兵连，个个英姿飒爽，挑起了打料石的重担。全连百名姑娘，年龄最大的22岁，最小的才16岁，她们都是自愿报名参加石匠连的。左邻右舍的大娘婶子好心劝她们：咱边河自古以来，只有男人才干石匠，没听说妇女去打石头……

女民兵、百名、打石头、石匠，这些具有磁石吸力的字眼，激起了我的好奇心，开始寻找那些打石头的女石匠。

她叫杨红花，临淄区边河民兵营女民兵连的队员。组建女民兵连时，便报名参加，时刚过十九岁生日。娘反对她参加女民兵连，说她小，不让去。哥哥也投反对票。她噘着嘴呛娘和哥，为啥不让我去？娘见劝不了她，不再顾及闺女的面子，把话直接撂在了桌面上，你是左撇子，咋拿锤子打石头？

左撇子咋了？左撇子就不吃饭了？

的确，杨红花在家切菜、蒸馒头，绣鞋垫或者收割麦子甩镰刀，都用左手，没有任何妨碍。

娘和哥哥无言以对，她胜利了。

打石头用左手拿锤、右手扶凿子不仅不得劲，还与人家凿在石头上的线条方向不一。石匠师傅很严格，让杨红花改右手。

将左手改为右手，调整与生俱来的习惯，不像改手拿筷子那样简单，的确很难。难也要改，杨红花担心被石匠师傅炒鱿鱼。

右手拿锤打不准，扶錾子的左手被打得青一块紫一块，红肿得像小馒头，眼泪也被打了出来，吧嗒吧嗒滴在石头上。

她将红肿的左手缠上布条继续打，对自己狠着说，不信改不过你来。

做事就怕认真，也怕牛劲般的执着。杨红花眼里噙着泪、忍着痛练了十几天，憨头憨脑的锤子听话了，不再往手上跑，叮当叮当地落在錾子上，敲出有节奏的声响。又过了八九天，右手的握力与锤子完全揉为一体，可以对着錾子想怎么打就怎么打了。

熟练是进度的前提。一个多月后，杨红花打石头的速度迅速提升，由每天 0.5 立方米提高到 0.8 立方米，继而再到 1.3 立方米，成为打石料最快最多的女民兵。

严肃的石匠师傅终于露出笑脸，跟杨红花开玩笑，你的名字好，该戴大红花。

与杨红花在一起打石头的还有位小民兵，叫徐会兰，只有十六岁。这女娃年龄小，是棵独苗苗。这个在家被父母和奶奶宠着惯着的孩子，在工地上像换了个人似的，不但爱跳爱唱，还喜欢与干得好的大姐姐们摽着比赛。

她见杨红花为了练锤，中午不休息，自己也不休息，陪着杨红花在石窝里敲打。中午的太阳挂在当头，洒下的光儿像看不见的针，刺着人的皮肤既痒又疼。杨姐劝她，快去树下歇歇去，要不晒黑了，将来没人娶你。

她岔开杨红花的话，嘻嘻哈哈地说，杨姐，你戴着草帽坐在那里太俊了，像棵摇来摆去的美丽大蘑菇。

你才是棵蘑菇呢，小蘑菇。

我才不当小蘑菇呢，我要当白茹（白茹是《林海雪原》中的一位女兵，她与书中 203 首长的爱情，被情窦初开的少男少女羡慕着）。

两个人边聊天边凿石头。忽然，活泼的徐会兰指着左侧树林说，杨姐，你看那是谁呀？

石窝左侧上面的土坡上，有个青年藏在树后往这边瞅。

杨姐仰头一瞥，没说话，低下头继续打石头。

徐会兰早听说杨姐处了个对象，很能干，在金山营的工地上垒砌水渠。大热天谁往这山窝里来？再看杨姐羞涩的神态，猜躲树后的青年肯定是杨姐的男朋友。便站起来，用手兜成喇叭，调皮地朝那青年大声喊。

喊声将那高个子青年吓得不知所措，将手里提着的黄瓜扔在树下就跑远了。

随着徐会兰的喊声，打石头的姐妹们戴着草帽、端着搪瓷缸子，说说笑笑走了过来。大家一边分享男青年丢在土坡上的清脆黄瓜，一边逗杨姐。杨红花的脸被逗成一朵怒放的大红花。

笑声、锤声覆盖了暑热，树上的蝉也凑热闹似的，鸣叫的更加响亮。这些如花绽放的女石匠们，在田野放飞着她们的笑声锤声，锤花飞溅，将青春的热烈谱写在蓝天下的山坡上。

我沿着女石匠之路继续寻觅。

在淄川区采访陆俊德先生时，他感慨地跟我讲，社会倡导“男女都一样”，修建水库时体现得格外突出。无论修大坝，建总干渠，还是修建支干渠，都离不开女民兵的参与。那些年轻的闺女真不简单，大胆突破了“女人不下井”“女人不打石”等许多乡间禁忌，也突破了自己。可以说，如果没有女民兵们的大胆泼辣，啥活都去抢着干的劲头，无论水坝、总干渠、还是各支干渠的修建，很难如期完成。

我也认同这种判断。“妇女能顶半边天”毫不含糊和毫不夸张地在这里演绎。单就女石匠现象，他说，临淄团有女石匠，周村、淄川团也有女石匠。他找出 1977 年 3 月 10 日的编辑的《水利战报》给我看，查王营女石匠排里有个赵翠霞，是位标兵，建议我去采访她。

查王营在建太河水库一干渠时，有 352 名民兵，其中女民兵有 123 名，占了三分之一多。这些二十岁左右的“女兵”大多被安排在机动连。所谓机动，就是哪里需要就到哪里去。基本任务是清理石窝或石洞放炮后的石砟，或者去用耙子扒，用车子拉，还要负责拉运沙子、水泥、木材等。这些需要力气、属于男人们的重体力活，成了机动连“女兵”承揽的“轻快活”。

何止如此呢。随着工地料石需求量的增加，男民兵不够使了。在这个节骨眼上，女民兵冲上来了！

没有谁号召，也没有谁动员，英姿飒爽的身影出现在石窝里。

采石窝本来属于男性的领地，在激荡着男人的粗犷声里，有了串串女兵清脆飞扬的笑声。

在那些矫健玲珑的身影里，有位蓄短发、戴安全帽的姑娘特别惹眼，她不止扶钎扶得稳，还能起抡 8 磅大锤；不仅能抡大锤，还能左右开弓地打。左一锤，右一锤，在空中划着看不见的弧线，锤花在钢钎下，有了朵朵飞溅。

平平仄仄的锤声与飞溅的锤花让女民兵们醉了，男民兵则傻眼了，在背后羡慕嘀咕，哪来这么多穆桂英和杨排风？

机动连的女兵把机动二字演绎得风生水起。

1976 年入夏不久，查王营的石料供应不赶趟了。

女民兵们又出现了。

这年 6 月 1 日，一个由 15 人组成的女石匠排在查王营成立。

赵翠霞出现在 15 人的行列里。

赵翠霞中等个，胖乎乎的腮上，挂着两个若隐若现的酒窝，那形象与呼呼啦啦的做派，很像当下走红的演员闫妮和颜丙燕。这些农村妮子又一次向自己挑战。

料石就是四边整齐划一的大石头，当下许多老建筑上，依旧留有料石的影子。打料石不仅是力气活，也是技术活。每块石头大约有三四十斤重，要在无角无棱的石头上寻找出一个基本面，将其敲打得有角有棱，方方正正，还要雕凿上粗细有致的精美线条。这些，女石匠排的女兵们没有一个会的，赵翠霞当然也不会。

一切从头学起。毫无疑问，也被她们一锤一锤地学会了。

我们来看《水利战报》上报道文字：

> 共青团员赵翠霞决心当一名名副其实的女石匠。但事不遂愿，几天过去了，料石没打几块，少角缺棱，手却被打成了“气蛤蟆”。个别人说起了风凉话。冷嘲热讽没有动摇赵翠霞的

决心。她说，我们为什么学不成女石匠？顶起半边天，要做前人没有做过的事情嘛。她勤学苦练，认真琢磨，虚心向老师傅学习，有次腮上长了一个大疙瘩，肿得厉害，也不休息。时间不长，赵翠霞闯过了道道难关，一看她那“夹三钻、挂耳锤”，就知道她已经成为一个名副其实的女石匠了。

或许有了赵翠霞等人为女兵们作出了榜样，时间不久，女石匠排就发展到 27 人。当我看到陆俊德先生收藏的女石匠排合影照片时，情不自禁为那些英姿飒爽的朴素女兵鼓起掌来。

我在杨寨村采访时，原村民委员会主任高存永说，有个女民兵叫刘其梅，也是位很了不起的石匠，人家叫她“超负荷”。

为啥给她起这样的绰号？我问。

能干吧。用小铁车往工地上运水泥，别人一车推 2～3 袋，她一车推 4 袋。学会石匠手艺后，男同志两人一伙打炮眼，一天差不多打四五米深的长度，而她与自己的搭档一天能打 6 米深。

人们见她总有使不完的劲，天天超负荷运转。便偷偷给她起了这个开玩笑的绰号——以后绰号就公开了，她也不在意。

刘其梅打钢钎，像男民兵那样，使 8 磅大锤，抡得虎虎生风，一气能打百十下，不仅如此，还有让许多男士怵头的抡锤劈石的“绝活”。

所谓“劈石”，就是将比写字台还大的石头砸成小块。这活不但累、重，还要讲究技巧，一般石匠都望着劈石怵头。可是，“劈石”被刘其梅拿下了。在开砸大石头时，不知窍门的新石匠专从宽的石缝处下锤，以为大锤下去，一定会锤到石开。恰恰错了，石头不会让你“专拣软的捏”。往往轮上 10 磅、20 磅大锤，石头也纹丝不动。刘其梅“解密”道，石头上有大裂缝的地方，往往不是开石的最佳位置。对着这个地方打，即便打再多锤，石头也不开花，而且震得你双手疼。咋办呢？找窍门呀，刘其梅往往先仔细瞅，给石头“相面”，找准石纹，选细缝处下手。找准石纹的石头很听话，一锤下去便立即锤到石开。

“庖丁解牛”的技艺在石头上得到演绎。

我以为刘其梅是位“女汉子”。高存永说，才不是什么女汉子呢。抡 8 磅大锤时，刘其梅还不到二十岁，个子中等，梳着两根垂肩的辫子，文文静静的。在一块走，谁也不会把她往“女石匠”方面想。还羡慕地介绍，“万米山洞”出口处雕刻的那 4 个大字，其中那个“山”字还是刘其梅大姐刻的呢。我从高存永神采飞扬的表情里猜测，这样的故事肯定还有很多很多。

看淄川查王营民兵夸赞他们的《女炮手》

宽宽皮带紧扎腰，短辫塞进安全帽。
英姿飒爽爬悬崖，半山腰上点燃炮。
炮声隆隆石飞舞，岩花开处涌春潮。
炸碎顽石人心欢，炮手姑娘微微笑。

3. 女儿大战天台山

几经周折，我在 2021 年 8 月 18 日找到了陈桂香。

那天很热。

这是我采访中年龄最小的一位女性，六十六岁，曾是淄川团龙泉营“三八排”的排长。

明亮的眼睛，浓密的黑发与爽快清朗的话语，把她的年龄打去了许多折扣。她说自己因为年龄小，没有赶上去干太河水库大坝和总干渠，语气里透着万千遗憾。

她给我讲述了“三八排”成立和在挖掘天台山隧道的事儿。

“三八排”成立之前，龙泉营有个刚组建的“三八”妇女连。1976 年 4 月，淄川团副指挥欧阳甲第和政工组长刘桂琴来龙泉营指导工作。不知什么原委，或者说到什么话题，欧阳甲第建议龙泉营组建“三八妇女连”。说成立就成立了，由负责浆砌的三连副连长于明凤大姐担任连长。

于明凤是位下乡知青，比陈桂香大四五岁，工作很有魄力，能文能武，会演节目，也会带兵。我在采访过程中，许多人提到这位让大家没有忘记的下乡知识青年。

五一劳动节那天，龙泉营召开“大战红五月”誓师大会，青年先锋队向全营发出倡议，实现每月进洞五十米的高速度。

倡议实际上是挑战。

青年先锋队是以男士为主组建的民兵排，他们如此“嚣张”挑战，姐妹们怎么办？

于明凤不甘示弱，面对那份倡议书，鼓动姐妹们应战。

那时，于明凤带领的“三八妇女连”基本承担了全营抬土、和泥、扒渣子、挖地基、砸石子等许多活儿。那些看似辅助的工作，重、脏、累三字全占。若放到现在，估计有许多男爷们也会望而生畏。

为响应青年先锋队的倡议，一对一应战，营部决定将“三八妇女连”改为“三八妇女排”，规模不变，于明凤出任第一任排长，陈桂香、董秀玲任副排长。恰在你追我赶的时候，于明凤接到返城就业通知，董秀玲也调到二连任排长。谁来接“三八排”排长？于明凤向营部推荐陈桂香接替这一职务。

推荐理由只有一个，陈桂香这妮子能干，不惜力气。

陈桂香在向我诉说的话语里，已经成功越过时光隧道，回穿到那个干活不惜力气的青春年代。

她对着于明凤大姐呜呜地哭，哭的原因只有一个，自己还是个小妮子，咋能让我干排长？怎么干得了这个活？

为难、委屈的哭相，让于明凤笑个不停。

他们排有 42 名干将，比她年龄小的只有一个宋秀兰，其他都比她大，有的都快三十岁了，让一个小丫头咋领导他们？况且，“三八妇女排”不是清一色的女兵，妇女排里被掺了沙子，“安插”进了 12 位“洪常青”。陈桂香说到这里，笑得满脸灿烂。

之所以将许多“洪常青”安排进“三八排”，主要在于她们排的任务已经不再是干辅助类工作，而是包括打洞、发碹、砌墙等所有工作。当然，风钻手、放炮员与安全员的工作，主要由男民兵承担。除此之外，其他活全部由女兵们干。

她伸出手让我看，手掌比现在的女性宽了许多，手指有些粗硬，两个食指也已略略变形，粗糙的皱褶记录着岁月雕刻的痕迹。痕迹无法抹去，那是永远的时光记录。她指着自己的脚笑着说，左脚掌骨被砸骨折后，瘸着上班，一天也没有歇息。如今阴天下雨就会“预报天气”。

后悔吗？

后悔啥？谁赶上了谁都会干。谁都不会把日子迈过去过，您说是不是？

陈桂香任排长时，还没有过十九岁生日。迎接她十九岁生日的竟然是天台山隧道大塌方。天公似乎在考验这位头发既黑又浓、扎着两支粗辫子的高个子姑娘。

挖掘天台山千米山洞，发生过两次大塌方，小塌方几乎每周都有发生。大塌方很吓人，二十多米深的山洞，塌得露出了天。她边说边比划。

人们知道，一干渠上有两大长山洞，一个是前面说到的万米山洞，另一个就是天台山上的千米山洞。如果说万米山洞工作最艰巨，千米山洞的挖掘工作则最危险。

天台山位于龙泉镇圈子村以西，东靠般河，南接大奎山山脉。天台山不高，地质结构却相当复杂，多为页岩、砂岩和沙土，有的夹杂着厚薄不一的煤层。松软成为地质的第一特征。另外，这里废弃煤井多，导致地质状况发生根本改变。

地质改变带来的结果是挖洞塌方。

塌方给挖掘山洞的龙泉营带来极大困难，增加了许多意想不到的工作量。据统计，单清运塌方落石沙土一项，就增加了整个工程的一半工作量。

陈桂香描述着塌方、扒渣、和泥、发碹、在隧道里拉地排车的种种境况。

天天汗流浃背，天天像个泥猴子。她指着照片上一个叫陈兰的姑娘说，扒塌方乱石的时候，她的大拇脚趾盖被石头砸掉了，疼得喘粗气。和我一样，一天没歇，也不吭气，咬着牙干过来了。干过来的那种自豪飞在她脸上。

我采访她的地方在龙泉镇台头村的“党章学堂”，学堂被她和她的另一位姐妹管理得一尘不染，“红色”依旧。

她拿出两张照片给我看，一张黑白照，摄于 1977 年 6 月 29 日；一张彩色，摄于 2020 年 7 月 1 日。黑白照片上有 28 人，其中 14 位男士，她像数家珍似的挨个介绍他们的情况。第二张只有 7 人，清一色的女士，围坐在餐桌前，脸上堆满聚会的高兴和幸福。她挨着介绍这些参与太河水库一干渠建设者的名字：陈桂香、杨玉环、宋秀兰、张爱琴、孙秀云、丁桂玲、孙秀霞。不同的是，原来都是清一色的未婚青年，而今都升级做了奶奶或者姥姥。

她很遗憾地讲，有两位姐姐生病无法来，一位去照顾住院的婆婆，两位姐姐在张店照看孙子也没有时间来。

临走，陈桂香透给我两个秘密，一是龙泉营伙伴们见了她，至今称呼不改，依然叫她小陈；二是她已连任两届镇人大代表。她送我出门，我把祝福留给她和她的战友与乡亲们：夕阳正红。

4. 钢 铁 九 姐 妹

如果不深入库区，如同远处观山，很难发现那些的温度与蓬勃。“钢铁九姐妹”是在采访中无意发现的，可惜，除了知道她们来自博山民兵团外，再也没有其他任何信息。博山民兵团会战期间有一千多人参战，来自十个营（公社)，既有最南端、靠近太河水库的李家、池上、源泉和福山公社，也有北端的海眼、西边的焦庄等公社。她们究竟属于哪个社队，还是若干公社合起来的“九姐妹”？无从知道。2021 年春去博山档案馆查阅相关资料，查到了八陡公社、域城公社以及岳庄连五好民兵名单，但依然没有看到关于记录“钢铁九姐妹”的笔墨。就在打算放弃这个线索的时候，在网络上看到一篇《圆梦太河忆峥嵘》的文章，里面提到了“钢铁九姐妹”。喜出望外，于是按图索骥，寻找署名“石马实人”的作者。

2021 年 8 月，通过博山区政协有关同志，找到了那位叫“石马实人”的作者。他叫黄淑庆，博山第二中学退休教师。1970 年 11 月，他与博山团石马民兵营一起，带着行李，步行八十余里，来到太河水库工地，住在东下册村。开始了青春年华里的太河水库生活。

那天我拨通了黄淑庆的电话，“钢铁九姐妹”的情况在他的讲述里浮出水面。

石马营有 3 个民兵连，一连由中石马、蛟龙、上焦三个村组成，大约一百五十人。“九姐妹”便是这个连的几位女民兵。

这些姐妹的年龄与黄淑庆仿佛，小的十七八岁，大的二十一二岁，或留短发，或梳小辫，不化妆，不修眉，精神着，抖擞着，个个天然样，如春日绽放的花蕾。

那时女性崇尚“不爱红装爱武装”。

“九姐妹”上水库工地那会儿，主要的活儿是抡锨，给推车的男民兵往车上装土。抡锨并不轻松，但她们不过瘾。那天，趁休息的档儿，王兆芬跟黄书爱说悄悄话，姐，连里只叫咱往车上装土，太没有意思了，你瞧人家——她指着一群推车的女民兵让黄书爱看。

知道呢，那是岭子营的。你听不到喇叭里天天表扬她们？黄书爱羡慕说。

焦翠芝和王翠莲见她俩嘀咕，也凑了过来。

咋？你也想推车？焦翠芝机灵，闪着眼睛问王兆芬。

王兆芬脸一红，好像私密被人窥视到一样，咬着唇点点头。

行啊，只要你带头，我们跟你一块推。

夕阳下，月光里，有了女孩子练习推车的身影和笑声。

练习中，徐洪爱、王洪芝、陈兰、黄向玲和黄传美也加入进来。几天后，石马营工地上，有了男女轮换推车运土的大新闻。

女民兵会推车，无疑给男民兵带来很大刺激。男民兵不能输啊，输了还叫什么男子汉？

施工进度在你追我赶的热浪里，不断超越和刷新指标。那天，营长王化善和教导员刘同悦喜气洋洋来到一连，对黄连长和指导员王永池说，好好表扬表扬那些女民兵，了不起呀，真是群钢铁姊妹花。

“钢铁九姐妹”的称谓，从此出现在通讯员的笔下和工地大喇叭里。

合龙前修筑砂粒坝是场硬仗，在这场硬仗拼搏中，石马营与东坪营跑在了前头，一条“学东坪，赶石马”的醒目标语挂在工地上。

黄淑庆富有激情，跟我回忆道，真的是拼啊！推车的汗流浃背，拉车的汗浸肩头，装车的手上磨起水泡或血泡，没有呻吟叫苦的，更没有耍滑偷懒的。

为争取早日完成任务，教导员刘同悦用“蒸包”刺激他的团队：谁超额完成推土计划，食堂大奖励，蒸包任你吃。

平时工地上的主食是玉米面掺着瓜干面蒸的窝头，每星期才吃一次“一拉面”馒头。大家听营长犒劳肉蒸包，都很兴奋。那个月，全营三个连都超额完成了任务，“九姐妹”所在的一连完成23万立方土，夺了头筹。

石马营打了个漂亮仗，连长专门将一笼屉肉馅蒸包给“九姐妹”送去——代表营部表达奖励和感谢，说香喷喷的大蒸包里有她们的贡献。

“九姐妹”被连长表扬得脸色绯红，咯咯笑着，每人捏起几个蒸包跑远了。

黄淑庆写了一首诗：

大坝合龙处，
突击战正酣。
石马民兵营，
个个是好汉。

驾起泰山车，
脚下生尘烟。
女兵不落后，
一道风景线
…………

第十章　真　水　无　色

水没有彰显自己的色彩，也没有酒香诱人，却将无雕饰的本分和存在意义融入在江河中。

1. 水库上的父亲方阵

父亲节来临前几日，翻阅采访笔记，加注在备忘页里的“父亲”一行字闪进了眼里。看着里面的采访记录，耳边响起“筷子兄弟”演唱的《父亲》那首歌来：

总是向你索取，却不曾说谢谢你
直到长大以后，才懂得你不容易
每次离开总是，装作轻松的样子
微笑着说回去吧，转身泪湿眼底
多想和从前一样，牵你温暖手掌
可是你不在我身旁，托清风捎去安康时光，时光慢些吧，
不要再让你变老了
……

眼前晃动着一排父亲们的身影，向大坝走来。

1970 年 11 月 11 日，淄川区东坪村的农民张道田和往日一样，挑

着担子，拿着镢头上坡坝堰。冬天的农村，收割完秋粮，刨出地瓜，切割成片儿，穿成串或摊着晾晒在院子里，白花花的收获和今冬明春的干粮，点缀着乡村的冬季。而男劳力则由农闲变为农忙，按照生产队的安排，去整理梯田、坝堰、修水渠或池塘，为来年种庄稼做准备。

临近晌午，他的小儿子气喘吁吁地跑到山坡上喊："爸，快回家，有事。"

小儿子叫张明湍，刚初中毕业。张道田拾掇着崖上的石头，头也不抬地问："啥事？这么急？"

张明湍眼睛红红的，说："回去你就知道了。"拾起地上的镢头，扛着就跑了。

张道田急忙给领着出坡的队长请了假，挑起担子急匆匆往家赶。

还没有进门，就听见院子里有哭声。他心一紧，首先想到年迈的老爹。前天刚送去一摞煎饼，好好的，咋回事？

张道田一脚迈进院子。

只见生产队的书记、队长都站在院子里，媳妇爬在磨盘上已哭成了泪人，妇女主任站在媳妇旁边，边劝边掉泪。

这咋了？

书记、主任见到张道田，急忙过来跟他打招呼："哥，有件事跟你说，得挺住啊。"

"啥事，快说。"张道田不知啥事，有些急。

"明港今天牺牲了。"

张道田以为自己听错了，手一颤，抓住书记的手瞪着眼问："你再说一遍，啥事？"

"大侄子明港今天牺牲了。"书记重复了一遍，抬起袖子拭拭眼："一会儿公社领导来，你得挺住啊。"

张道田膝盖一软，抱头蹲在了地上。

院子里哭声越来越多。得到信息的亲朋好友挤进院子，有的帮忙收拾东西，有的劝，更多在陪着老两口流泪。

张道田有两个儿子，明港是老大，二十二岁，按风俗刚订婚不久，明年五一举办婚礼，谁想他竟然走了……张道田不能自已，老泪纵横。

东坪乡的副书记来了。攥着张道田和他媳妇手安慰：“明港是你们教育的好孩子，工地上的好民兵。我受民兵团领导委托，来看望你们，有啥要求尽管说，明港的后事有乡里和村里负责办，你们两位一定节哀……”

出事那天早晨，天刚蒙蒙亮，担任班长的张明港和往日一样，打扫完院子，给缸挑满水，去食堂吃了个窝头，推着车子上了挖土的大土场。土质很硬，他和其他民兵先用长钢钎将土撬落下来，然后装车。

大坝合龙后，民兵们的劳动积极性更加高涨，在工地上追着赶着，恨不得瞬间让水库大坝长高长大。他们下到土场忙着装车，张明港忽然发现，高高的土山上方出现了一道裂缝，即之扑簌扑簌地落土。张明港知道不好，急忙招呼土场里面的人：“赶快出来！快离开！有危险，要塌方！”

他拼命叫喊的声音还没有落地，一方大土倾落下来，把明港扑压在了下面。

刚刚跑出危险区的民兵见土埋住了明港，急眼了，捡起铁锹回身使劲挖，嘴里不停地大声喊他的名字。

当人们把他从厚厚的土里挖出时，明港已经没有了呼吸。

民兵们哭起来：“他是为救我们才死的呀！”

房东赵大娘听说这消息，心疼得直流泪。拄着拐杖，颤抖着身子挪到出事地点。拍打着张明港的遗体哭：“孩子啊，你这是咋了？昨晚发烧，今晨还抢着给俺扫院子挑水，咋说走就走啊，你要让俺疼煞啊……”

工地一片沉寂，都在陪赵大娘流泪。

第二天，指挥部正在研究如何料理张明港后事和安抚家庭等事宜时，有人敲门。张明港的父亲出现在这群当家人面前，小儿子张明湍跟在后边。

他听指挥部领导介绍完张明港牺牲经过后，握着领导的手说：“明港这孩子是我养的，是共产党教他成人的，为修水库死，值得。他的后事一切按国家规定办，俺和他娘什么条件也没有……”

他擦着泪，断断续续说，在场的人无不动容。

张道田来到工地，对围着他的那些民兵讲："孩子们甭伤心了，也不要怪谁，使把劲早把水库修好，用上水，大爷就替明港谢谢你们啦！"

他转过身对陪他的指挥部和东坪营的领导说："料理完明港后事，我就让小儿子来接他哥的班。"

张明湍站在父亲身后不停地抹泪。

11 月 18 日，张道田亲自将十八岁的小儿子送到工地上。工程指挥部召开了热烈的欢迎会，将张明港生前使用过的铁锹交到张明湍手里。

采写完这个故事，我的眼里已含泪水。多好的百姓，多么深明大义的父亲！中国有了许许多多像张道田一样的朴实父亲，才坚定地跟着共产党，将救亡、抗战、建设、振兴中华的红色旗帜，一代接一代举到现在。

江山就是人民，人民就是江山，这是颠扑不破的真理。

再看另一位父亲。

1974 年 6 月印刷的《水利战报》上，登载着一封信，不长，全录于下：

> 我女儿赵华英在太河水库总干渠施工中不幸牺牲，党和政府进行了周到细致的善后工作。我是旧社会过来的人，如果旧社会出现这种事，又会如何处理呢？我从内心深处体会到社会主义的优越性。我决心教育子女听党的话，跟党干革命永不回头。我经过考虑已拿定主意，女儿没有完成的任务叫儿子去继续完成。
>
> 各位领导，我儿子赵玖溪，今年 18 岁，年轻力壮，身体比他姐姐棒，劲头比他姐姐大。他能推、能担、开山打眼样样都行。请你们答应我的请求，让我儿子到最艰苦的地方去，为太河水库做贡献。
>
> 此致
>
> 敬礼！
>
> 赵恒孝
>
> 1974 年 5 月 25 日

面对这封感人的信，让我们回望50年前发生的事儿。

1974年5月，总干渠正在夜以继日施工。淄川区磁村民兵营在黑旺矿区开挖明渠。黑旺一带位于太河水库下游，与青州市接壤。西边高山连绵，北边则趋向平原。矿石藏量丰富，而且埋藏较浅。修建太河水库的时候，黑旺铁矿已沿着山脉露天开采出一大片矿山。总干渠贴着黑旺铁矿的矿区北行。那天，赵华英、李学秀所在的民兵连按照部署，在这片挖掘明渠。那天天气很好，白云挂在蓝天间，山风温和地吹着。大家商量，趁着天气好，既不冷又不热，咱抓紧挖，免得热起来身上冒臭汗。

明渠有4米多深，加上地下石头黄土拧走在一起，靠铁锹镐头挖掘和大筐抬运很费力气。日头接近中午，民兵们猜测食堂该送饭来了。有的说，昨晚梦见吃流油的肉包子，不知准不准。大家正说笑着干活，意外出现了。赵华英挖掘的那段明渠突然塌方，整片整片的黄土像被推倒的围墙，瞬间将挖好的明渠近乎填平，赵华英等人被砸在了土里。

大家被突如其来的事故惊呆了。

民兵们惊呼他们的名字，抡起大锨拼命挖掘塌陷下来的土石救人。在附近施工的民兵听到救人呼声，也提着工具跑来救人。黑旺铁矿接到报警电话，立即派矿山救护队和医生赶到出事地点。大家一边使劲挖土，一边喊他们的名字。两个小时过去，被砸埋在土里的5名民兵终于被扒了出来。一个苏醒了，两个苏醒了，可是，赵华英和李学秀两人则再也没有醒来，将年轻生命贡献在摘星山下。

赵华英的父亲像张明港的父亲一样，料理完女儿后事，将上面的那封信，还有他的儿子赵玖溪送到了水库工地。

接待赵恒孝的孙迎发当时就哭了。此后说到这事就掉泪，不止一次地给人们念叨："大家端起茶缸喝太河水的时候，千万不要忘了那些献出命的娃娃，还有深明大义的父亲们。"

深明大义的父亲成为修建太河水库的一个坚强方阵。1977年6月23日，16名民兵因突降暴雨和山洪，殉难于万米山洞3号井下。他们的父母，没有一位向国家和组织提出任何要求，而是擦干泪水，让自己、或者家里其他子女继续走进修建水库的大军里，完成子女未完成的事业。

人们依旧记得1977年7月4日，在黑旺铁矿礼堂举行的那场不一样的欢迎新战友大会，亲人接替亲人上水库建设的大会，信念代替了悲痛，坚强代替了痛苦，泪水化成了决心——

——妹妹白念华接过了哥哥白念春的铁锨；

——弟弟殷白秀接过了姐姐殷玉琴的铁锨；

——父亲贾玉荣拿起了儿子贾怀新的大镐；

——父亲牛树礼拿起了女儿牛会勤的铁锨。

还有，白念香接过白念圣、郝文龙接过郝文莲、贾玉国接过贾玉芬、王春美接过王宝春、冯延亮接过冯延洪使用过的劳动工具。

一阵一阵的掌声，一层一层的泪花，让参加大会的人无不动容。参加大会的淄博市委常委、太河水库第一任指挥崔景仙、指挥翟慎德、淄川区委书记宋天林、副书记刘建业、淄川民兵团团长王复荣的眼里无不闪着泪珠。

水库上的父亲们，以特有质朴的方式厚爱着子女和家庭，厚爱着我们的国家和脚下这片土地。

刘和刚演唱的《父亲》从远处飘来：

想想您的背影
我感受了坚韧
抚摸您的双手
我摸到了艰辛
不知不觉您鬓角露了白发
不声不响您眼角上添了皱纹
我的老父亲
我最疼爱的人
……

2. 大坝下的生命挽歌

1989 年 4 月中旬，淄博市水利水产局在太河水库召开纪念太河水库破土动工 30 周年座谈会。邀请当年部分建设者参加会议。曾任指挥或副指挥的翟慎德、战金林、孙迎发、杨建勋、王干、王玉衡、杜麟山等登上熟悉的大坝，瞭望足迹踏遍水库上下的这片热土。曾经的工棚、炊烟、独轮车、钢钎、大锤、喇叭、彩旗，热火朝天的风景，又在他们指点下从记忆深处飘来，个个感慨不已。

翟慎德和战金林在座谈会上动情地说，今天看，这座水库越来越重要了。淄博十几万儿女在这里流血流汗拼命，才改变了这里的旧貌，换来了今天巨大的社会效益和经济效益，而且，这种效益会越来越光彩，越来越珍贵。

斯言如是。

如果说，水库之南的马鞍山是抗日英烈的纪念碑，水库边上的卧虎山是“太河惨案”的纪念碑，那么，这座大坝也是一座纪念碑，纪念水库的建设者和牺牲者。

只有来到现场，才能体味出“为有牺牲多壮志，敢教日月换新天”的真正意义。太河水库就是这样一本值得当代人，尤其是当代淄博人翻阅的厚重书籍。资料告诉我，修建太河水库期间，先后有二十多名建设者将生命的句号划在大坝和水渠上，平均年龄不足二十五岁。他们在豆蔻年华，用只有一次的宝贵生命为这泓碧水和这座大坝奠基。

我走在大坝上，寻找第一个牺牲者的地方。

找到了。她叫刘秀芹，张店区中埠人，1960 年以第一批建设者的名义来到太河水库。那时大坝还是一片等待开垦的山梁，她和许许多多建设者一样，不知疲倦地在工地上挥锹抡镐。冬日山坡陡滑，刘秀芹正聚精会神地翻刨杂石，悲剧出现了。拉运土石的拖拉机突然失控，冲她而去。十九岁的刘秀芹将怒放的生命定格在那个寒冷的冬季。

将灿烂生命留在水库上的第二位民兵叫陈勤英，淄川区龙泉人。水库在 1966 年 10 月第二次上马的时候，他带着铺盖、工具，与同伴们喊着号子，举着红旗，步行 30 多里来到水库工地。1967 年 5 月 4 日，他在大坝北面下方采土场舞着铁锹给小车装土，一锹一锹干得正欢，危险却在铁锹下步步向他靠近。

采土场的土崖很高，人们习惯从下面往里延伸挖土，时间一长，形成一个往里凹的月牙形状。或许上面的土失去了支撑，再加上几场雨，坚硬的土崖开始松软裂变，而裂变的时间恰恰发生在陈勤英挖土装车的那十几分钟。陈勤英被塌下来的土砸埋在里面。送往医院途中，这位民兵永远地合上了挥锹推车的眼睛。那年他二十岁。

大会战拉开帷幕的 1970 年 7 月，淄河一带突降大雨。那天，为保证他们安全，工地派技术员孙即岭护送五〇一厂几位技术工人回单位。去的时候河水不深，等他回来，影影绰绰的小石桥已被洪水淹没。河床也宽了很多。这种情况下，他完全可以不过河，可是，有个营的施工图又紧紧牵着他的心。如果图纸不赶快确定，施工时间就要后移。他决定试试水，看能不能过河。他在工地多年，对淄河比较熟悉。他蹚到三分之一处，最深地方齐大腿根，以为可以，便举起身上的黄书包大胆往深处走。就在这当儿，上游来水突然急切起来，涌来的排排浊浪把孙即岭击倒了。他多次伸出胳膊想站起来，但水流太大、太急，没有成功。肆虐的洪水裹挟着泥沙，也裹挟着这位很有亲和力的技术员向下游翻滚。

指挥部得到讯息，立即组织人赶到河边寻找抢救。但是，人们没有发现孙即岭的身影。人们沿着河堤冒雨寻找，大声喊着他的名字。一天一夜后，人们在距水库百里外的一个小村旁发现了他，已经没有任何生命体征。

雨停了，人们的哭泣声在淄江弥漫。张洪亮、翟慎德、孙迎发望着年轻小伙子的遗体泪流不止。那年他只有二十七岁。

淄川区政协委员冯英岭不止一次跟我说，他八十多岁的岳父几乎每年都去太河水库，起初以为他恋这片越来越美丽的山水，后来感觉不完全是，经细问，才知道他有个很好的伙伴在建水库时牺牲了，想他了，就来水库看看。他来凭吊的伙伴叫司志喜，殉难时刚满二十岁。

司志喜殉难在西溢洪道上。

大坝合龙后的 1971 年，修建西溢洪道成为最要紧的主要任务。淄川区东坪营、龙泉营，博山区五龙营、白塔营按照各自团部命令冲上了溢洪道。龙泉营要挖掘一处叫“调流必克”的抢险工程。溢洪道南高北低，工程紧挨大坝，在溢洪道的最北端。任务很具体，要求在 10 天内挖掘东西长 50 米、深 15 米、宽 10 米的溢洪道口。这个任务若放在当下，用机械化作业，大概用不了几天就能轻松完成。但 20 世纪 70 年代，机械化程度不高，搞这样的工程还要靠人海战术。溢洪道本来很宽阔，但各营人马一集中，便显得有些狭窄和拥挤。

为促进速度，各营连搞起竞赛来。放完开山炮，不等飞尘消尽干净，就提着铁镐大锨，抬着箩筐冲进现场，将炸下来的碎石搬运走。第 5 天，龙泉营抢险工程已经挖到 10 米深，按照这个进度，再有 3 天时间就能完成任务。胜利在望的喜悦，让他们仿佛看到了那面鲜艳的流动红旗。那天上午，司志喜正在与同班的民兵加紧搬运石头，突然，从临时搭建的过道桥上飞来一块大石头，不偏不倚落在司志喜头上……

王复荣在他的日记里也记载下这件事。

我们再去看“万米山洞”的 3 号井，那里曾经发生过一件让淄博人民特别是淄川老百姓至今提起都十分心痛的一件大事。

时间，1977 年 6 月 23 日。

那天，淄博市气象预报全市有小到中雨，淄川区当然也有雨。可是，这雨对淄川来说很诡异，东部和西部被雨分割成完全不同的两方天地。以寨里镇为界，其西边包括整个淄川城的雨不急不缓，用同一个速度在那里穿林打叶。东部的黑旺一带则是另一番景象。上午艳阳高照，太阳鼓着嘴，似乎要把那天的热量全部喷洒在这里。上坡劳作的人戴着草帽上坡弄地，没有上坡的家人，带着年幼的娃娃，看家护院的狗在门楼下照看，或在树荫里躲避直射的阳光。“六月天，小孩子的脸”，说变就变。给孩子摇扇子的人还在摇来摆去，风陡然刮来了。继而狂风大作。乌云乘着风不知从哪里翻卷过来，继而滚雷闪电。黑暗的天空刹那间成为风雨雷电等一切夏季天象的大舞台，从四面八方汇集在这里亮相。

一声炸雷，接着一道明晃晃的闪电，拉开暴雨登台的帷幕。急匆匆的雨，哪里是在下呀，完全是用看不见的大盆往下泼。倾天而泻的雨太大了，人相隔数米谁也瞧不清谁的面孔。这少见的骇人暴雨足足在这个地方下了近一个小时，降雨量超过 85 毫米。

天降雷暴雨，在万米山洞劳作的人们不知道。

黑旺营电工白念圣、王宝春和白念春正在修理压风机，女民兵宋秀玲在一旁递工具。突然，山洞东边传来呼呼的响声，风也一阵紧过一阵。宋秀玲扭头一看，洞里竟然有水在哗哗流淌，而且流速很快。她很吃惊，急忙给白念圣等人说："咋回事，洞里有水了。"几个人朝前一看，灯光下的水流急切地向这边淌来。

白念圣二十九岁，根据经验判断外面肯定下雨了，而且雨量不小，否则，洞外的挡水墙怎么没有阻挡住？

白念圣的判断很正确，颇似拔地而来的暴雨让人们猝不及防，大股洪水将山洞入口处的二十多米挡水墙彻底冲决，拧着旋涡往洞里涌。

判断、思考在瞬间完成。他对宋秀玲说："洞内进水，女同志快走。我们拧完这几个螺丝也走。"

王宝春跟宋秀玲开玩笑："俺几个都是在河里长大的，水大了就游出去。"

宋秀玲还有些踌躇，以为自己先走不好。几个人催她快走，她才转身向斜井方向跑去。

洞里的风越吹越大，水也跟着大起来。宋秀玲有些着急，边跑边使劲喊："洞里进水了，快跑啊！"

在斜井处干活的四连连长白念珍听到喊声，急忙向斜井出口跑去，把刚跑到井口，被喘着粗气的宋秀玲一把拉住，拽了上来，水已经到了膝盖。

二连指导员听到宋秀玲呼喊，知道不好。命令民兵放下手里的活儿抓紧上井。他们朝离施工现场近的 2 号斜井跑去。在距离井口数十米的地方，他们再也无法向前迈进一步，强大的风将他们顶得抬不起腿。大家见从这里上井无望，急忙转身朝 3 号立井跑去。

斜井风强，立井不该有风吧？就在他们向 3 号井跑去的同时，洞里的洪水也向 3 号井快速逼近。

3 号立井处，一连民兵正在组织升井，见二连民兵急促促跑来，妇女排长殷玉琴说，姐妹们，咱让二连民兵先上。

一连民兵牟相茂、李守菊已经站进上井的罐笼筐里，见排长说，从筐里跳出，让二连民兵上。

在这进一步生、退一步死的紧要关头，我们的民兵并没有想到自己，在生死攸关的关键时刻，把生的希望给了别人，这是怎样的人性大美和挚爱？

此刻，水不断朝洞里涌，已经淹及腹部，电铃即将被淹。电铃挂在一根柱子上，那可是救命的铃啊，一旦被水浸，与井上的联系就会中断。

怎么办？怎么办？

民兵们的脸上有的挂着溅起的水，更多是焦急的泪。只见排长郑家亮不顾一切拨着水，使劲划到安装电铃的木柱前，把手伸向了电铃。

信号有了，郑家亮则被电流击倒在水里。他咬着牙，铁青着脸，像尊水中铁塔站在电铃旁。电流一次一次通过他的身体发着信号，使二连的民兵大部分乘上罐笼升井。

水越来越大，没有来得及升井的一连 16 名好儿女被无情的洪水吞噬了生命。

我两次驱车到“万米山洞”出水口，看静静流淌的一泓清水，看他们的事迹展览，在“永垂不朽”的碑亭前静默凝视。16 位淄博好儿女，为了这泓乡亲渴望的泉流溪水，将生命永远定格在最美的年纪里。

3. 水库有个“大王群”

在世世代代相传的民间故事里，散见着对各种“大王”的敬畏与钦佩。在数百平方公里的太河水库工地上，也有一个“大王群”。这些

“大王”专指那些技艺高超建设者。人们以朴素的民间词汇，由衷地表达赞佩。回望如火如荼的建设岁月，那些“大王”们如同一颗颗明亮的星，在时光隧道里闪烁。

排险大王

1971 年深春，淄江周围的山绿了，河里的水清了，清得像面透亮的镜子。地里的蒲公英、苦菜花、荠荠菜和许多不知名的草儿，倔强地伸展起枝儿，把藏了一冬的精神抖落给“一年之计在于春”的美丽季节。点缀在土坡或崖头上的杏树、桃树间或梨树，也对着蓝天吐着自己的芬芳。水库建设者并没有在意这充满诗意的盎然时光，而是为提高西溢洪道的开掘速度，请黑旺铁矿的技术员来讲授技术，学习新的爆破方法去开山劈石。

那天，民兵们按照刚学会的新爆破法，在西溢洪道上打了一眼竖井，在这眼井的下边两侧又凿了两个炮室。一个炮室装了 8 吨炸药，另一个炮室装了 7 吨炸药。然后小心翼翼装订封门，撤离爆破区。一切就绪，放炮员按照命令点燃导火索。1 秒，5 秒，10 秒，刹那间，山崩雷响，山石被炸飞上了天，纷纷扬扬砸落下来，大大小小的石头天女散花般铺满工地。

就在灰飞烟灭、人们兴高采烈准备破石和搬运乱石的时候，忽然发现在被撒落的石头中有块尚未引爆的炸药。常识告诉人们，有炸药在，说明有炮室没有完全引爆。没有引爆的炸药雷管混杂在乱石里，仿佛地雷埋藏在身边那样危险。大家急忙停下手里的活，站到远处等待处理。

工地指挥部领导得到报告，马上赶了过来，通知所有人员立即撤离现场，以防万一。

指挥们在现场做出两项紧急决定，一是对炮室和现场进行细致检查，二是对没有完全爆破的炮室进行排爆——对炮室实施第二次爆破已经不可能，只有将没有引爆的炸药清除掉，方能排除危险。

谁来检查、谁来排爆？孙迎发、王干等几位指挥不约而同想到一个叫“铁人”的人。“铁人”叫高庆和，是五〇一厂一名有排险经验的工人。大会战开始之日，单位派他和几名技术员来工地参加会战，至今没有离开。因为能干、敢干、和气，哪里危险就往哪里去，久而久之，人们将佩服的“铁人”称号送给了他。

他气喘吁吁跑来，手里提着安全帽。

孙指挥跟他说明原委，他又问了现场人员一些细节，便不再说话，也不表态，系紧安全帽，循着地上的乱石向炮室走去。半个小时后，他又循着乱石走了回来。

“孙指挥，没有引爆的炸药找到了，被乱石压得紧紧的，很危险。”他抹抹汗，接过旁边民兵递过来的搪瓷缸子，咕咚咕咚喝了几口水，擦擦嘴接着说：“请领导下几个命令，一个是让施工的民兵暂时都离开，把这片拉上线警戒，谁也不要进来。”

孙迎发点头说：“好！还让我下啥命令?”

“选七八个胆大的跟着我去找炸药。”

“还有吗?”

“没有了。”高庆和拿起刚才的大搪瓷缸，又猛喝了几口水。

“好！人我给你选，听你安排。从这一刻开始，你就是排爆指挥，任何人都听你的。”高庆和听孙迎发这么说，羞得低下头玩弄手里的安全帽。

孙迎发转身跟副指挥王干交代：“人从全工地选，找 10 个胆大心细的，每个人配一顶新安全帽。”

排爆进展很顺利，没有引爆的炸药被高庆和他们小心翼翼地一点一点抠了出来。

相隔时间不久，有次爆破后，一块没有炸碎的巨石挂在近十多米高的悬崖上，抬头看去，就像一只张着大嘴、趴在那里的老虎，随时都有可能跳下来伤人。必须将这块巨石炸开，才能运走和排除险情。

不用问，高庆和来了。

你看他，爬上那块老虎石，在腰间系上一根绳子，绳子一头拴在巨石后面的另一块稳当的大石上，让两个民兵拉着。准备妥当，他把自己悬起来，在半空进行作业。下面的民兵见他在石头上悠来荡去，都替他捏着一把汗。他则有条不紊地挪到虎口，将炸药一块一块塞进虎嘴里，接好引线，按原路弹跳返回，开始点火引爆。

顺利排险后，他又得了一个雅号，叫“排险大王”。

推车大王

自从水库出现了“泰山车”，你追我赶涌出一大批推车好把式，有男的，有女的，架着独轮车呼呼跑，成为工地上的一道绝美风景。在这些推车能手中，二十岁的杜仲侠站在车把式的前头。

他是太河水库十大建设标兵之一。

1970 年初夏，他所在的龙泉营接到新任务，负责抢建居住工棚，在汛期来临前必须完成。算来算去，时间只有 1 个月。工棚尽管简易，也要挖地基、备木杆、弄苇箔、搬石头，和灰弄泥一样少不了。时逢麦收，许多民兵请假回家抢割麦子。人手不够，咋办？面对紧急的任务，营里决定歇人不歇马，连夜突击。

杜仲侠见营长、连长急得眼里冒火，恨不得自己有分身术，把工地上的活多干些。第一班即头班早上 7 点上工，下午 4 点收工；二班下午 4 点上工，夜里 12 点下班；三班子夜 12 点上班，早上 7 点下班。

厂矿运行的“三班倒”工作制被搬到了水库工地上。

可是，这“歇人不歇马”的“三班倒”，对我们的杜仲侠来说没有产生多大效果。他上完头班，去食堂狼吞虎咽上两个窝头，又出现在二班的队伍里。

杜仲侠个高、膀宽、方脸，虽然还带些未褪去的学生稚气，但在水库上近一年的摔打，已经成了一个标准的山东大汉。我看他年轻时的照片，恰如龙泉镇领导对他的夸赞：若当兵，完全可以进国家礼兵队，在天安门广场当护旗手绝对合格。

等到上零点班的民兵来了，他还没有下班。

带班的连长问他：“小杜，咋还不回？”“干一会儿再说吧。”杜仲侠憨，干活不惜力气，但嘴巴金贵，言语少。

连长以为他刚上前头一个班，不知道他已连着上了两个班。就这样，他像一部发动起来的超级马达，在工地上连轴转。累了困了，躲到旮旯里迷糊一阵，又提着工具干起来。在连续拼了 4 个昼夜的时候，连长朝他吼，他才回住处睡了一觉。

有人给他统计，在抢建工棚的 48 天里，他干了 96 个班。他实现了“分身术”的梦想，一人干了两人的活。龙泉营教导员在总结会上，送他一个雅号，叫“拼命王子”。

“泰山车”在水库工地亮相不久，我们这位“拼命王子”见罗村营的王锡亮、刘建业他们推着满载的独轮车呼呼跑，羡慕死了。

自己也要推“泰山车”。

他练了起来。每天都不断往车上多加载，不到一周时间，他就能够像他的偶像——刘建业他们一样，能推 1200 多斤了。

他推着这样的车，从土窝到工地，一天推二十多车，每天往来路途有八九十里。有人给他统计，杜仲侠在大坝合龙那几个月里，每天推土多达 30000 多斤。

伙伴们看着身边这个不知累的年轻人，奇怪地想，他哪来的那么多力气？杜仲侠成了“钢铁侠”。

我在一份资料里看到，杜仲侠的表率作用产生了原子核的裂变效应，成为年轻人效仿的样板。共青团员刘元奇日定额 20 车，竟一鼓作气推到 35 车。十七岁的刘成强，连续 13 天日推土达到 25000 斤。龙泉营有三十多人日推土接近八立方。

吊装大王

桐古渡槽槽墩垒砌起来，威武地矗立在淄河滩上。U 形 30 米宽的双曲拱水泥预制件也打制完成，一条一条摆在河滩上，宛如出水的鲸鱼卧成一排。人们抬眼看，思量怎样把这些鲸鱼抬到槽墩上面。

二十多米高，咋弄上去？

人们联想起京剧《海港》里的曲子：“大吊车，真厉害，成吨的钢铁轻轻地一抓就起来……”可是，大吊车在哪里呢？

指挥部遍访市内各吊装单位，答复几乎一致，都没有干过这样的活，也没有那么大的吊装设备。去济南、青岛寻求帮助，也失望地回来。

面对吊装，张店团许多人开始发愁，思量怎么办。

“洋”的找不到，“土”的行不行？指挥部一位干部跟张店团领导们讲，潍坊有位叫温继睦的老吊装工很有经验，那里许多吊装项目据说就是他整的。这个信息让发愁的人眼前一亮，看到了“柳暗花明又一村”。

温继睦师傅被请来了。这位不到五十岁的汉子来到桐古渡槽，一走，一看，一丈量，心里咯噔一下，吊装的路数基本没有区别，地理环境也问题不大，但这么高、这么重、这么多的家伙一条一条往上弄，自己没有干过，能否完成，心里没有底。

面对没有底的难题，他完全可以找借口或理由放弃，然而，他没有，竟然说了句：“弄弄试试吧。”紫铜色的脸，仿佛就是这 5 个字的感叹号。

他的那股英雄气被激发出来了。

张店民兵团团长傅山修见他答应试试，高兴地说：“老温，我让高振波给你当助手，他干过吊装，人勤快，脑子活泛，有啥事，咋弄，你直说，我们全力支持!”

一个临时吊装组成立了。

18 台绞磨到位了。

四百多米长的钢丝绳索到位了。

钢架到位了。

所需要的动滑轮、定滑轮、润滑油一一到位了。

胆大心细、敢上绳索、随时挂滑钩和给钢绳擦油的民兵到位了。

推绞磨的民兵安排到位了。

一切准备就绪，只等温继睦的号令。

那天，天气晴朗，山风似乎也被建设者们的精神感动，收敛起秋风脾气，温和地吹拂在这片古老的土地上。叽叽喳喳的麻雀也出奇地安静，似乎知道这里要出现亘古未有的新建筑。

前几天，温继睦带领着吊装小组，在河滩上固定好了钢架，将绳索牢牢地拴在东西两头的山梁上，18 台大绞磨也按照不同角度固定结实。

天刚放亮，温继睦带着助手，还有准备上绳索加油的赵廷爱、唐元怀等四五个年富力强的民兵，匆匆吃过早饭，奔向河滩和山梁，对全部设施设备详细检查一遍。

八点半，所有民兵都守在自己的岗位上待命。温继睦按照部队战士的做法，向早早来到工地的团长，还有指挥部副指挥孙迎发报告：一切准备就绪，请领导指示！

孙迎发朝团长点点头，傅山修下令：开始吊装！

只见被钢丝绳套着的水泥预制件，在温继睦的哨声和小红旗、小绿旗的指挥下，缓缓离开地面，朝着蔚蓝的天空慢慢升起。

1 米，2 米，10 米，20 米，第一件预制件稳稳当当安放到位，在山梁上围观的群众鼓起了掌声。

一件接着一件，速度越来越快，由最初的吊装一件需要花费近一小时，缩减至四十分钟。给钢索擦油的几个民兵，如同走钢丝的杂技演员，每吊装完一件，都踩着钢丝小心翼翼地涂抹一次油，即保证滑轮在油的作用下平稳运行，也使推绞磨的人省些力气。

哨声，红绿小旗，走钢绳，推绞磨，九天半的时间，一百四十四条大拱肋终于在空中排成极为壮观的一排，一道从未有过的彩虹桥挂在了齐国故土的上空。

据说，这是 20 世纪 70 年代淄博最长和最高的渡槽。

看历史留给现在和未来的一首诗：

跨峡谷，越天堑，
穿屏障，劈青山。
巨渠引来九泉水，
凿通隧道万层岩。
穿山越谷六十里，
渡槽跨河头接山。

在吊装完成最后一节拱肋，傅山修激动地抱着老温喊：“老温，你立大功了！”

人们自然而然将敬佩的“大王”桂冠，戴在温继睦头上。

1976 年 10 月，临淄团修建的三干渠进入尾声，只剩下金山渡槽一战。金山渡槽与桐古渡槽基本相同，只是规模小了些，但每根拱肋的重量则超过 20 吨。为胜利完成最后一战，给工程画个圆满句号，临淄团指挥部政委姜衍智亲自担任渡槽领导小组组长，请温继睦担任吊装总指挥。时老温已被淄博市水利局挖来，担任吊装队队长。他挥舞着小旗，吹着哨子，顺利完成了赵庄渡槽、北山鹿渡槽等大型建筑体的吊装，成为淄博市吊装行业赫赫有名的“吊装大拿”。

吊装那天，临淄区的领导、民兵团政委、团长、副团长等全部到位。政委姜衍智腿摔伤，也拄着拐来到吊装现场。用团长刘同福的话说，见证古老临淄一个新奇迹的诞生。

一条离地近二十米高、二百多米长的“吊桥”，在老温的指挥下横空架起，11 台绞磨各就各位，等待号令。

温继睦的嘴里依旧含着那个褪了色的哨子，左手攥着小红旗，右手摇动着小绿旗，大将军般的指挥预制件吊起、落下，摆放整齐。

8 天时间，一条条拱肋及其排架挂在了金山间，金山有了一道抹不去的崭新彩虹。

这些时过境迁的历史建筑，与高科技领先的当下许多建筑物相比，无论技术、材料、工艺都不能同日而语，这是时代与科技进步的写照，也是振兴中华、科技飞腾追赶的写照。但是，过去艰苦条件下的坚强意志与智慧，在中华民族不畏艰辛、敢于奋斗与胜利的历史进程中，依旧闪烁着不能忘记和勇毅前行的初心光芒。

我想到诗人郭小川的诗：

历史从我们身上驶过
我们是划桨者
不是乘客

是啊，不管在什么时候，任何时代，只要为民族、为国家、为社会进步做出贡献的人，都应该受到社会的恒久礼敬。“幸福是奋斗出来的”，奋斗的时空可以转换，奋斗内容可以不同，奋斗的工具、武器与技术可以不同，但奋斗的精神、理念和血性的表达则永远在奋斗中闪烁。

4. 恒久的军礼

2017 年 9 月初，时任中共淄博市委书记周连华收到一封从烟台寄来的平信。他端详信封，以为是反映问题或提建议的人民来信。打开一看，竟然不是自己猜测的内容。工工整整的字迹写道——

> 尊敬的市委书记：
>
> 我们是曾经在淄博当兵的战士，在部队服役期间，受命参加了太河水库建设，给我们留下难忘的印象。我们几个人每年都在一起相聚，每次相聚无不回顾在淄博的过去。因为淄博是我们的第二故乡，无法想象（淄博）现在的美丽和繁荣，更让我们想看看现在的太河水库及建设（状况）。我们现在都已经是 70 岁左右的老人，如果能亲眼看到我们亲手参与修筑的太河水库和淄博繁荣昌盛的景象，是我们最大的愿望。

面对这封“想回家看看”的署名来信，特别信中那些战士、七十多岁、太河水库建设者、第二故乡等字眼，让周连华书记高度重视起来。他又仔细看了一遍，提笔在信函上批示：“请市水利与渔业局帮助老同志实现心愿。”

十月下旬，几位操着烟台口音的老人出现在水库大坝上。

一迈上水库大坝，老人们激动了。退伍回烟台栖霞务农的李世海，是给市委书记写信的执笔人，见到大坝呼喊：“太河水库，俺来了!”他们边走边看，指点自己过去劳动的地方。青春时代的军装、胶鞋、黄泥，汽车、炮声、炸石，沿着他们的记忆隧道瞬间跑来集合。

“认不出来了，变化太大了。”

“比从网上看到的那些照片还漂亮呢。”

“原来以为太河水坝就是为了挡挡水，没想到淄博老乡把这里搞得这么美丽，这么宽阔，成了深山西湖了。”

“不知道偷着给咱们洗衣服的那几个妮子在哪里？现在怎么样？可惜，没有问她们的名字。”部队纪律有根红杠杠，不允许询问女孩子的名字，更不允许私下交往。

那情景怎能忘呢？他们连与东坪、石马两个连在一块劈过山、炸过石，先是给抡锤的民兵扶钎，后又跟老石匠学抡锤，看到一块一块山石被他破碎下来，如同冲锋陷阵的战士攻陷下敌人碉堡一样高兴。

他们跟陪同的太河水库管理局同志讲：“上周接到你们水利部门打来的电话，简直不敢相信自己的耳朵啊，激动得半天说不出话来，好几天睡不着。我们知道市里领导很忙，只是抱着试试看的心态给周书记写了那封信，没想到领导这么重视，你们安排得这么周到……”

饮水思源，吃水怎能忘记掘井人呢？

1970 年，太河水库会战拉开帷幕，驻淄博的人民解放军干部战士奉命到工地参战。

“我们营一接到命令，从淄川营房驻地打上背包、举着红旗就过来了，80 里路，走了一天，第二天早上就上工地了。”

说这话的叫乔德义，他指着身边一位正向远处瞭望的老人说：“当年我二十二岁，他才十九岁，是新兵蛋子，转眼间我们都变成老头了。”

岁月与笑声在水波上鼓荡。

1970 年 12 月，部队将士的到来，让忙碌的民兵喜出望外，仿佛给燃烧的炉火增添了大把新柴。能与解放军的汗水流淌在一块，把手纹和体温留在同一片石头上，是多么幸福和有意义的事呀。向解放军学习的标语早已贴满工棚和工地，感觉标语已从墙上走下来，飞进工地各个角落，成为压过寒风多拉快跑的具体行动。

姊妹们私下议论，能与解放军战士一块装车、推车、扒渣子，别提多带劲了。又一想，等水库修好，这些战士说不定就复员或转业了，人家根本用不上亲手挖的一滴水，但人家还来拼命干，咱不应该好好向人家学习吗？许多姊妹联起手，想下班后给战士洗衣服。可是，愿望落空了，战士们都将换下的衣服藏了起来。

我在库区采访，一直想了解部队支援太河水库建设的情况，然而，这方面的资料基本没有，有，也是零星几句。尽管资料缺少，我还是从当时的新闻报道以及零零星星的文字和口传的故事里发现些许端倪，那就是，哪里有重大工程、特别事项、危险境况，我们部队的指战员就在哪里出现。

“万米山洞”16 号井遭水淹时，部队一位武姓参谋带领几位潜水战士潜水进洞，寻找遇难民兵。他们知道山洞里水很浑浊，空气稀薄，仍然穿上潜水服朝洞里游，没有半点犹豫。

水库会战时，那场革命正盛，自然也有人借机闹腾。军代表庄延顺、程惠林告诉个别不懂事的造反派头头，来这里的人都是挑选过的，没有走资本主义道路的孝子贤孙，只有大干、苦干加拼命干的干部群众。你们说某某技术员是“反动学术权威”，那好，你们谁去接替他搞大坝设计？还是去扛着杆子放线测量？

军代表指着一个头头说：你能去搞测量吗？指着另一个头头说：你推得动“泰山车”吗？你们哪个敢在冬天跳进河里挖石头、去清基？

这些人面对威严的军代表，无言以对。部队参加水库建设，另一个主要意义似乎高于某项具体施工任务，更像一枚定海神针，让水库建设沿着稳定健康之路前行。

子弟兵在的地方，就是最安全的地方。

那年夏季，我拟去采访从部队离休、曾任水库建设指挥部副政委和副指挥、九十五岁高龄的刘志善，因刘老临时有事而未能成行。他告诉他人传话于我，部队是听党指挥、为人民服务的，保证建设好太河水库是最大的为人民服务。

这种最大的为人民服务，毫不动摇坚持以人民为中心，在建党以来的百年历史长河中坚如磐石，始终如一。远的不说，1998 年长江抗洪救灾、2008 年汶川大地震、2020 年新冠疫情大暴发，舍身救人的画面镜头？我爱人曾边看电视边流泪说，他们在家，也是家长捧在手里的娃娃，谁不心疼？而这些娃娃们一旦戎装在身，就成为敢于为人民冲锋和敢于为人民、为国家牺牲的战士。就在我创作这部书稿的2021年夏季，河南多地持续遭受强降雨袭击，堵决口、固堤坝、挖淤泥、救群众的行列中，无不闪烁着解放军和武警部队战士的身影。

红色血脉下的红色行动，绵延百年的中国革命与中国建设，子弟兵作为一个老百姓最爱、最亲切的词汇，常说常新，在中国历史长河里鼓动着熠熠生辉的浪花。

话再说回来，1970年驻淄部队派出一个整编营参加太河水库建设，第二年增加到一个团。李世海、乔德义作为同一个营的战士来到热火朝天的工地。

李世海说："他们每天天一亮就起床上工，一直干到天黑。中午饭就在工地上吃，吃完了，喝口水，抹抹嘴接着干。我的工作是打炮眼。"打炮眼的地方在西溢洪道。

李世海从上衣口袋里掏出一个随身带的小红本，递给旁边水库工作人员看，那是本"中华人民共和国残疾军人证"，证件已带些岁月旧痕，但没有一点折痕和破损。他告诉说，这是水库留给他的纪念："那次放炮，炸石崩过来砸在胳膊上，造成粉碎性骨折，导致残疾。"

他望着眼前的辽阔水库，说，这方水每天能惠及那么多人，自己受这点小伤，值了。老人像所有负过伤的战士一样，没有丝毫遗憾，满脸都是荣光。

"太河水库建设的难度，没经历过那个年代的人是无法想象的。全靠两只手和一双铁脚板，一镐一锨，我半年就穿破了好几双鞋……"曲明周老战士对当年的经历记忆犹新。

采石，抡锤，装车，推车，都靠脚丫子的力气，必须使劲蹬，他摆出抡锤的姿势让大家看。依旧是战士威武的风貌。

那幅照片的样子让我联想起许多形象，有黄土高坡上吹号的战士；有"霓虹灯下哨兵"在上海南京路上巡逻的战士；有《为人民服务》里的张思德；有雷锋、王杰、欧阳海；也有新时代的楷模张富清和排雷英雄杜富国……

我看到当年战士写太河水库上的一首诗，今天读来，依旧很美。题目是《我为大坝来站岗》：

星星照，月色美，
淄河滩上洒银辉。
沸腾工地歌如潮，
唤醒沉睡山和水。

铁锹舞，车轮飞，
为建大坝洒汗水。
壮志劈开金鸡山，
雄心斩断淄河水。

双手紧握五尺枪，
展望未来心激荡。
待到来年库水满，
我蹬大坝再站岗。

我不知道这首朴素的诗是谁写的，署名是“解放军战士”。而今，修建水库的战士来了。他们来，不仅仅为了了却一桩“待到来年库水满”的心事，更是想看自己为之付出过的地方怎样“旧貌变新颜”，如同看到冲锋的红旗插在了山巅。

乔德义感慨说，1970 年他们高炮营来了四百多人，烟台籍的有一百五十多位。而今已有二十多人去世了，还有的战友想来，不是身体原因，就是家庭事情缠着来不了。我们要把这里的美景多拍些照片，录像在手机里，回去放在“战友群”里给他们看。

太河水库作为一部书写淄博人民艰苦奋斗的创业史，与我们的战士血汗相融。饮水思源，淄博人当铭记这份军民团结如一人的浓厚情怀。临走，他们站成一排，对着前面的马鞍山，“太河惨案”纪念碑，辽阔蔚蓝的水面，举起手臂，向汗水挥洒过的地方献上老战士的军礼。

这军礼，向在这片土地牺牲的英烈致敬，向劳动致敬，也向自己的青春致敬。

5. 支援知多少

我在水库上下转来转去，发现一个十分有趣的现象，淄博作为山东独具特色的“组群城市”，其“组群”意义似乎不仅滞留于城市与乡村交叉概念。新中国成立后，大凡农业、农村的事儿，比如兴修水利、整理农田、绿化山林、农业机械化的起步与推进，以至社办、村办副业和乡镇企业创办与发展，无不闪烁工业支援农业、帮扶农村农民的巨大力量。太河水库建设全过程，既有部队指战员和各级机关人员的积极参与，更有工矿企业的无私援助。山东理工大学原党委书记张福信、淄博市人大常委会原主任陈庆照等，这些参加过太河水库建设的老领导们讲，太河水库若没有工矿企业大力支持和无私支援，无论进度和质量，都要打去些折扣。

城乡组合，工农组合，使命结合，在姜太公、齐桓公和管仲们跃马驰骋的青山绿水间，有了可作为样板的时代写照。

工矿企业究竟来了多少？我去淄博市档案馆、淄博党史研究院和淄博市水利局询问和查阅资料，没有得到明确答案。向太河水库管理局原总工程师王鹏等人了解工矿支援建设情况，他们答复依然模糊——但都肯定了一点，每次上马，无论哪一个阶段，都离不开厂矿企业的有力支持，这是定了的，但时间久远，基本情况已不清楚。他们给我讲了些具体人与具体事，并将一份表格交我参考。

那份表格很简单，时间也比较晚，是 1978 年至 1979 年淄博相关机关厂矿完成支援水库建设任务统计表（但不知起止月份）。表上列着淄博市化工局、机械局、轻工局、矿务局、陶瓷公司、齐鲁石化总厂、冶金局等 21 个系统所属 65 家单位。有这些单位派往工地的车辆数，完成任务的车次，还有完成填筑砂砾的数额。

20 世纪 70 年代最后两年，276 辆大汽车终于替代了人们熟悉的独轮车、地排车和小铁车，在工地上往来拉运，完成填筑砂砾 246524 立方米，土方 185428 立方米。据说那时工地上每天都有近百辆装载汽车往来穿梭，该是怎样的风景？

除了那段时间的支援，以前的呢？以后的呢？

以前以后的支援痕迹当然都在。

先看以前。1960 年，一个千人工矿团在这里打拼。那年 2 月，淄博矿务局接到淄博市委请求支援太河水库建设函件，立即从所属厂矿抽调上千名有开掘经验的职工，组成工矿团奔赴工地。临行前，局长叮嘱从洪山和西河煤矿抽调任领队的两位矿长，水库的事儿就是咱自己的事儿，务必干好，需要什么立即报告。两位矿长带领这支浩浩荡荡的队伍，带着开山凿石的工具和行李，从洪山煤矿出发，挺进金鸡山。

掌钎钻炮眼，放炮炸石头对煤矿职工来说，自然娴熟。把井下采掘技术，作用于蓝天映照的大山之上，更加挥洒自如。锤声、炮声开垦着这片处女地。为了提高开山打洞的进度，他们又从各矿调来 8 台压风机，铺设了运输碎石的轻型铁轨。现在看那些设施和设备，古董似的并不先进，但与类似原始工具的独轮车和抬筐相比，又不知快了多少倍。工地指挥崔景仙见铺设好铁轨，兴奋地对领队赵矿长说，有你们的技术和先进武器显神威，一年打通金鸡山，挖好两条放水洞完全有把握。

太河水库从第一次上马到第一次下马，在这一年时间里，由于各企事业的无私支持和援助，水库建设者齐心用力，打通了近千米长的两条放水洞，开掘了超过 3 万立方米的岩石，完成工程量 13.5 万立方米，西溢洪道平均高程达到 226 米，初现雏形。那是一个怎样的速度啊！在生活极其困难的时候，在经济最拮据的年代，由于工矿团建设者的参与，新中国的工农联盟、相互支援在青山之上留下华章。

1970年会战，五〇一厂以“自己事自己干”的姿态，出现在大坝上。五〇一厂即现在的山东铝业集团公司，是全国主要铝锭生产企业。会战之初，厂党委负责同志多次到水库工地，向指挥部表态，人力、技术、物资，只要有，需要我们帮助什么就帮助什么，而且是无偿的。他们调去了一个汽车队，调去了电铲、电钻、平土机等机械设备，工地由此诞生了第一个机械化施工队。

机械化作业如同当下人们对智能设备的渴望，人们看到电铲三下五除二就装满一辆大卡车，甭提多高兴。向机械化要进度、要速度成为工地上的一股热流。

援助和支持内涵里，不仅有送、有干、有补缺拾遗，更有帮助解决急难愁盼的热情事儿。

水库施工量大，耗材多。及时维修施工工具，成为保证施工进度不可或缺的环节。为此，工地专门组建了一个制修厂，负责修理工地上的破损工具和简陋机械。工厂最初只能做些烘炉锻打、电气焊、钳工维修和车辆修补的小项目，有民兵挑字眼，“制修厂”应该叫“只修厂”，因为他们不能“制”。民兵们的戏言，弄得在该厂上班的人很不好意思。啥时候我们也能“制”些东西呢？在五〇一厂和其他单位技术人员帮助指导下，这个制修厂终于名副其实了。不但修，而且不断向“制造”方向进军。根据工地需要，先后制造出了窝圈机、割丝机、截口机，还有爬坡器、翻斗车、熟料车等设备。

制修厂的民兵眉头舒展开了。

更大的扬眉吐气在于他们接手了一项大活儿，西溢洪道五扇钢铁大闸门的制造生产和安装任务。

一扇钢铁门宽10米、高8.5米，重30吨。指挥部原打算找有经验的专门制造厂家生产，不但省事，也放心。然而，生产工期是个问题，路途运输又是个问题，更大问题在于资金，水库没有那么多资金支持到外地制造。

咱们试试怎么样？厂长惠迎图与党支部书记翟作坤商量。

咋不行？咱现在有人马，一个三级工，三个二级工，还有十几个技术高超的工人，关键咱还有坚强后盾。言外之意，万一碰到困难，可以向全市工人老大哥请求帮助。

他们的想法很大胆，大胆想法得到指挥部支持。

他们请来相关技术人员做指导，绘制图纸，给所有参与制造闸门的人员立下规矩，以精准为本，步步为营，环环相扣，对每条焊缝都打压实验。用蚂蚁啃骨头的劲头，花费五个月精心制造出第一扇铁门。经过层层严格验收，1977 年 12 月 12 日，他们将一张大红喜报送到了指挥部。

技术熟练了，制造时间自然加快。1978 年夏汛来临前，5 扇钢铁大门被他们稳稳当当吊入到哨位上。而今四十多年过去了，5 扇大闸门依旧完好无损，启闭自如。

帮助的事儿在工地上俯拾即是。我们去看总干渠上赵庄渡槽的吊装吧。

该渡槽南起田旺南山，跨越大庙岭和今天的边（河）沣（水）公路，直插临淄区金山脚下，全长 876 米。如果你乘坐辛（店）泰（安）铁路的“绿皮火车”南行，无论春夏秋冬，到刘征车站西望，便可以看见那条美丽的彩带飘落在大庙岭之上。

负责这一沟渡槽施工的是周村民兵团。他们按照指挥部技术员吕华声的设计要求，还有木工吴运平和翟乃文他们创造出的“半地下，半地上，土木结合，随立模，随浇筑”的施工方法，用 180 天，浇筑出 73 节 U 形薄壳钢筋水泥预制件。每节槽身长 12 米，60 多吨重。

望着这些“巨龙”摆件，威武地躺在地上，周村团政委马成功和团长陈廷峨既高兴又发愁。高兴的是，就地制作这一节节槽身的任务提前完成，省却了运输环节，节约了成本。发愁的是，怎样把这些“大块头”弄到离地十米高的槽墩上？

他们向指挥部请求帮助。

指挥部一面寻求社会吊装力量，一面让周村团成立专门吊装班子，派我们熟悉的“吊装大王”温师傅做吊装总指挥。

温继睦在这之前，每吊最大重量记录为 30 吨，而今吊装 60 吨的物件，比他创造的纪录翻了一番，心里不免有些打怵。打怵的理由在于钢架、绞盘、绞磨、滑轮、钢丝绳这些“老伙计”能不能承受如此之重？我们的人员能不能用绞盘推得动这些超大超重的物件？

期盼等待的各样眼神都火辣辣地盯向他。

为了安全稳妥，他决定从地势偏低的南端开始吊装，那里离地约7米。

1975年11月6日上午9时，第一节渡槽在温继睦的哨声里离开地面，稳当当地落在槽墩上。

工地上欣喜若狂。

一切按部就班。老温指挥吊装第二节。槽身在绞磨作用下，被一寸一寸推向高处。在离地3米高的地方，吓人的事情发生了。只听“咔嚓”一声巨响，60吨的槽身坠落在地。

好险！一名守着立模民兵的棉袄被刮掉，压在槽身下。团长和政委立即跑去查看，人没有受伤，只是受到很大惊吓。

经检查，意外源于吊装滑轮承受不了如此重量，钢板生生被挤碎，导致槽身坠落。

土法吊装失败了。

赵庄渡槽是总干渠上的“最后一公里”，吊装又是最后冲刺的“100米”，难道整个工程要卡在这100米上吗？

吊装陷入僵局，人们心急火燎。

一天过去了，两天过去了，人们焦急等待哪个“大王”来解决这个难题。

第五天早上，指挥部的电话铃响了，电话来自齐鲁石化建设工地。在此施工的中国第十化建公司闻此消息，紧急调度，答应第二天派吊车支援。但人手有限，只能派一名工程师帮助计算数据。

有了吊车，操作手呢？

来了。博山起重大队派来两名有经验的技术工人做操盘手。

关键时刻，工人老大哥伸出了援手。他们经过商量和测算，决定采用吊装设备＋桅杆＋卷扬机的办法实施“大家伙”的吊装，其系数可达到100吨。

100吨远远超过60吨，安全完全有保证，吊装胜利在望。

吊装十分顺利。73节渡槽槽身各就各位，为1976年的春节捧出一份新年礼物。鞭炮声在辽阔的山野响起。在庆祝赵庄渡槽落成庆祝会上，周村民兵团政委动情得表达，我唱一首《海港》，献给咱们的工人兄弟：

大吊车，真厉害，
成吨的钢铁——
它轻轻地一抓就起来
…………

我们再来看1976年保安全期间，相关厂矿支援情况。

为落实1976年6月17日“太河水库保安全工程紧急会议”内容，提高机械化施工能力，淄博市委又一次动员淄博矿务局、齐鲁石化公司、山东铝厂、山东机器厂、金岭铁矿、黑旺铁矿、博山电机厂、红卫电机厂、第四砂轮厂等大企业，派出8吨自卸汽车40辆，1～3立方米的电铲五部，参加大坝保安全工程。

全市厂矿企业凡有载重汽车的，每辆载重汽车分担50立方米土、沙任务，自装自卸拉到大坝指定位置。

张店机床厂驾驶员韩在贵患有胃病，由于工地道路颠簸，多日紧张劳动，导致旧病复发。他一声不吭，疼了，一手按着肚子，一手紧握方向盘，没有耽误一天时间。

博山电机厂汽车司机梁新义爱人有病，孩子又小。为保证他安心到工地参战，厂医院主动派人护理他爱人。几位邻居听说后，将孩子接去帮助照管。梁新义满载激情和社会爱心，将大卡车开进了工地。

工农一家人的立体组合，为这座“组群式”城市增添更多耀眼色彩，像条恒久的彩虹在时空中横穿。从抗战开始工农就肩并肩地凝练在一起，在煤井、在铁路、在城镇、在乡村打鬼子除汉奸，追求国家新生和民族解放。在摆脱贫穷与落后、改变山河旧貌，在精准扶贫、致富奔小康、乡村振兴和新农村建设大路上，同样将汗水与智慧交织在一起。为今天的淄博水仓增添更为迷人的风采。

6. 一个人的回忆录

这人叫贾士富，淄川区龙泉镇台头村人，修建太河水库时，任淄川民兵团龙泉民兵营施工组长。宽肩，高个，大眼，说话瓮声瓮气，虽人耄耋，走路脚下依旧带风。2022 年初夏，他托淄川区政协常委冯英岭先生送我一份自己写的《太河水库建设回忆录》，厚厚的一摞纸，有五六千字。面对这份参与和见证太河水库建设过程的文字，让我感受到那颗澎湃心价值与渴望。他代表着一代人，无怨无悔将青春熔铸在水库上。为留住这份朴素记忆，我只对文字做些修改和删减，内容基本不动，让读者从原汁原味的叙述中，领略那代人的青葱岁月和奋斗激情。

1969 年淄博市搞太河水库大会战，我立即报了名，成为龙泉营的一名民兵，在水库一干就是十年。刚开始那会儿，龙泉营去了近一千人，大家齐上阵，住处成了问题。那时交通不发达，也没有像样的路，离家尽管只有五十多里，但不可能天天往家跑。我们住在西峪黑山后宋家庄，那里离水库也有十里多路，天天翻山越岭，既累又费时。后来我们营在大坝以北的地方搭起草棚地铺，算正式安了家。

1970 年水库会战，那年冬天特别冷，深夜降至零下十多度，寒冷透骨。当时我在营部做施工员，配合工地指挥部、团部施工组进行铺工、放线等工作，还负责营部各连队的工程、人数、工效统计、宣传报道等。为抢工期，指挥部安排各营连黑白连轴干。夜里，两个高架太阳灯设在大坝两头，把工地照得通明。我三十岁，年富力强，干活不知道啥叫累。为了把每天数字拿捏准，常常上了头班带二班，收了工再安排三班，然后将每个班次的实际出勤人数、单人功效列出单子，天亮前准时交给营部领导。领导根据我的统计和施工进度，再做出安排。后来领导看我一个人实在太忙，给我派了一个助手。

说说会战中的人

会战时，大坝上人山人海，推土的车把顶着车把，一个撵着一个，“泰山车”排成长龙，很壮观。大坝像拔节的高粱，每天都蹿出一大截。有人说，水库大坝是小车推出来的，有一定道理。大坝天天在增高，也在不断增宽。我们龙泉营是先进营，三位营领导那时已年过半百，但不服老，在工地上和青年人一样滚打摸爬，给大家树起好榜样。一个叫罗茂贵，是淄川民兵团党委委员、副团长，兼龙泉营教导员，他几乎每天都在工地上推土。一把泥一把汗和大家干。营长叫孙兆恒，原是公社社长。他很有领导才干，生活节俭，施工现场哪里出现困难或问题，他保准在现场。冬天地都冻了，邦邦硬，挖不动土，推土的车排起了队。孙兆恒见了，急忙让大家用长铁柄铲子打上深孔，填上炸药，用土炮来炸地松土。一个土炮能松动几百立方米土，问题一下子解决了。他每次从工地上回来，身上灰头土脸，和民兵没啥两样。晚上吃了饭，大家歇着拉呱，他却下连队进工棚，与连、排干部商量下一个班的事情。民兵都很服气他。在他带动下，俺营工程进度很见成效。再一个是公社副社长、后勤营长宫成禹，他和孙营长一样，干活不要命。他分管后勤，很细心很节俭。这几个干部工资不高，都很自律，在民工食堂吃饭，都自己掏钱买饭菜票，即使拿块咸菜、拿棵葱，也如数交上菜票。

孙营长从家里带来一个小陶瓷罐，去食堂捡些白菜疙瘩或老白菜帮子，洗洗切成小片，抓上把粗盐，就腌成了咸菜。当时工地上流传几句顺口溜：“窝窝头白菜汤，白菜疙瘩白菜帮，洗洗切切再腌上。”会战时候，每人每天斤半粮、四角钱，不管民兵、干部都是这些。生活苦却很乐观。工地上有句话大家都很熟：“苦不苦，想想长征两万五；累不累，想想革命老前辈”，可以说，长征精神支撑着大家理想信念。心思很单纯，快点把水库修建起来用上。

俺村老少都很尊重一个人，就是水库上的指挥孙迎发。他有次在总结评比大会上说，龙泉人历史上有好传统，用独轮车推陶瓷大缸下村送货，今天用推大缸的力气来工地推“泰山车”，大显身手了。这位老领导是水利专家，常来我们工地商量施工方案，有次龙泉营接收了一个叫“调流必克”的抢险工程。那个工程在大坝东头最北端，属于溢洪道的重要部分。要挖长 50 米、深 15 米、宽超过 10 米的一条长渠。那段地很难挖，地下要么是青石山，要么是又圆又硬的石头蛋。抢工程那些天，孙指挥几乎靠在我们工地上，跑这弄那帮助我们。为做到心中有数，他拿手表计算爬坡器的速度，上一车需要花费几分钟，一个班能上多少车，然后估摸这个工程的挖方量，挖多少方土需要多少时间。任务完成的时候，竟与他估摸得时间只差了一天。

这个抢险工程干得快、干得好，为我们营赢得了荣誉，也给我们留下没法忘记的痛苦。当溢洪道长渠挖到 10 米深的时候，想不到从临时搭建的过道桥上突然掉下一块大石头，砸在司志喜头上……

1972 年 5 月，太河水库会战第一期工程胜利结束，淄博市委在库区隆重召开祝捷大会，我们营得了三面奖旗，大家都很高兴。水库建设也培养出了一批人，营长孙兆恒不久任公社党委书记。一些连、排干部在改革开放后，许多成了各村带头人，如大土屋村的杨玉燕，尚庄的伊代星，口子村的刘永平，台头村的邹后仁，渭一村的王家新，泉头村的徐勤德等。

说说水库建设中的事

先说渡槽。太河水库总干渠长五十多里，爬沟过岭，必须修建渡槽。弄（建）渡槽大家没有经验，市水利局派技术人员到湖南韶山灌区参观学习，带回 4 张设计图纸。因为不知道人家现场如何施工，所以，面对图纸也无法开工。为解决这个“卡脖子”的问题，1974 年秋，指挥部专门组织了 U 形薄壳渡槽专题研讨会，下发了《关于“U”形薄壳渡槽施工方案》。座谈会由工地指挥孙迎发主持，我参加了，我们营的翟乃文也参加了。他是木工，喜欢动脑筋，在会上谈了一些看法。经过这次诸葛亮会，大家脑子有了些初步印象。于是准备动手干。经过勘察，总干渠上有 6 处要架设渡槽。为攻克这个新鲜的复杂工程，取得经验，指挥部决定在淄川团二里民兵营搞试点。二里营很重视，调集了300多人，从备料铺工到现场浇筑，都做了周密安排。一节槽身需要33立方米混凝土，当施工浇筑到槽身这部分时，槽身自然加重，怎么处理？如果在外壳表层打个顶柱，一是无法打，二是弧形外壳表面也顶不住，一顶槽身砼体会全部垮落。碰到实际问题，一家人急了眼。针对问题再开现场会分析。根据现场出现的情况，决定采取用木框架浇筑。就是用闸板螺丝将模板加固成框架式结构，把钢筋绑成笼子，现场浇筑泥浆，锁成一体。这办法成功了。为保证渡槽质量，严格执行设计要求，将浇筑体用28天进行养护。时间尽管长了些，但保证了质量。养护凝固期成熟后，拆除渡槽上框架和模板，一条结结实实的槽身在淄河滩亮相了，淄博市没有过的水利工程出现在总干渠上。

渡槽壁厚只有15厘米，但能承担25个流量的输水量。造型也很美观实用，槽身上面，左右两侧是人行道，道两旁有栏杆，中间可骑自行车，甚至还可以走拖拉机。听着脚下槽内哗啦哗啦的流水声，可醉了。现在有时去看，感觉还是件挺自豪的艺术品。

再说6号山洞与黑旺沟。

6号山洞紧挨着黑旺沟，属于黑旺公社土湾村的地。

建总干渠时，我营和罗村营分担了挖掘这条山洞的任务。山洞全长一千三百多米，号称“千米山洞”。穿透这座山的任务很艰巨。为了撵进度，指挥部决定从两头挖，我们负责700米，由北往南开掘；罗村营负责600米，由南往北挖。当时测绘仪器很简陋，怎样保证迎头对接不错口，是件大难题，也是件了不起的工程。两个营严格按照设计，紧密配合，有事及时通气。技术人员几乎每天都测量。精心设计与精心施工给了一个惊喜，山洞贯通对接时，上下、左右误差仅有5毫米，大家伙高兴极了，创造了全团对打山洞的最好纪录，得到指挥部高度好评。不仅如此，整个山洞挖掘，两个营没出现一起伤亡事故。

6号山洞出口就是黑旺沟。这条野沟很深很长，到处荒草乱石，夏天上游来的山水，都沿这里泄洪。这总干渠上的必由之路，不修渡槽办不了。沟深超过20米，从上往下看，都有些害怕。在这样的地方把渡槽架起来，没有技术和设备，十分费事。再费事也得干，还绝对不能马虎。面对挑战，我们组织人力开挖槽墩，就是架设渡槽的基座。土好办，挖到原土就行。碰到山石，就在山石上钻眼，往下炸，炸出两米深的洞，像栽树一样，把基座栽进去。先用 300 号混凝土打底座，再用最好的铺石、角石、80 号水泥砂浆砌筑结实。大家心里明白，基座如果弄不牢靠，渡槽就不牢靠。我们用土办法，在沟中心夯实了 3 个槽墩，每个槽墩都高达 15.7 米。槽墩挺妥了，然后铺设四米多高的槽身。回想起来，这是我干水库难度最大的地方，说一寸一寸夯起槽墩、架设渡槽也不过分。老百姓说，出多少力，收多少庄稼，这话一点不假。竣工两年后，黑旺沟遇上了一场特大山洪，沟里所有护墩乱石都被冲走，槽墩却稳身未动，渡槽也安然无恙。经历了这场特大洪水考验的黑旺沟渡槽，更加壮实了。

当时浇筑很不容易，一节槽身要 33 立方米混凝土，27 吨钢材，绑成二层钢筋笼。混凝土的原材料全部自力更生，全营上下动手砸石子，用时再进行筛选，用水清洗。作为施工员，靠在工地上严格把关，要求从每块砌石、每锨混凝土做起，不行就返工。严格按施工规范和标准做。为落实既要牢固，又要美观的上级要求，在砌 6 号山洞洞口时，迎面砌石我们都按十字花样子花纹进行绞刻，做到既牢固又好看。

挖这条山洞，有个人很值得怀念，他就是淄川区水利局技术员戴荣泉。戴荣泉聪明能干，没有知识分子架子，大家都喜欢他。有次，他与同事开玩笑，被副团长孙京宽碰上了，当场批评道："小戴啊，你甭嘻嘻哈哈不当回事，龙泉营和罗村营打对插的 6 号石洞，如果打错了位，我可轻饶不了你。"他被数落得有些不好意思，笑着回团长，领导放心吧，小戴跟你立军令状，如果山洞出现大误差，我以人格担保，不要工资了。

几个月后，两个营同时向团部报喜。孙团长听后，二话不说，带着戴荣泉进了山洞。拿着大手电筒这里照那里看，三条中线都在一条施工线上。孙团长看完，长长舒了口气，拍着他的肩膀说："小戴啊小戴，你小子真了不起，团部给你请功。”团部发通报表扬戴荣泉。那年他只有二十六岁。戴荣泉是上海人，毕业于大连工学院，领导认为他有两大特点：一是不怕吃苦，作风好，没有技术员的架子，能够与基层民众打成一片。二是对技术不马虎，精益求精。全团各营施工员无不称赞和佩服他，戴荣泉年轻，却很有威信，技术上的事没有不听他的。有次在指导我营U形薄壳渡槽墩定位现场时，给每个点的木桩定位，再用红瓷油画上正规的保卫圈，圈内用经纬仪看准后，定上大头针，画上个十字形，要求整个工地各站都这样高标准严格执行。6号山洞精准贯通，戴荣泉功不可没，也由此出了名。别的地方调他走，区里坚决不放。淄川区组织“一干渠会战”时，他担任了“万米山洞”的技术总指挥。

1978年5月，“万米山洞”即将竣工，国务院副总理谷牧等领导人到水库和“万米山洞”视察，当时“万米山洞”只有进口和出口，还很不完善，也没有其他建筑物。所以，凡来参观的客人主要看6号山洞。淄川民兵团王复荣政委亲口告诉我，你们建的黑旺沟这段，特别是对6号山洞口，还有西闸、渡槽的处理，都受到中央领导好评和赞扬，还说要迎接八十多个国家驻华使节的参观。听到王政委的话，我由衷感到荣幸和欣慰。在6号山洞和渡槽，我在这里干了4整年，从一个点、一条线、一块砌石、一方混凝土，从备料到浇筑再到成型还有每条钢筋成型制作，都用上了心血精力。有人说我以身相许山洞和渡槽了，虽然是玩笑话，也是实话。这段凝结我青年岁月的水利工程，得到中央领导赞誉和同志们肯定，我太幸福啦！

我在太河水库干了10年，参加了3个有意义的会战，一是水库大坝会战，参与了合龙和泄洪道抢险等重大工程。二是总干渠会战，和老乡们一同挖通了6号山洞，架设起结实漂亮的黑旺沟渡槽。三是参与了一干渠大会战，把淄河水终于引进了我们家门。现在回头看，我和我的伙计们、老乡们，将青春献给了水库，让乡亲和地里庄稼喝上了水，很值！

贾士富的文章结束了。关于文中反复提到的6号山洞与黑旺沟渡槽，王复荣在其日记里留有记录：

> 龙泉民兵营施工的黑旺沟渡槽墩落成，向党的生日献了礼。黑旺沟渡槽 6 个槽墩，从 4 月下旬开始浆砌，到 6 月 26 日完成，共砌体 699.42 立方，打混凝土 134.1 立方，总高 60.8 米，这是全线完成的第一个建筑物，创造了无架杆、无架板站在顶部四周浆砌的“神仙”砌石法……

“神仙”砌石法，多么高的评价！

第十一章　移　民　行　动

如果不顺着太河库区，也就是曾经的太河乡、口头乡的边沿去走、去看、去领略那里的风景，很难感觉和体味到当时移民的难度、移民的情感和移民的贡献。

一位参与太河水库建设的淄博市委老领导讲，太河水库的修建，离不开两大贡献，一是建设者的贡献，二是库区移民的贡献。

1. 库水集结的地方是村庄

一些比较大的水库，在修建时往往会涉及移民搬迁问题，太河水库也不例外。库区中心位置，恰是村落较多的集中地。移民，成为水库修建至为关键的一件大事。

太河库区移民，始于 1966 年第二次上马。所属范围主要集中在原太河和口头两个乡镇。1966 年到 1972 年，按照政策，先后将居住于水库中央的南牟、北牟、西太河、东太河、东崖、东峪、东下册、南下册、南阳等 13 个村庄进行了异地搬迁，或就地安置于水库安全线以外。1977 年到 1985 年，库区容量与面积不断扩大，又先后搬迁了水库上游口头乡的孙家庄、大口头、前怀、东石门、西石门等 5 个村庄。三期移民合计超过 2600 户，约一万一千人。

有人或许说，山区生活条件差，穷，老百姓可借此移民，离开偏僻的山窝窝。此言差矣。

太河、口头两乡，那些年与靠近城市的乡村相比，发展的确比较落后，交通也不方便，河水一来，说不定还会跑进村里转悠。但是，这里是先人喜欢居住和繁衍生息之地。为什么？“有水则灵”嘛。人类自古以来就知道水是命根所系，形成了沿江沿河居住繁衍的生存本能传统。况且这里山水皆秀，适合人类居住。沿着漫长的社会发展历史回望，在可以望见的农耕时代，淄河流域留下许多遗迹和传说。口头村的大汶口文化遗址、太河区域的马陉邑遗址、古莱芜城（不是济南莱芜区）遗址、纵贯两乡的齐长城遗址等等，都在向今天的人们诉说过去的故事。

翻阅旧时《颜神镇志》《博山县志》和《淄川县志》等有关书籍文献，明代、元代，宋代，以至更早在淄河两岸栖息而居成为村庄的比比皆是。

在移民搬迁的18个村落中，无论太河村、钓鱼台村、厚庄、东崖村、南下册、东下册村，还是大口头、小口头、南阳、东峪等村落，都有丰裕的泉水和相对富饶的地。一位八十多岁老者很智慧地告诉我，水占的地方能差了吗？差不了。

我们来看覆盖在水库正中央的太河庄吧。

太河庄当时是淄川东南最大的一个村落，四周垒砌着五六米高的石头墙，巍峨敦厚。村落南北长，长度不输家喻户晓的周村大街和旧时博山大街；东西宽，宽的最窄处大概也有一里多。村的四面皆建有二层高的石拱门楼。一层行人通车，二层供乡人瞭望和守护围子。易守难攻，十分壮观。四面门楼分别高悬雕刻着门楼名。东面大门正对青麓山，叫“瞻麓”；西门对临淄水，故而称作“漳川”；南门对着水中一座高台，应该是水库中央的钓鱼台，因而称作“保阜”；北边开门恰迎金鸡山，故曰“史金”。这里一面靠山，三面临水，风景怡人，称为“泰和”。

“泰和”之地历来居住着回汉等民族，世代为邻，鸡犬之声相闻，共饮一水，为这片大山增添了既安泰又祥和的魅力。

或许因为如此，在淄博市委宣传部原部长、著名作家郑峰，当地作家翟慎晔、王继训、庄稼、峨上老农等人笔下，常出现一幅幅优美场景。河溪，游鱼，麦田，高粱，老屋，老井，垂柳，白杨构成的立体图画，成为今日旅游者的美丽向往。人们沿着鹅卵石与光滑的青石板路去黑旺和庙子赶集，去古楼和幸福峪领略古代遗迹风光，或者乘坐“绿皮火车”南来北往，戴着红领巾去“太河惨案”发生地和马鞍山，祭奠瞻仰牺牲在此处的八路军烈士。

可以说，田园的美丽、宁静、清新和红色血脉，这儿一样都不缺。翟慎晔这样描写她的淄河老家：

> 站在我家院子，便可将整个河滩尽收眼底。记忆中，新家屋后有条很长很长的青石板路，沿着青石板铺就的小路，一直通往村外的老井台。童年的我，喜欢在夕阳下，斜倚在新屋的门石上，眺望西山的晚霞，看着太阳缓缓地沉落山后；喜欢坐在屋山头，痴痴地呆想，想着搬进新屋后，一定让父亲在新家的院子，栽一棵桃树，等春天来了，桃花开了，摘下花瓣，扔到河里，给小鱼做雨伞……

或许因为这里充满雄浑和美丽的乡土味道，有着悠久的生命存在的顽强蓝本，早将太河乡、口头乡、峨庄乡合而为一的太河镇，便以“一水（太河水库）、两泉（梦泉、涌泉）、三树（两千年树龄的柏树、流苏、五角枫）、四山（马鞍山、潭溪山、齐山、云明山）”为支点，在致富奔小康和乡村振兴的坦途上，沿着绿水青山就是金山银山的方向，愚公般地撬动和发展淄博旅游大板块。

面对这样一方祖祖辈辈打拼生存的地盘儿，为了将这里的水重新分配，为了让更多的庄稼喝上水，更为了滋润这座崛起的现代化城市，新中国成立以来的淄博市第一批移民，便在这里出现，落在淄河滩上的万名农民身上。

2. 一位村书记的难题

南下册村老翟家正在开家庭会，商量搬迁的事情。

老翟兄弟 4 个，他是老二，担任村党支部书记。他吧嗒吧嗒吸了几口烟袋，开口了："区里和公社文件下了许多时候了，让给水库腾窝，淄河上下十几个村都要搬，咱商量商量咋弄。"

兄弟几个闷葫芦似的，一口一口地抽着烟，不说话。

老翟很清楚他这几个兄弟的做派，都是上头叫干啥就干啥的。当下不说话，只是这次搬家的确太重大了，不是从村这头挪到村那头，从坡上移到坡下，而是与这片黄土地直接"拜拜"。这片黄土可是祖祖辈辈一镐一镢刨出来的，几代人繁衍生息，虽然不富裕，但连着血脉，咋说走就走呢？

移民难，他也难。他不仅是移民中的一分子，还是负责移民工作的最基层干部。所有的难，他都深有体会。既难在故土难离，又难在亲情割舍。

中华民族都有浓郁的"乡土"情怀。从"少小离乡老大回"到落叶归根，遥寄乡愁，几千年的文化滋润，养成了这种"谁不说俺家乡好"的情愫。

淄河流域居住的乡民，他们种植的庄稼地每块都不大，也不那么肥沃，没有适合拖拉机耕耘的平原亩田，然而，即使巴掌大的地，也是祖祖辈辈用镢头刨出来的，里面有脚印，有体温，有一层埋着一层的汗珠子。让农民与祖祖辈辈交织的土地割舍，情何以堪？

移民不但与故土割舍，还要与熟悉的老乡亲、老邻居割舍，不能再在一块地里甩汗珠子刨食，不能再在一条河流里洗衣捉鱼，一块到山上摘酸枣砍柴草，也不能再端着一盘稀罕的热水饺招呼邻居来分享。人熟是一宝，这一宝就要变成蒲公英的花，随着车轱辘飘向四方。除此之外，更要与埋在黄土下的祖宗割舍，寒食清明没有地方烧香摆供祭祀，情何以堪？

与老家割舍难，与热地割舍难，与山水割舍难，与情感割舍更是难中之难。曾经参与移民工作的水库管理局原副局长董汉文，太河水库会战指挥部党的核心领导小组成员孙兆兰他们，很理解移民心情，告诉办事人员：金窝银窝，不如自己的老窝，让农民兄弟一下子想通弄懂，爽快答应不现实。工作务必要细上加细，要耐心，粗不得。

但是，移民又是必须的。政策的刚性是不以人的意愿而改变的，这是国家大局。

“二哥，我不走，等到最后再说吧。”一直低着脑袋抽烟的老三开口说话。他耿直，平素话少，但“伺候”庄稼是把好手。

老四见三哥开口说话，长舒一口气，跟着老三话尾也嘟囔表态：我听三哥的，不，我听哥哥们的。

男爷们不说话，媳妇们摆弄着手里的活儿不插言。见当家的一个接一个终于撬开“闷葫芦”的嘴，便相互瞅来瞅去看表情。一袋接一袋的旱烟把不大的一间屋全部占领，弥漫着清香和呛人的味道。

哥，您啥意见？

平时兄弟们议事，都有老大主持。这次因为主要商议移民的事，老二又是村里书记，老大便让老二主持这次很重要的会。

老大为人很豁达，在村里极有威信，平素与老二关系也走得近。见老二征求他的意见，沉了沉气，朝鞋底上磕磕烟袋锅说，既然兄弟们还想等等，那就等等吧。

会议开了一个多小时，除留下一屋子烟雾，没有取得任何结果。

这个结果在这位村书记的意料之中。

他到别家动员时，人家回答他的也是这么客客气气的话——等等再说吧。

这事咋能等呢？家搬迁不了，水就进不了库。几天工夫，翟书记急得嘴角起了数个小火泡。

村书记数年前已经作古，我与他的后辈子女聊。子女们说，当时父亲真的很难，谁也不说行，谁也不说不行。这头是家族的老少爷们，那头是村里抬头不见低头见的乡亲，都在盯着看呢。

老大十分清楚老二面临的工作难处，自己的家不搬，很难动员其他人家搬。干部不带头，没有说服力嘛，话也无法说出口。

隔天后晌，老大到老二家拉呱。公家给咱村安排的几个点，都去看过了，你咋想？老大问当村书记的老二。

走是定了的，关键是兄弟们想往哪儿去。

你想去哪？

想去周村呢。

跟弟妹商量了吗？

商量啥，她早就表态了，咋都行。反正我去哪她跟着去那。

你呢？哥。老二反问老大。顺手从抽屉拿出盒“丰收”烟，抽出一根递到哥哥手上。

老大吐出嘴里那口烟雾，说，昨晚跟你嫂子商量了半宿，打算去沣水。沣水即现在的张店区沣水镇，在太河水库下游约 30 里外的西北方。

老大接着建议，我看咱兄弟几个都迁往沣水吧，一则离咱这老家近些，想了，回来看看也方便。二来咱几个拢在一块，相互也有个照应。

老二两口的确还没有商量和确定往哪里迁，也曾想兄弟们若能搬在一块儿最好，只是不知道兄弟们的心思，所以没有说。没想到老大把这事想到了前头。

老二感激哥哥的作为。在他绞尽脑汁、如何打开移民局面的关键时刻站出来挺他。起身从烟盒里抽出一支烟递过去，划亮火柴为哥点上。说，哥啊，谢谢你。

说啥呢。“兄弟们搬到一个地方住，孩们在一块儿玩，上学也有个伴，免得人家欺生，你说是不？”

老二点头应允回答，是呢，但不知老三和老幺有啥想法？

这事你甭操心了，我去他们家转转问问，有啥事再和你说。

翟家老三之所以恋着不想走，在于太河水库会战前夕，他刚在村子东边盖了三间海青房。房子还没有住，会战开始，建设者们一个连接着一个连开进工地。他按照村里安排，爽快地让民兵住进新房，做了民兵连部。他喜欢一天没住的新房。得空闲，去那边转转瞅瞅，吸纳新房飘出的独有气息。盘算等会战一结束，好好拾掇拾掇，刷刷墙，然后搬进去住。想象屋里怎么布置，厨房垒在哪边。孩子们一天一天窜高，不能再挤在一张大床上睡。他想尽快结束 7 口人挤在两间透风撒气草屋的历史。谁承想，大坝合龙没几天，上级就动员沿河村民搬迁挪窝。按照公家划出的线衡量，他盼望的新房住不成了。你说，他心里能好受吗？不疼得慌？

千百年来，农民渴望的是风调雨顺，期盼“老婆孩子热炕头”，可炕头还没来得及烧火呢，就要舍弃掉，咋不心疼？

叫谁心里也是个坎。

他心里很清楚，公家也难，也不会让老百姓吃亏，有多少间房，政府按标准在新去处给补建多少间房。前村走的那几家，有的人口多房子少，公家还格外多补加了一间。但是，道理归道理，明白归明白，在感激政府的同时，情感上依然疙疙瘩瘩的不清爽。

第二次兄弟们凑到一起再商量，都同意老大意见，离开老家，一块搬入张店区沣水镇。

老大办事利落，跟上句话拧紧，既然你们这些“内当家”没啥意见，咱就这么定了。回去想起什么还可以跟我说，也可以跟咱老二说，但不要数落和埋怨我们兄弟们，又是一阵笑声。

老三同意老大意见，但眉头没有完全舒展开。他媳妇瞄他一眼，提议道，让二哥给安排安排，让我们妯娌几个先去沣水看看，心里踏实。将兄弟几个的家尽可能安排得近些。搬家再派辆汽车来帮帮忙，带上这些瓶瓶罐罐，还有新屋拆下的木头。说着，眼圈红了。老二点头应允，一一记在本本上。

3 天后，村生产大队墙报栏里，贴出了第一张搬迁红榜，有十几户乡亲签字，老翟家兄弟 4 人依次排列在前。

中国老百姓就是这样，干部一动，就有了指向性的目标，家家户户都会跟着干部行动起来。

搬家之前，老三去拆除新房。他爬上房顶，掀掉亲手放置的一根根檩条。系在大梁上那条铜钱红绸带还很鲜艳，在风里微微飘着，映着他眼里的泪光。

对移民，淄博市委相当重视。研究确定了两个移民方案：一是就近搬迁，离开即将被水覆盖的村庄，到安全线以外的山冈土地上重建新居；二是外迁，到经济条件相对较好、风气比较正的乡镇落户。究竟选择哪一种，由村民自己决定，政府不干涉。不管哪个方案，移民迁住的房屋一律由政府出资修建，同时无偿提供搬家交通工具，给予一部分搬家补贴等。南下册村的村民有的选择就近搬迁，有的选择迁移，到张店、周村、临淄所属乡村落户。

如今大家到太河水库去，看到的南下册、东下册、厚庄、东崖、太河、大口头等各村，都是经过几次移民后，新修建起来的村庄。地儿挪了，但村名依旧。

3. 从一份报告到一块石碑

移民开始行动，移民办人员很高兴。分管移民工作的指挥部副指挥孙兆兰在一次碰头会上冷静说，同志们，思想绝对不能松劲，脚跟也不能停下，继续走乡串户，切实帮助村民解决提出的问题。这位从战争年代过来的人，清楚许多乡民的心思，即使心动了，想走了，也并非“一江春水向东流”那样顺畅。的确如此。思前虑后的，肯定否定的，今天说上临淄，明天改上周村，后天又决定移到东山土坡上的故事，在这片土地上演绎着。

我在博山档案馆查到 1971 年 4 月郭庄人民公社打给区委的一份紧急报告。言他们接到为移民建 1000 间房屋的任务后，立即组织瓦工、木工、石匠等近千人开进太河乡南牟村。就在开挖地基的当儿，移民办又让他们急刹车，外迁移民户迟迟落实不准。建房对象定不住，内迁移民的户址、村址协商不定，只好让他们停工等待。他们原想每天建房 10 间，争取在汛期前把移民房建好的计划，不得不搁浅。

施工人员是不能闲着的，恰巧石马水库与博山乐疃公路桥整修需要人手，区里便安排他们去支援。建筑队刚去半个月，移民办又通知马上建房。可是建房的人被调走了一大半，怎么办？只好向区里再次紧急报告，请求支持。

定不住和临时变卦的事很多。口头村一户移民定下外迁后，第二天移民办派汽车帮他搬家。车开到家门口，户主不见了。移民办人员着急找人。户主儿子从另外一个院子跑过来告诉，俺家不走了，过些天再说吧。

碰上这样的事儿，既气人又笑人。咋办？还得好言劝导和抚慰，春风化雨，绝对不允许强硬和粗暴，但慢了、软了也不行。

政策，智慧，办法，真情，少一样也不行，交融在一起就能够感动上天，愚公移山。感动一户搬一户，其他移民见这户或者搬走的那户安排得比在老家还要好，心里就活泛起来——共产党说话是算数的。

人心都是肉长的。用上心了，村民的心就被感动和融化——有个老农说，人家（指负责移民的工作人员）为的啥？一趟一趟往咱家跑？不是为咱好吗？这话开始一人讲，接着许多人跟着说，力量就显现出来了。

1971 年移民量大、时间紧，依然如期完成。

时隔 15 年后的第二期移民，比第一期就更加顺利。

2021 年深秋，在淄川区委宣传部协助下，我沿太河库区到大口头村采访。去看水、看村，也去看几年前村里移民竖立的一块石碑。

大口头村是个很有名气的老村、大村，曾是口头乡政府所在地。该村位于太河水库中部的淄河西岸，与东岸的马鞍山、长城影视基地隔河遥望。石碑立在该村古楼处，碑上刻所有外迁乡民的名单。

村支书孙红业早已在村委等候，因有急事外出，他安排村委孙连业和翟英陪我采访。

孙连业五十九岁，农民；翟英六十二岁，曾任村小学教师。都是第二次和第三次移民的见证者和经历者，也是爱土爱乡、爱这片山水的守望者。

我在他俩的引导下看村。

现在的大口头村是 1978 年搬迁后的新村，村名改称“淄河村”（据说为了留住乡村记忆，近期要将村名改回去）。村里很是整洁，一排一排的房舍依次排列。有的房舍墙上垂挂着南瓜，有的门前摊晒着山楂片，立在乡民门口大缸里的菊花开得正盛。

孙连业介绍，村里有条东西贯穿的路，路北是第二批移民住舍，路南则是第三期移民的房屋。路北的房舍大多用石头和土坯垒砌，路南则是石头与砖瓦垒砌，不同年代的建筑留着不同年代的痕迹。

两位村委善谈，边走边说。当初大家都对老宅子恋恋不舍，可是必须得走，给水腾地方嘛。公家划出块地儿让大家搬，每间房屋补助几百元，有几间补助几间。说实话，这几百元不够使，但大家还是搬了，要么外迁，要么就地盖房。没有出现一家“钉子户”。俺舍不得这块老地方，所以没走，成为就地搬迁户。

说到新房分地基，他俩笑着说当时的场面，谁都想挑合适的，顺道的，咋办？农村人有老办法，抓阄。抓到哪里算哪里，谁都没有意见。孙连业的家在村委办公楼后，大门朝东，有些“紫气东来”的意味。他家收拾得十分干净，桂花，石榴树精精神神挺立在小院里，充满生气。

沿着公路向东行驶六七里路，穿过一片硕大的果林，一段水渠，来到老口头村旧址。旧址上立着一座也是村里保留下来的唯一一座从晚清走来的二层楼。那块移民石碑就刻立在此处。

他们介绍，大口头村前前后后共搬走一千四百多人。第一期在1971年，有16户。他们大部分迁到了临淄区的敬仲、皇城等乡镇。第二期在1987年，人数最多，有一百二三十户。这些人没有出区，迁到了淄川区18个村庄，像淄城镇的慕王村、公义村，龙泉镇的台头村等。还有的村民没有离开朝夕相伴的淄河，在邻近就地安置。第三期人最少，有28户，1990年迁移，主要迁到了淄川本区的寨里、杨寨等乡镇。

搬迁过去几十年了，他俩依然记得清楚。孙连业指着石碑介绍，碑是2017年立的，三期移民名单都刻录在上面，除了记录移民这事，更重要的是给子孙后代留个念想，趁着我们这些经历过来的人健在，把村里的历史记下来，后代回来寻根问祖，看到石碑就找到老家啦。

家是人们的永远纪念。

我询问当时移民情况。他们说，开始都不愿走啊，有的报了名，也犹豫，撤了。一个人插到人家村里，人生地不熟，摸不着锄头摸不着地，担心人家欺生。

有欺生现象出现过吗？

没听说过。回来的人都说些高兴的新鲜事，馋我们这些没走的。

在哪儿过也是个习惯，习惯了、熟悉了就好。

为了解决移民担心的误工、口粮等问题，仅为搬到张店、临淄的一期移民批发统销粮四万三千余斤，补发误工及养栏圈补助三万八千余元。在二期移民过程中，为加快房屋安置，淄川有关乡镇从桓台、莱芜及淄川本地组织了38支、一千三百余人的建筑队，专门为移民户建房，要求房子面积、式样、质量与本村同期相同。

我在村里行走采访，还听到一个故事，有个房地产开发公司相中了村民腾出的地儿，以为这里背山临水，“风水”绝佳，欲建高档别墅区。村民闻之怒了：我们移民，是响应国家号召，给水腾窝，怎么让你们来发大财呢？在上级干预下，欲建别墅区的地方，已经拔起一片绿化林。

村民为水腾窝，接收地为移民积极盖房，无缝链接的政策、方法为亲情结为一个整体大板块，朝一个共同方向，燃烧改变山河、追求好日子的同一种温度。

4. 世纪花园有个回民村

2020年8月，我驱车走进世纪花园小区。该小区位于淄博市张店区世纪路以西和西八路以东，以“梅兰竹菊”分成4个漂亮的园。这儿既是淄博市最大的居民社区，也是淄博市墙体改革、建筑节能、住宅智能化和科技示范工程的所在地。车从西门进，折向小区西南方，便看到一座高耸的牌坊，上写“回民新村”4个行楷大字。

这个典型的独立小区和院中院，其楼房式样与世纪花园浑然一体，却不归世纪花园社区管理，而隶属于张店区马尚镇。

马尚镇在20世纪70年代以前还没有这个村，该村是个移民村，移民来自太河庄。

太河乡的太河庄从明代万历年间，就是汉、回两个民族的共同居住地。他们在这里同饮一江水，同种一片田，同爬一座山，街对街门挨门地走过一个个日月和年代。

1971年春，移民任务一传达，回民村的村民几经商议，决定整体搬迁。

整体搬迁的想法报到市移民办公室。办公室人员犯难了，这咋整？全市哪个乡镇能接纳一个村啊？

移民方案上没有整体搬迁的预案。

他们将回民意愿报到淄博市委。市委决定，满足回族兄弟的意愿，让他们迁住在一起。由移民办在张店、临淄和周村确定位置，报市委批准后实施。

分管移民工作的指挥部副指挥宋天林和孙兆兰，按照市委指示，上临淄、去周村、到张店跑村镇调查，为回族兄弟寻找满意的安家之地。

应该说，地盘各区都有，也都积极接纳，但提供的地盘不符合要求。移民居住之地必须符合两个条件，移民所去之地不能太偏僻，交通要好些，所在乡镇经济条件要相对好些，收入有保证。也就是说，移民已经为大局做出一次牺牲，不能将他们安排到交通不便的老山夹峪里去继续吃苦。生活条件要在他们移民后有所改进，有所提高。

可是，符合条件的地方，难以一下子安置一个村，毕竟四五百人，二百多户。他们每家不仅需要居住的房子，需要放置柴草的院子，更需要满足生活的庄稼地。如果将他们分散安排，每个乡村插进三五户，或者十几户，这些条件都不成问题。然而，是几百人集体落户于一个地方，真的成了一个难题。

他们带着难题向指挥部汇报。翟慎德在农委工作过，知道每个乡镇的大致情况，也清楚安排一个移民村不是件容易的事情，没有三五百亩地解决不了问题。思来想去，忽然想到市农业局，眼前顿时亮了。农业局有个良种繁殖场和农作物实验地，大约有三百多亩地归他们管，能不能把那儿作为移民安置地？况且位置也比较合适，在马尚镇九级村以北。虽然不靠近市里，距市中心也不远，况且有公交汽车。

翟慎德将这个想法端了出来。大家高兴地长出一口气，决定给市委分管领导汇报，同时跟市农业局协商。农业局非常痛快，为了我们的水库建设和回族兄弟，答应让出这片土地。条件只有一个，请以水库指挥部的名义，为他们在别处寻找 300 亩地，原因在于农作物实验和良种繁育不能丢，那是饭碗。

翟慎德和宋天林自然一口应允下来。

市委批复了他们的报告。

庄稼地里排列起一排排红瓦相连的院落。

回民村的赵姓老人说，他们刚迁来的时候，这里除了庄稼，就是茅草。因为地势比较低，容易藏水，人称“蛤蟆湾”。还说顺口溜：“涝洼地，蛤蟆湾，茅草一大片；荠菜园，土地粘，井水有点碱。”地里尽管冒些盐碱，但能耕能种，亩产不太高，也能收二三百斤。

政府给一个村安排这么个大住处，真不容易啊。想想看，占了人家的地，不就减少了人家口粮？老赵十分通情达理，沧桑里流满对党和政府的感激。

我在资料里看到，市区两级政府为了张店区这个唯一的少数民族村，让移民生活不落后，生产和生活有保障，动了不少脑子。在移民迁来之时，便与附近一些企业协调，安排部分富余劳力到新华制药厂、山东农药厂、红卫电机厂等干临时工。同时，抽调技术人员，帮助他们将村办裘皮厂迁来张店，并立即恢复生产。后又在张店拖拉机厂、南定电厂、淄博石油化工厂等单位的大力扶持下，村里又建起了翻砂厂。集体经济的快速发展，村里劳力反而不够用了。

老赵介绍，从太河庄一搬过来，日子就往上走。芝麻开花节节高啊。你看，现在不是更加好了吗？一进 80 年代，周围就搞基本建设，修世纪路、修联通路、建华侨城、搞商业区，现在世纪花园成了张店区房价最贵的一个社区，也是最方便、最漂亮的地方。

2003 年淄博市对住房土地进行开发，建世纪花园，这里便被纳入规划。2006 年旧村改造，“回民村”又成为第一批。如今这个院中院的城中社区，太河移民的幸福指数在不断攀升。

我问老赵有几个孩子，老赵说俩。女儿嫁到了外地，儿子在义乌商品城经商，每天忙碌得不着屋顶。收入吗？一年怎么也得十几万吧，自己有俩孙子，一个外甥女。

老赵脸上流露出满足。

坐在旁边的孙姓和刘姓老人插话，我们现在生活和搬迁之前咋比？没法比啊！别说电灯、电话、电视这些做梦都梦不到的东西家家不缺，而且比种地用的锄头、镢头和镰刀都多。小汽车更是，现在谁家没有小汽车啊！原来敢想么？有辆自行车在村里骑，就觉得很有面子。我们有福啊，赶上了好年景、好时代。但不能忘了本、忘了根，忘了自己从哪里来的。好日子要珍惜着过，好好过，不能糟蹋。每年清明我们都联络起来，带着孩子回太河祭祖，列祖列宗看到我们日子过得好，九泉之下不也高兴吗？

我在老赵指点下，围着小区看。望着整洁清静的一排排楼房，想到方志敏烈士《可爱的中国》里的言语，我们可爱中国的未来，“欢歌将代替了悲叹，笑脸将代替了哭脸，富裕将代替了贫穷，康健将代替了疾苦……”英雄与烈士的渴望，现在已经实现，世纪花园和回民新村，不正是闪烁在齐鲁古道上的一个靓丽缩影吗？看看身边矍铄的老赵、老孙，还有在树荫下逗孩子玩的奶奶姥姥们，他们幸福的表情刻写着朴实的答案。

历史照亮未来，快马加鞭的征程没有穷期。前天驱逐日寇汉奸，反抗黑暗压迫；昨天改造山河、建设家园，不让老百姓吃亏；今天全面实现小康，全面脱贫，振兴国家和民族，不让一个人掉队，在这条前赴后继、自强不息的红色长链上，依旧是映照百年的那颗初心，那就是习近平总书记所说的：人民是江山，江山是人民，要守住人民的江山，守住人民的心。

5. 移民是扶贫的好方法

“太河移民外迁虽然不像三峡移民那样要离开省、离开市，有的甚至没有离开本区，但毕竟要离开被他们称作‘窝’的老家。抛家舍业不容易，要一家一家协商安排好，不留后遗症。”说这话的是淄博市人大常委会原主任陈庆照，他曾任淄博市副市长，分管农业和移民工作。

改革开放促使经济发展迅猛，生活水平在不断改善和提高，各行各业对水的需求量越来越大，市民对水的需求量也在不断增长。为了水，许多单位到处钻井找水。太河水库的库容显然不够用了，需要扩容。扩容就要移民。时隔15年，太河水库组织第二次移民。

这次移民始于1986年。

这次移民户数相对1971年较少，也比较集中。市政府决定，移民原则不出区，由淄川区负责安置——时任区长傅景鸿挂帅，副区长陈家金具体负责。

移民方案在延续前期移民基础上，内容不但更加细化也更加具体和具有可操作性，25条政策细则，对移民建房补助标准、移民安置人口计算、移民口粮、现金分配等都做了明确规定。

还有两条很有特色。其一，要把移民安置到领导班子团结，党风、村风好的乡镇。其二，所在乡镇工副业比较发达、人均收入在800元以上的文明村。

1986年，淄博市农村人均收入大概不足600元，将移民安排到远远高出平均收入的地方，这里面不仅有胆识和眼光，还有份与老百姓心贴心的沉甸甸责任。也就是说，要通过移民行动，给山区贫困老百姓带去脱贫机会。关键是，淄川区达到这个标准的乡镇有多少？达到标准的乡镇愿意不愿意接受？谁都清楚，接纳一个或者一户移民，就要均摊他们的基本收入。

我的担心完全是多余的。

任务放到了淄川区淄城、龙泉、昆仑、罗村和洪山5个乡镇。这5个乡镇紧靠淄川城里，交通便利，其镇办和村办工副业在全市也是发展最好的。

罗村镇邢家村接到任务后，二话没说，立刻表态："移民兄弟为了国家建设舍弃故土，我们拿点钱出来帮他们安家，应该。"

"应该"成为5个乡镇的共同发声。

二期移民国家计划投资210万元，按照标准政府拨付接收移民的安置村有79万元，其余的131万元由安置村投资。

我在采访淄川区委宣传部原副部长李永华和洪山一位蒲姓老同志时，他们依旧说了那两个字：应该。我们和太河都是土连土的老乡，乡亲帮乡亲，有啥不该的？

该怎样解读这种朴素气魄？文明社会需要没有花架子的朴素与真挚，也都渴望正能量的释放和负责任的担当。

移民办和5个乡镇做的第一件事叫“暖心工程”。

寨里老魏是教师出身，他讲一个现象，移民普遍存在“欺生排外”的顾虑。有这种顾虑很正常。关于这点，市里和区里给移民想到了前头，并且做了安排。我在资料里看到这方面的记录。搬迁时，沿途各村都悬挂彩旗，张贴红红绿绿的欢迎标语；在移民新房上贴上喜庆对联和大红福字。乡镇主要街道安排宣传车，宣传移民为修建水库所做的贡献。各村张灯结彩举行欢迎仪式。移民一到村口，放鞭炮，擂锣鼓，少先队员给每位移民献花。这种形式，让移民很感动。搬迁到寨里镇西周村的移民李玉庄当场就流眼泪：“当年欢迎八路军、解放军也没有这个阵势呀!”

更让移民暖心的是，各村免费给移民户添置好过冬和做饭的生活煤；家里有学生上学的，送去书包和铅笔盒。同时，免费供应移民3天饭食，并派专人送到家。

暖心将“欺生排外”的担忧消除得无影无踪。迁到寨里、罗村的移民，有的在新房大门上，重新换上对联：“故土清泉饱含手足情；新居长渠流淌骨肉情”“人情心情家乡情，远亲近亲永远亲”。

移民被感动了，原来的担心，变成了顺心和放心。

孙连业告诉说，搬到外边的移民回来说那些事，都兴奋高兴，让一些就地搬迁的村民好生眼馋和羡慕。

我们再来看几则具体事情吧。

大口头村有超过460名移民迁到淄城、罗村等18个村庄后，第二天便有232名劳力被安排进镇村企业上班；107名移民子女入学，44名学龄前儿童入托。

上班挣钱是大事，孩子上学、入托更是大事，他们在第一时间把这些牵心的事情妥妥处理好。移民说，原来心里打怵，在人生地不熟的地方，咋和人交往？结果，俺想到的人家想到了，俺没想到的，人家替俺也想到了。哪来陌生感啊？速度比光阴都快，好像还在做梦，工资发到手了。

罗村镇道口村移民郎以秀，老家在口头乡孙家庄，一家 6 个劳动力，守着一脉山田啃窝头。到道口村落户第二天，村委便通知到乡镇企业上班，当年翻身脱贫，成为村里少有的万元户。郎以秀说，俺家富的速度比火车跑得还快。

寨里镇周家村移民孙世峰，从大口头村迁来时已三十多岁，单身一人，因家穷无人敢给他提亲。他上班当月，就有人给他介绍对象。一年多后，结婚生子，有了自己小家庭。孙世峰调侃自己，单身狗，单身狗，如今老婆孩子啥都有。

龙泉镇渭二村移民刘可成，全家 8 口人，4 对老弱病残，搬家时，只有一张旧大床，一床漏洞的毯子和几个坛坛罐罐。这怎么过日子呀！市政府救济 500 元，村里帮助添置两张大床，送去 4 床被褥，将刘可成安排到企业做传达，每月收入 150 元。刘可成泪流满面：想不到一家人还能舒坦活下去。

将一件事情办好不容易，将一件事情办得人心暖更不容易，需要用心，更需要用情。

时任山东省委书记赵志浩高度评价淄博市第二次移民："这次移民工作搞得不错，从根本上解决了库区群众多年来难以解决的生产问题、生活问题，这是扶贫的一种好办法。"

时任山东省水利厅厅长马琳视察淄博移民工作，面对移民的张张笑脸赞不绝口，嘱咐人员要将淄川区的移民经验上报国家有关部门。

1989 年第 9 期《中国水利》杂志刊载了淄川区移民办公室撰写的《群策群力，搞好搬迁，太河水库库区二期移民安置工作经验》一文：

抓住关键环节，做好翻迁工作实施搬迁，是外迁安置工作的关键。为了使搬迁工作圆满完成，我们做了比较充分的准备工作。搬迁前，区成立了二期移民搬迁总指挥部，由区长任总指挥，号召驻淄川地区的厂矿企事业单位和驻军出车帮助搬家。区移民办公室进驻移民村进行搬迁前的宣传发动和情况摸底，发现问题，就地解决。

搬迁时，移民办租赁了一辆大客车，专送老弱病残人员，并派医生随车护理。移民迁入新居，人地两生，往往担心当地人欺生排外。为了解除移民的顾虑，移民办公室安排了隆重的欢迎仪式，各镇组织队伍进行欢迎，区委区政府领导同志也和群众一道欢迎移民到新居落户。安置村对移民户的生活也做了妥善安排。各村为移民户免费供应三天伙食，给每户送去煤炭。有的村组织群众为移民户送去了各种生活日用品。各村在移民进村第二天召开了新村民座谈会，征求意见，并摆上宴席给他们接风。

移民到新居安家落户后，市区政府主要领导走访了移民户，给移民送去了党和政府的温暖。移民办公室派人到迁出迁入乡镇做善后工作，处理移民户提出的问题。

孙家庄迁到罗村的孟庆玉同志在搬家过程中，有些家具被损坏，通过调查落实，得到赔偿。移民做工、学生上学、儿童入托，以及其他问题都及时做出妥善安排。这次移民搬迁得到了各方的大力支援。公安局派人到现场维护治安，交通中队派人到迁出迁入现场和沿途维持交通秩序，邮电部门为通信联络提供了方便。淄博矿务局和驻地解放军等单位，积极出车，镇村干部带领村民帮助卸车，他们发扬高尚的风格，充分体现了社会主义制度的优越性。

总的来说，这次库区移民外迁安置，达到了预期目的，安置工作是成功的，群众感到满意。

面对移民和移民留下的历史，我思考很多，移民之所以高兴和满意，至今乐道，除了政策到位、工作细致、量化具体外，更在于移民工作的出发点和落脚点都在移民身上，而不是为完成任务去想当然办事，下生硬的命令。这里有科学的世界观和方法论。我们的老百姓绝大多数通情达理，分得出大小轻重，只要我们政府各级人员像焦裕禄那样一心为民，情理所至，金石为开，群众就会满意，就会高兴，而群众的满意与高兴是人民对政府颁发的最高奖牌。

第十二章　水　光　潋　滟

我喜欢《诗经》，听“在河之洲”弹唱的水声；喜欢听郭兰英演唱《人说山西好风光》，喜欢听《沂蒙颂》和《黄河大合唱》，这些诗词歌曲，无不浸满流淌的河水。我笃信有水的地方就有美丽的故事。

1. 这里的恋爱静悄悄

热火朝天的库区工地，有青春的劳动汗水，有节奏浑厚的号子声声，也有豆蔻年华下的青春萌动与对异性的好奇追求。在水库建设这样一个青年男女组合的大兵团，有“关关雎鸠，在河之洲。窈窕淑女，君子好逑”的诗经响板，怎会缺少穿越苍古，形成特定环境下的爱恋书写？被青山碧水掩映的“蒹葭苍苍，白露为霜。所谓伊人，在水一方”的美丽时空，怎能不留下 20 世纪 70 年代的《秦风・蒹葭》，还有中国版的少年维特的多样烦恼与生动故事？

自行车“磕碰”来的媳妇

1971 年初夏某天早上，张店民兵团炊事员小邢像往日一样，骑着带驮篓的自行车去峨庄村买菜。张店民兵团工地食堂距离峨庄近十多里山路，中间有两个大坡。那天，小邢将蔬菜买满驮篓，高高兴兴地骑车往回返。

过去走淄河、峨庄和太河一带，是“羊肠小道盘着山，一条扁担两个肩”。老百姓上坡种地、赶集买卖，大多挎篮子，挑担子或推车子，一切都依赖双脚去赶路。

自行车在20世纪70年代，无论城乡还都是稀罕物。人们听到车铃响，挑担的、推车的、挎篮的路人都自觉放慢速度，往路边靠，朝小邢射去羡慕的目光。小邢见人们欣赏他，更来了劲头。脚下猛蹬，嘴里哼着“车轮飞奔，自行车响铃铛”的曲儿，沿着狭窄崎岖的山路往工地上赶。

那天大集，人多。到了陡坡上，小邢揿着车铃，脚下轻轻使着闸往下骑。他晃着铃提醒路人，也提醒自己，千万别碰着人。真是怕什么来什么。不知怎的，自行车碰到一块拳头大的石头。载重的自行车本来就不太稳，被石头一咯，顿时失去平衡，向右侧歪去。恰巧，有位挑担子的姑娘在他右侧，失去平衡的自行车把人碰倒了。

路人见自行车碰倒了人，都将眼睛和脚步围了过来。

小邢顾不得自己碰伤的腿，也顾不上车，急忙跑到那位姑娘前询问，一边捡起姑娘的担子放到一边。

姑娘梳两条粗辫子，见碰倒她的陌生小伙子过来问话，猜测是挖水库的民兵。便红着脸说，没啥，你走吧。说着，自己使劲站起来，揉着胳膊，擦碰出血的手，摸起担子就走。

小邢不放心，跟着追问，你看看腿，伤着没？伤着了俺带你去医院。工地医院在金鸡山西麓，距陡坡不远。姑娘摆摆手，腼腆回答说，不用，你快走吧。挑起担子，捂着腰朝坡下走去。

小邢整理好自行车，追上挑担子的姑娘自我介绍：俺是张店民兵团炊事班的，姓邢。告诉俺你是哪个村的，放下菜俺去找你道歉，带你看伤。

姑娘挑着担子低头走，不跟他说话。旁边一路人告诉小邢，俺和她一个村的，姓鹿。傍晚，小邢由炊事班长陪着，带一兜水果，走进了鹿姑娘的家。

一来二往，他们熟悉了。鹿姑娘父母见小邢勤快，进家门不是摸扁担挑水，就是打扫院子，渐渐喜欢上这个闪忽着眼睛的年轻人。打听他只有二十三岁，还没有谈对象，便想把女儿嫁给他。老鹿让媳妇探女儿的心思，女儿红着脸怼她父母，那是你们的事，我不管。父母一听高兴了，拿着烟袋到张店团找政委。一本正经说，你们团小邢撞了俺家闺女，他必须负责一辈子才行。政委一听这话，喜了。幽默说，老鹿，你说让他咋负责一辈子？是不是想让我当媒人啊？

政委上门为小邢说媒，完成农村需要的“明媒正娶”形式与手续，一对年轻人走在了一起。

傅山修和赵玉山都告诉我，他两口子感情可美了，据说结婚后从来没有拌过嘴，现在都往“80 后”上奔了，出出进进依旧成双入对，跳广场舞也在一起，让人羡慕。

秘密在连长查铺时发现

1971 年国庆节来临，岭子营李连长熄灯前照例到各房间查点人数，大娟和秀子不见了。连长问同舍的民兵：她俩去哪儿啦？大家摇摇头说不知道。

岭子营有八十多名女民兵，集中成三个排，住在相邻的几户农民家里。

她问跟她查铺的排长，他俩请假没有？

排长说，没有请假，吃饭时还都在呢。

去哪儿啦？连长的眉心皱起了两道杠。

这是连里第二次发现丢失了人，第一次丢了一个，十七岁的小美来了例假，肚子疼得厉害，害羞不敢讲，一个人跑在村外大石头下蹲着哭了俩小时。这次是俩，上哪儿啦？

连长命令沿村查找。

岭子营的女民兵，大的二十六七岁，小的只有十七八岁，除个别在处对象外，多数是青葱少女。豆蔻年华的纯美花季，是不是借着夜色去谈对象啦？

李连长不想往这方面去猜测，但控制不住。有些连营也出现了谈对象的例子。

她想到白天干活的时候，常有男民兵借故跑到女民兵跟前，帮着干这弄那，有真的，也有借故献殷勤的，无非去和相中的女民兵说话套近乎。

半个月前耳闻博山团有个男民兵常往大娟跟前跑，周村团、淄川团也有几个男生也常往这里来，还在他们住的房间发现了稀罕的方巾和一串琉璃珠子，是不是他们真谈起对象了？

20世纪六七十年代男女相处谈对象，还相当秘密和羞涩，一方对一方即使有好感和爱意，也绝对不会大胆表白。尤其在农村，敢表露心迹的更少见。往往由被称作“介绍人”的“媒人”向双方家长说开这一层，家长同意了，两人才敢公开交往。

李连长猜得没错，那晚，大娟和秀子真的去约会了。

秀子那晚按照父母“不要人家东西”的嘱咐，将方巾和10斤粮票送还给周村民兵后，就跑回房舍睡觉，一夜无话。

大娟则在一个小时后才悄无声息地回来。

上个月，大娟在工地上与人抬沙，不小心崴了脚，恰巧被博山赵姓民兵碰上了。那人撂下车子关心问：崴脚了？没事吧？大娟不说话，低头揉被崴了的脚脖子。脚脖子已经红肿，一按疼得就想掉泪。赵姓民兵急忙制止说，你不能那样揉，越揉会越疼。大娟不说话，眼泪汪汪瞪那人一眼，人家疼得这么厉害，你还说风凉话。赵姓民兵诺诺道，你若相信，俺给治治。

此刻，大娟几个同伴已经撂下肩上担子，跑过来询问。副排长凤琴是个泼辣女子，见大娟疼得厉害，对赵姓民兵说，可以让你治，你得向大娟和我们保证，一定治好，不疼，要不就告你……本来她还想说三个不好听的字，但话到了嘴边立马刹车。

赵姓民兵见被允许，立即从兜里掏出一个小瓶，让大娟把腿伸直，往红肿的地方抹上层散发着清香的膏药，小心翼翼地按揉起来。十几分钟过去，大娟慢慢站起来，羞涩地脸上飞出一片红。

“谢谢你！”

“谢啥，不谢！”话还没有落地，几个女民兵已经笑着闹着走出十多米远。赵姓民兵喊：晚上还要上药揉。

赵姓男子的舅舅是中医，会配膏药，常让家人带些放在身上，万一扭着碰着应个急。想不到这次派上了用场。

几天后，大娟崴的脚彻底好了，两人渐渐成了见面说话的朋友。

今晚大娟去找赵姓男子，是要确定一件大事。

大娟父母听说女儿在水库上相中了一个小伙子，心里很高兴。女儿眼瞅着要过二十三岁生日，早到了谈婚论嫁的年纪，村里像她那么大的女孩子好多已经结婚，有的还生了娃。但心里又有些不踏实。觉得和男方“两个肩膀不一般齐”，人家是博山城里人，又是挣工资、吃国库粮的工人，自己女儿在农村，又是农村户口，人家是真相中了闺女，还是喜欢喜欢而已？老两口心里不踏实，写信嘱咐女儿务必把这层意思跟男方说清楚。

城里、乡村；富裕、贫穷；市民户口与农民户口，许多年以前，一直是横亘在年轻人谈婚论嫁前的“硬杠杠”和很难逾越的鸿沟。许多有情人也因这些杠杠的存在和束缚，不得不与心爱的人狠心“拜拜”。

赵姓男子的父母也在为儿子婚事发愁，孩子都二十六七岁了，还没有谈过一次对象。得知儿子交女朋友的事儿超级高兴，但也有些忐忑。写信叮嘱儿子，人家姑娘若相中你，你相中人家，父母赞成，没有意见。只是有件事情千万不要瞒人家，咱家成分高，人家是贫下中农，能不能真相中你，务必跟女孩子说清楚。

在看重家庭出身和成分的那些岁月，许多高成分家庭子女无不背着这沉重的精神十字架。

大娟和赵姓男子带着各自心事来到淄河边。那晚月色好，月光里的河溪闪烁着层层波鳞，周围的山峦起起伏伏折射着朦胧委婉，似乎为他们的相谈专门创造一个宁静的美景。他们相隔一米多，一前一后沿着河走。寂静的河滩上，除了流水声，偶尔的鸟鸣声，再就是两个人的喘息和沙沙的脚步声。大娟沉不住气，说话了：小赵，俺家情况你知道，农村的，姊妹多，穷，俺是农村户口，你可想清楚，真不嫌俺？

小赵个子挺高，干活勤，人也长得不赖，就是不太会与女孩子交往说话，家庭成分高的短板让他常感到自卑。他见大娟如此说，站住不走了。转过身盯着大娟，憋足劲道，从俺给你治脚，在心里就喜欢上了。你给俺洗衣裳，除了俺娘给俺洗衣裳，就是你了。

没想到说话腼腆的小赵，此时此刻能鼓足勇气说出这样让人感动的话。尽管有些语无伦次。月光成了月老，更加欢喜地朗照起来。

“你不嫌俺是农村的？”大娟追问。

“俺嫌啥呢，还怕你嫌俺呢。”

“俺嫌你啥？”

“俺家成分高。”

“你家成分高，你成分高吗？”

两人笑了。河水弹奏着哗啦琴声。

年轻人一旦打开心扉，找到话语共鸣点，种种羞涩、矜持、胆怯、距离便被河水轻轻地冲刷掉。

两人在大坝下、河滩上有了第一次拉手的恋爱记录。孩童般地对着月亮发誓：拉钩上吊，一万年不许变。

黑黢黢的青山和哗啦流淌的淄河，见证一对恋人的山盟海誓。国庆节放假，两人按风俗举行订婚仪式。

月夜笛声

临淄团小崔的笛子越吹越圆润，会吹的曲子也越来越多，不但将《扬鞭催马运粮忙》《骏马奔驰保边疆》吹得悠扬酣畅，也把难度较高的《九九艳阳天》《十送红军》吹得让人入神。大家奇怪小崔这几个月工夫为啥大见长进，是不是梦里有高人指点？连长老吴猾黠含蓄言，有人给他加油，能不进步快？谁给他加油？还用问，女朋友呗。

人们从小崔的笛声里，感觉到爱情的力量和神奇。

临淄小崔与淄川春玲处对象的消息不胫而走。

大坝合龙，指挥部组织文艺宣传队在工地各营巡回演出。那次，淄川宣传队吹奏笛子的民兵有急事临时请假，民乐合奏少了笛子咋成？负责宣传队的老陈说，民乐合奏必须上，大家伙爱看爱听，也是咱的压轴子戏。

没有笛子咋办？

人们想到临淄团小崔会吹奏笛子，建议宣传队请他来帮忙。

春玲是宣传队的歌唱和舞蹈队员，由此二人相识。春玲像她的名字，水灵灵梳两根长辫子，只有演《白毛女》喜儿的时候，才将辫子梳成一条，凤尾似地在腰间摆来摆去。宣传队一些男青年早就对她青睐有加，私下打赌，这么俊俏的姑娘不能让她嫁出去，谁获得春玲芳心谁请客。他们得天时地利，常借演出使出些招数追，但总不见效。二十岁的春玲嗓子好，对宣传队每个人都不偏不倚地微笑着，周到而有分寸。几个青年轮番进攻，像拳头打在棉花上无声无息。进攻无效，泄气沮丧，私下议论春玲眼界高，看不上我们这些推车打钎的民兵。

没想到春玲与小崔恋爱了。

小崔的相貌可以说不及淄川团几个队员，为什么春玲将橄榄枝抛给小崔？几位追求春玲的小伙子纳闷不解。

一年多来，他们在断断续续地交往中，小崔有两件不经意的事敲开了姑娘的心房。

1972 年冬，他们联合到张店参加汇报演出，在往黑旺汽车站赶的路上，有位中年妇女挑着一担子煤在大雪里蹒跚。山路本来难走，加上大雪路滑，肩上的担子似乎更重了，那妇女走得摇摇晃晃极为吃力。小崔见状，急忙跑过去，将沉甸甸的两筐炭放到自己肩上。右肩累了换到左肩上，一直将那担足有上百斤的煤炭挑到妇女要去的村口。

宣传队的民兵看在眼里，美丽的春玲则放在了心里。

1973 年春，临淄团在开掘总干渠 7 号山洞时，碰上了横担岭这一难啃的硬茬。该团民兵大多没有和石头打交道的经验，急需一支突击队来打前锋。小崔立即报名，跟领导讲，自己是共青团员、下乡知青，更应该接受锻炼，让我参加吧。小崔是从城里来的人，从来没有摆弄过炸药和石头，能行吗？开掘山洞数月，竟然学会了抡锤放炮。春玲看到《水利战报》上对他的表扬，这事儿同样放在了心里。

五一巡演前，春玲悄悄递给小崔一摞包得严严实实的卷轴，说是笛子独奏曲，从文工团舅舅那里借来的，看能不能派上用场。

小崔喜出望外，感激得不知说啥好，急忙给春玲鞠躬感谢。两人由相识到相知，心的距离越走越近，颇如五线谱上的音符，成为相互守望、依赖与和鸣的一对音节小鸟。

在春玲舅舅悄悄指点下，小崔的笛声更加清脆飞扬。不久，部队到工地招收文艺兵，春玲让小崔去试试，小崔踌躇——他不想离开心爱的人。

春玲知道小崔的心思，在一个静悄悄的晚上，善良的春玲将自己新纳的一双鞋垫送给身边的男人，上面缠绕着一缕带着体温的长长秀发。

小崔穿上崭新军装的第一天，在金鸡山下柳树旁，将《十送红军》的委婉曲子倾心吹给一个人听——我们的春玲。

“有情人终成眷属”，他们的爱情结局很美好。

大锤敲开芳心

1976 年，于成河以杨寨大队党支部副书记、民兵连长的身份组织万米山洞 19 号立井的施工任务。

19 号立井距离杨寨村不远，他们没有驻扎在工地，而是每天早出晚归上下班。途中要经过万米山洞出口处。每到这里，于成河就看到在洞口破大石、凿石料的人群中，有个年轻姑娘在那里挥锤。那股虎虎生威的认真劲儿，引起于成河的好奇和关注。

谁家姑娘这么爽劲啊？齐肩高的辫子又黑又粗，红扑扑的脸与凿料石的节奏有板有眼混合成一幅画，增添着朝阳下的生动。于成河想，这姑娘一锤一凿，有板有眼，完全不像个生手。找机会一定认识认识这位小姑娘——于成河心动了。

姑娘真的不大，只有十九岁，是营属指挥连的民兵，叫高东霞。

那天收工早些，于成河骑车直奔指挥连工地。那个小姑娘此刻在抡大锤破石，敲打石上那根长长的钢钎。锤声、锤花伴汗水飞溅。于成河站在旁边数锤声。等打锤人停下手里的 8 磅大锤，拿起毛巾擦汗时，才见一个陌生小伙子站在旁边。

于成河见小姑娘瞅他，急忙上前自我介绍：“妹子你好！我是杨寨连的于成河，刚才看你打钎破石入迷了。见你天天抡锤凿石，虎虎生威地煞是好看，今天特来向你请教，不知愿意不愿意指教？”

小姑娘一听他是于成河，闪忽着眼睛多瞄了他几下。

于成河带领民兵挖好 19 号立井，在向左右开挖平洞时，遭遇大塌方。他毫无惧色，冲在前头指挥，和民兵一块舞锨弄锤，很快把塌方处理好了，报纸登了他的表扬稿。于成河一下子出名了，况且他才二十多岁，就当了杨寨连的党支部副书记和民兵连长，更有了些传奇色彩。人们在想，这是位啥娃娃连长，哪来那么大的本事？当然，更引起同龄异性的好奇。

高东霞眼珠子一转，想，哪有连长请教当兵的，况且人家还是个女娃。分明是来挑战的吧。她将计就计，借这个天上掉下来的机会与他较量较量，看看这位传说中的人物是不是有真本事。

想到此，快人快语的高东霞嘴上不饶人，对于成河礼貌地说："俺是咱营指挥连的，家在月庄，与您邻村。久闻于连长大名，您不但会当领导，还会推车、打锤。要不我扶钎，你打锤，也给大伙露一手？"此时旁边已经围上许多民兵在笑呵呵地看。

于成河一听，朝高东霞笑笑说："好！听你的。"从地上捡起高东霞刚才抡的那柄大锤，向手心啐了口唾沫，使劲搓搓手，便拉开架式抡起大锤来。当当的大锤声，有节奏地在山脚下飞。旁边的人一锤一锤数着数。于成河一气打了整整 110 锤，锤锤都落在钢钎中央。高东霞扶着钢钎，也一边默数。见他锤打得既稳又准，心里暗暗佩服。

经过这次接触，于成河和高东霞都把对方藏在了心里。于成河几乎每天下班都借故到高东霞上班的工地去，或交流锤艺，或说些他事，开始了爱的追逐。

聪明的高东霞明白于成河的心思，也把少女羡慕英雄的爱恋含蓄倾诉。

两人碍于风俗，相互爱慕之情不能直接表白。于成河请同在工地干活的高东霞二姐做介绍人。二姐已经知道双方心思，风趣地跟未来妹夫开玩笑，我只是个形式。形式是农村青年恋爱离不了的桥梁。经过高东霞二姐牵线搭桥，两人确定了恋爱关系。

对于他们这段锤钎奇缘的爱情故事，杨寨村高存永还将这段姻缘写了一首诗：

> 劳动工地情愫生，锤钎铿锵姻缘成。
> 欢歌声声云霄外，几多回忆入梦中。

太河水库前后修建 30 年，恋爱的故事何止这些呢？王锡亮媳妇和杨寨、西河、龙泉、张店的几位知情人向我介绍，太河方圆数个村的姑娘好多嫁给了修建水库的小伙子。好多是多少？远远不止十几对、二十几对。邵成孝和鹿传琴讲，在工地谈恋爱的不少，成功率也很高，只是那时大家都不声张，属于“夜幕下的哈尔滨”，静悄悄地进行着。

20 世纪 70 年代，青年在婚恋上还相当传统和保守，有地方还带着影影绰绰没有完全褪净的封建色彩。尽管如此，每个姑娘或者小伙子一旦“开窍”，迈进“关关雎鸠，在河之洲”的门槛，其相恋出嫁结婚，虽然不是那么的耀眼和轰烈，在含情脉脉的羞涩与萌动里，依然隐秘着自己爱的宣言和终生铭记的罗曼蒂克。当年青年回忆过往的甜蜜时代，即使在许多文艺作品、戏曲被禁锢封藏的特殊时期，水库深处依然有“阿哥阿妹情意长，好像那流水日夜响，流水也会有时尽，阿哥永远在身旁”的歌曲在悄然传唱；工棚里依然有人借着各种光线，狼吞虎咽地阅读《青春之歌》《艳阳天》；津津有味讲述《林海雪原》中少剑波和白茹的爱情故事。在上万人聚集的部落，每个人都是一部难忘的青春之歌。无可替代的爱的力量与青春魅力，宛如一枚看不见的原子核，在劳动中、汗水中和相互传递的眼神里，不知不觉地裂变着，发散出激励与奋进的能量。

2. 李佑军和他的粮食

我在翻阅尘封的库区“十大标兵”材料时，农民李佑军的事迹引起我极大好奇。材料相当简略：李佑军，男，周村区高塘民兵营保管员。为保管好物资，除按时巡逻外，一年多没有脱衣服睡过觉，“七次被评为先进生产工作者”。“从 1970 年到 1975 年都是先吃自己从家里带来的粮食、地瓜面，把节约下来的 536 斤粮食全部交给了粮管所。”

五百多斤粮食，在用购粮证的计划供应年代，每人每月的粮食无不定量供给，很难有节余。李佑军不但省吃俭用，还把节省下的粮食悉数交给国家，这是一种怎样的大情怀？

李佑军是不是这样一个充满光辉的人？

我想到“先天下之忧而忧”，那千古名句不是名人专利，也不是所有名人都具有的高尚情怀。名句作者范仲淹幼时曾经随继父在博山、长山一带读过书。周村与长山皆属淄州，近在咫尺，都为孝妇河缠绕。古风在此传递和鼓荡，让人耳濡目染和效仿。抗战期间，著名黑铁山起义和“一马三司令”的英雄抗日事迹，不能不说有很深的家国情怀在发生作用。

我想采访他，请周村区作家协会的同志帮助寻找。作协朋友很热情，结果很令人失望，没有在高塘打听到此人。

我沿着墨迹和传说在坊间寻觅。

周村区组建民兵团那会儿，四十八岁的李佑军在村里也报了名。村主任见他年龄偏大，劝他说：叔，在哪里不是干革命，您老在家里“伺候”庄稼吧，甭去了。第二天他又去找主任，主任还是拿那话打发他。这次他不走了，朝主任伸出胳膊，咱俩掰手腕吧，你要掰倒我，就听你的，掰不过……他朝主任嘿嘿一笑，言外之意得让他去。主任血气方刚，瞧着眼前这位个头不超一米七的前辈嘿嘿一笑——还能赢不了你？撸起袖子和他掰。结果，主任输了。

去水库那天，主任跟高塘营长咬耳朵，李老汉有股子劲，毕竟年龄大了，安排活的时候照顾些。营长点点头。

他当上了营部保管员。

保管的东西十分多，炸药、雷管要保管，水泥、木材要保管；大锤、小锤、大钢钎、小錾子、小车、抬筐要管，木杠子、麻绳、尼龙绳、筛子、钉子、煤油、铁丝也要保管。而保管员只有他一人。别人跟他开玩笑：“佑军啊，你成司令了，光杆的。

他笑着纠正人家，这叫“一夫当关”。

玩笑归玩笑，工作起来半点不能马虎。他把所有东西都分类编号，在木材和工具上用墨汁标上记号，登记在只有自己能看懂的本子上。谁来拿东西都签字，不会写字也要揿个手印或画个符号。只上过四年级的他，肯定不知道什么叫定置管理，他只是拿出管家的那套本事来当保管，什么物件放在什么位置，不但用着方便，也不凌乱。高塘营的家当被他管得井井有条，半年下来，一件东西也没有丢失。

营长高兴说，老李，明年继续来当保管吧。

大家什和大物件好管，只要上心就行。唯独钉子、铁丝之类的消耗品，还有木材、水泥稀罕物不容易管。谁都想用。别人瞅你不留神，抓把钉子放进口袋怎么办？铁丝多剪去1米、半米你能看出来？这些东西甭管大小都是公家的嘛，公家的东西公家用，看不好，弄丢了，与自己拿了有啥区别？

我在各地采访时，常有人跟我不止一次念叨，木头上的钉子不像现在属于一次性耗材，钉过一次后就不再使用，而是用羊角锤或者手钳将其撬出来继续使用。绑架子的铁丝也是，用手钳拆下捋直，再捆绑其他东西。用来预制水泥板的木材更是一次一次地用。那时全国流行一句话，“新三年，旧三年，缝缝补补又三年”，旧物利用便是这句话在水库上的具体体现。

国家不宽裕，钞票、物资有限，人们用一切办法来节省。国家提倡多快好省建设社会主义，省，是建设社会主义不可或缺的重要方面。人们从节俭、不浪费、不流失、旧物利用等方面响应祖国号召，让有限的物资发挥出最大作用。

李佑军的“管”就是不让集体财产遭受损失，出现“跑冒滴漏”现象。他自创了一套管理土办法。工地两班倒，他跟着两班倒；工地三班倒，他也三班倒。一句话，民兵啥时候来取东西，他都睁着眼。你说，他还有时间脱衣服睡觉吗？

民兵们下班回工棚睡觉，他也收拾收拾去睡觉，但保准有一只耳朵醒着，听着外边的动静。院子里有木材，廊下席子下有水泥，他要警惕有人趁他睡觉来贪小便宜。那是水库必须用的紧缺物资，看不好还叫什么保管员？

他就这样，把自己和所有物资捆在了一起。

炸石、挖洞、推车，样样都要用大气力，水库每天补助的粮食，对许多力气大的民兵来说根本不够。有的连队用生产队的节余来补助大家伙，有的民兵从家里往工地背粮食。李佑军也从家里往工地背粮食。

食堂师傅对他说，老李，你一天连一斤半干粮都吃不了，还背粮食来干啥？

甭管，你做就是。他跟食堂有约，先蒸做自己从家背来的粮食，不够了，再吃公家补助的。

李佑军在水库 5 年，往水库背了 5 年粮食，年年有节余。1975 年秋，周村团完成修建水库第一阶段使命，包括李佑军在内的许多民兵打点行李回家。食堂师傅找到李佑军说，老李，食堂还有你省下的五百多斤粮食咋办？言外之意，太多了，你得想办法弄走。

他拽着食堂师傅衣袖开玩笑，你个傻瓜，你咋不知道咋办呢？

他找到营教导员说这事："食堂存了我五百多斤粮食，今天我要打马回家，吃不着了，麻烦教导员将这些粮送给粮管所，或者给需要的人吧。"

他走了，将一个朴素农民的背影留在了大坝上。

粮食在 20 世纪 70 年代是多么珍贵的物资啊！许多人为了吃饱饭，曾冒着被"抓"的危险，去农村或集市偷偷买高价粮。而我们的"好管家"李佑军则将稀罕的粮食毫无保留地奉献出来。他垒砌在水库上的，除了气力、汗水和岁月，还有那颗心系国家的心。

3. 馒 头 丢 了

这是发生在总干渠上的一个故事。指挥部确定鹿传琴他们的设计方案后，技术组立即外出放线测量。

深秋季节，山里已经很冷。许多人披上了棉袄，村民家里也烧起了煤炭炉子。

那天鹿传琴安排技术员刘利光、汪燕带着几个民兵去野外勘察放线。照例，每人带上干粮、背着水壶和仪器，扛着杆子，沿着画在纸上的路去定位。

鹿传琴叮嘱他们，翻沟上坡，务必保护好仪器。仪器是测量人的眼。那台水准仪从瑞士进口，定位仪从德国进口，是全市当时最好的两台测量“武器”。这两件宝贝由刘利光和汪燕一人负责带一件。

尽快确定了总干渠行走路线，为水找到安心的“婆家”，赶时间撵进度成为主题。他们每天早上 7 点准时出发，晚上 6 点收工，午饭走到哪就在那里吃。一天下来，至少要走五十多里路。

在山里勘测，不同于在平直的马路上行走。他们是在没有人走过的荒山沟壑之间穿梭。正像刘利光所言，图纸上有路，他们脚下没有路。

中午时分，他们爬了两个山头，勘察了近三十里路。刘利光见大家有些疲劳，与汪燕商量，咱到那个遮风朝阳的崖下面吃饭吧。那天刮北风，呼呼地往人身上钻。

快到崖下时，一个民兵再也沉不住气，扔下包，急忙跑到一个旮旯解手。他那几天闹肚子，解手时间有些长。回来去取背包时，发现包里的馒头不见了。

已经走到崖下，坐在地上准备吃饭的同伴，听见咋呼，将眼睛转过去，问他叫唤啥？出什么事了？民兵以为谁把他包里的馒头藏起来，跟开玩笑。当他看到跑过来询问的同伴，个个脸上充满惊讶和茫然，知道没有人跟他开玩笑。

汪燕关心问，“早上是不是忘记带饭了？”

“没有，还有块疙瘩咸菜和一个咸鸡蛋呢。”

“路上丢了？”

“没有。往地上放的时候还在呢。”

谁拿走了？大家猜不透。

那个扛测量杆子的民兵家在当地，眨着眼说，是不是山狸子呀？还讲了一个类似的事情。那时，山里各种动物还挺多，山狸子、野獾、长虫（蛇）、刺猬经常窜来窜去，偶尔还会遇见与你瞪眼的狐狸。

那民兵恍然大悟，连跳三四条山崖去找山狸子，哪有踪影？

刘利光将一个馒头递给他，他掰了半个留下；其他人也掏出带来的窝头或者煎饼分他吃。大家本来很累，没想到一个捣乱的山狸子，让年轻人顿时忘记了疲劳，热热闹闹说笑起来。咱这里离蒲松龄老家不远，小心那些漂亮狐狸看中你。注意着点吧，你小子长得白生生的，说不定夜里狐狸要去会会你。

那民兵平时给工地上的战报和黑板报写稿子，见大家拿他开涮，并不在乎。自嘲道，巴不得碰上个狐狸精，咱都开开眼。也请它们帮帮忙。他大口嚼着同事给他的干粮，一边调侃自己一边说，坏事变成好事，吃了顿“百家饭”，还诌了首顺口溜：

馒头被偷大山中，
啃着咸菜喝冬风。
煎饼馒头大家送，
踏平山崖继续冲。

4. 歌　声　嘹　亮

团队的士气，无论营房、学校、企业，从来都离不开文艺宣传的鼓舞，今古亦然。人们的精神世界需要文艺的火焰。

1971 年春季，大坝合龙后的兴奋在工地上热烈鼓荡，如同山崖的花儿，吐着美丽的芬芳。脚赶脚望见了“五一”。会战指挥部商量，大坝合龙后，还没有好好庆祝一下，要借“五一”节补补这个遗憾。除安排放一天假，让大家歇息歇息外，还决定弄台大节目，丰富一下工地上的精神文化生活。

时任水库指挥的市委副书记陈宝玺安排，演出的事儿由张洪亮和翟慎德负责，可让淄博市文工团和张店文化馆多出些节目。

很快，演出任务分解到各个营团。消息也很快传遍了工地每个角落，大家盼着看场大戏。

会战期间，工地作为很重要的一个“战场”，精神层面的文化活动和宣传学习比较简单，途径主要依靠 4 个板块：黑板报、指挥部和各团编印的“水利战报”、工地广播和文艺宣传队。

大家喜欢看文艺宣传队的演出，目的是让空余的时间不像石头那样沉默。那时文化生活单调，大家除了看巡回播放的《小兵张嘎》《地道战》《白毛女》《英雄儿女》等露天电影外，更喜欢看自己的演唱或演奏的节目。尽管水平、唱腔远远不如专业演员，但大家爱听爱看。无论是歌声、琴声、戏曲、快板书还是秧歌舞蹈，尤其看到工地上的事儿被搬上舞台，由演员们表演出来，甭提多高兴。

文艺宣传能够鼓劲、提神，提高战斗力和凝聚力，其作用是毋庸置疑的。中国共产党建党 100 周年以来，无论在长征、抗日、南泥湾开荒、百万雄师过大江、抗美援朝哪个历史阶段，都离不开文艺的宣传和宣传的文艺。所以，水库会战那会儿，有经验的团营在组建队伍的时候，都有意识物色有文艺特长的青年。

周村团、博山团有十余人的文艺宣传队，张店团文艺宣传队有二十多人，淄川团组建时，没有直属的文艺宣传队，但其西河营和罗村营则非同小可，各有一支很壮观的文艺队伍，据说有位女演员自己就可以演“半台戏”，以至淄川团有了直属文艺队后，便后来居上，成为与张店文艺队相媲美的翘楚。

这些文艺宣传队的成员，只要没有演出任务，平时都在各个班组干活。他们在下工后，一个人或者几个人跑到隐蔽的山旮旯，模仿洪常青、李玉和、阿庆嫂亮亮嗓子，抑或哼唱《谁不说俺家乡好》《打靶归来》等歌曲。会乐器的摆弄一下笛子、二胡或口琴，打着快板，说一段山东快书给大山听。

“五一”前夕，一台大节目在金鸡山下上演。水库上的建设者，附近村的村民，前来支援的部队官兵和工人，都簇拥在黄土地上看这台大演出。

舞台很简陋，场面很热烈，几架白炽灯把现场照得通亮。十几个人的民乐合奏拉开帷幕，接着舞蹈、小合唱、二重唱、快板、二胡独奏、笛子独奏，京剧样板戏选段、歌曲演唱、“三句半”等等，依次在舞台上腾挪闪跃。

民兵们特别喜欢看那些表演工地生活的节目，看到演员表演抡锤的、掌钎的、推小车或者救死扶伤抬门板的，常常对号入座。对演他们的演员自然更有种亲近感，有的甚至跑到演员所在连队帮他们干活。

演出那晚，星辰缀满连着山的神秘苍穹。山风似乎也轻柔许多，小心翼翼地吹着清爽，将舒服送给这支劳作的队伍。自然界的一切似乎都来慰问我们辛劳的建设者。

演出结束不久，淄川团便开始着手筹备团部文艺宣传队。

淄川民兵团文艺人才很多。王锡亮和卢俊德自豪地介绍，仅就罗村营来说，能够上台亮开嗓门演唱的，能够拉出一个排。但是，会摆弄乐器的少，不如西河营。

西河营会乐器的人多。有个喜欢乐器的吴敬玉，1969 年上太河水库，只有十八岁。因为喜欢二胡，二胡声让他在水库上觅到一群文艺“知音”。会吹笛子的杜忠胜，弹秦琴的翟所秀，还有他的初中同学、同样喜欢二胡的吴现强等，共同爱好，使他们走到一块儿，形成一个音乐“小沙龙”。空闲时，这些文艺青年便合在一处，吹呀，弹呀，唱呀，黑黢黢的群山和时急时缓的长长淄河，见证着他们的琴声、歌声与成长。

琴声、歌声让西河公社的领导发现了。

在他们弹琴说唱的月夜，李副营长顺着琴声找到了他们。悄悄听完一首曲的演奏，问大伙：你们几个人啊？夜里，人们看不清这位领导的脸色，只感觉语气挺严肃的。

不等吴敬玉他们回答，副营长已经用眼睛点完了簇在一起的那几个人头。人怎么这么少？你们能弄台节目吗？

他们你看我，我瞅你，都不做声，不知道领导葫芦里装的什么药。

领导笑了。招呼大家席地而坐。开门见山说，你们能不能多组织些人，排练些喜闻乐见的小节目，到工地上或者大伙住的地方演一演？你们有了展示才华的用武之地，也把音乐和欢乐带给别人。活跃大家的劳动气氛，丰富咱们营的业余生活，你们说好不好？

大家一听是这事，提着的心一下子放了下来。高兴回答："好啊！"

当然好。艺术和音乐历来不单是为了自我欣赏，而是让更多的人得到享受。吴敬玉在他的回忆里，留下这样的记载：

> 有了领导的指示，我们就放手开始组织宣传队，挑演员，找乐队。西河公社的领导看到这种情景，立马决定，成立文艺宣传队。当时西河公社社长李兆亮非常支持。为加强领导，选派了广仁村张宗宏来担任宣传队队长。公社还出资金，派吴现强、李京晶去济南采购乐器，其中买回一架扬琴和一个竹笙。但是没人会玩（扬琴），一直闲置着。我感觉很新奇，天天围着扬琴转悠，试探。几天工夫下来，找到了音阶，找到了调儿，大约一周后，无师自通，扬琴响起来啦！我成为（西河营）第一任扬琴琴师。李京晶也无师自通，把新买的竹笙吹响了……西河公社社长李兆亮亲自给我们开会讲话，鼓舞士气，并宣布宣传队半脱产，推土任务减一半。这样，大家更尽心尽力排练演出，节目很快就造成了影响。当时，太河水库淄川团有两支宣传队，罗村公社一支，他们住在大坝北。西河公社一支，住在大坝南。工地上的人经常轮流看我们演出，对我们的评价是"南霸天"和"北霸天"。

这两支文艺队伍最终合二为一，代表淄川团或者工地指挥部外出参加许多演出。水库让吴敬玉和他的伙伴们有了展示艺术才华的舞台，艺术也让他们改变了命运。

听淄川宣传队在大坝合龙后演出的"数来宝"吧：

> 甲：我的家乡在海边，东靠水，西靠山。
>
> 乙：不用介绍我知道，你家一定在青岛。

甲：不对。我家住在海西岸，出来门口就坐船。要吃鱼，水中捞，放进油锅鱼还跳。

乙：瞧，真新鲜，你家一定在济南，大明湖靠在你家前。

甲：你猜这些差太远，我家前面两座山，淄河就从中间穿。门前修起人工湖，我家住在湖西边。山中湖，映群山；山风起，波浪卷，我家好像住海边。

乙：嗨！你说的是太河水库啊。

甲：对。参加水库第一线，面对群山来宣战。一放炮，群山颤，金鸡山一下削一半。兴修水利多打粮，我把工地当战场。

……

再说工地上的张店团文艺宣传队。他们演出的节目既多又新，常根据出现的新鲜事儿和典型人物编排出节目。正如傅山修所说，他们文艺队有“秘密武器”。究竟有什么“秘密武器”呢？原来，他们有位“科班出身”的核心人物，只要捕捉到信息题材，很快就被编写和导演出新节目。他就是大家熟悉的张店区文化馆的老馆长秦世立。

秦世立属于“三高”之人。一是学历高。1963 年从山东艺术专科学校毕业，便揣着报到证来到张店区文化馆工作。从此再也没有挪窝，直到从馆长岗位上退休。20 世纪 60 年代大学生奇缺，区县一级文化馆有大学科班出身的人才，可谓凤毛麟角。傅山修说，因为张店团文艺宣传队有这么个“秘密武器”，新节目不断亮相，使他们在水库上的演出很加分，每场演出无不收获满满的掌声。二是家庭成分高。三是个子高。淄博市戏剧协会原主席巩武威讲，秦老个头离一米九零不远，个高且长相“洋气”。秦世立的老同事、张店区文化局局长李东川曾讲过一个关于他“洋气”的故事。20 世纪 80 年代初，他们去济南灵隐寺公干。灵隐寺当时还被军管，执勤战士查验完介绍信，被允许进入。走进数步又急忙将他们拦下。众人不解，迷惑着问原因。战士严肃地说：“军事重地，外国人谢绝入内。”谁是外国人？弄得大家一脸雾水。后见战士盯看秦世立，大家才恍然大悟。把秦世立看作外国人，成为张店文化艺术界的一个美谈。

他究竟在太河水库编导了多少节目，人们说不清，但人们清楚记得《水库女民兵》《铁姑娘采石队》《我为革命推小车》等节目都出自他的手。秦世立看到因塌方而牺牲的女民兵张美花事迹报道后，很受感动，两天工夫，创作了山东琴书《歌唱英雄张美花》。节目一搬上工地舞台，受到指挥部赞扬，在施工民兵中引起很大反响。

当时文艺宣传队的成员年龄都不大，这些可塑性极强的年轻人，无论男女，在秦世立春风化雨般的感染下，由对文艺的喜欢逐渐演变成对文艺的倾心热爱。李东川说，曾经的一些年轻队员和演员受此影响，改变了人生轨迹。以后的工作大多没有离开文化和文艺圈，有的去了艺术馆，有的还担任了乡镇文化站的站长。

工地舞台上有位大眼睛姑娘很惹人注目，十七八岁，扎两条小辫，叫巩杰，是张店区文艺队的成员之一。她活泼，聪慧，能唱会跳，一台二十多个节目的演出，她至少要串演六七个，甚至还要多。一个节目演完，跑到后台换身服装，变换下发型，又蹬蹬跑上舞台。不知疲倦的样子和对艺术的感悟力，深得队长秦世立的喜欢。这个被民兵私下称作“小白茹”的姑娘，被前来招文艺兵的解放军发现了，拟招她入伍。当兵，尤其去当文艺兵，像《英雄儿女》上的王成妹妹那样，去边防、到哨所，给战士们唱歌多好啊！她高兴得跟好友们分享即将到来的幸福，想象穿上绿军装，到连队演唱的样子。可是，梦很快折翅，被严厉的父亲投了否决票。

太河水库放飞起来的军装之梦成为抹不去的生命遗憾。

她结婚了。有了孩子。女儿十八岁参加高考，她毫不犹豫支持女儿报考军校。当女儿穿上军装站在她面前的时候，曾经水库上的“小白茹”眼里涌满泪水，女儿在她退休之前，帮她圆了女兵之梦。那晚，张店人民公园的上空，飘来《年轻的朋友来相会》的清丽歌声：

再过二十年，我们重相会，伟大的祖国该有多么美！

天也新，地也新，春光更明媚，城市乡村处处增光辉。

啊，亲爱的朋友们，创造这奇迹要靠谁？要靠我，要靠你，要靠我们八十年代的新一辈！

……

缭绕动听的歌声与旋律，唱给自己，唱给梦想，也唱给一个不断繁荣富强的振兴追梦时代。

如果你是有心人，无论走进淄博市任何一座公园、植物园，或者居民喜欢聚集跳广场舞、下棋打牌的泉头、河边或小树林里，在那些说唱拉呱的银发老人中，说不定会发现“白茹”的同事和曾经在库区演出过的演员。

5. “唐宋元明清，不如党英明”

1976年7月26日，对张店区沣水镇来说，是个值得纪念的日子。那天上午，太河水库的水，沿着干渠终于流进了高炳旭村。

水进村那会儿，村里人几乎全部出动，顺着水渠追着看，脸上挂着从未有过的喜悦和舒坦。有的老太太脚小，行走不便，也让儿孙搀扶着，颤巍巍来迎接哗啦流淌的清水。水渠两侧插满了彩旗，站满了村民，有个村干部带头喊起感谢共产党、感谢社会主义的口号。旁边有个农民待口号刚刚落下，忽然大喊：“唐宋元明清，不如党英明。”这话一出口，随即一片热烈响应。

时间过去了45年，这句发自肺腑的话依然让人们记忆犹新。

是谁第一个喊的？

隔壁老赵吧，他平素喜欢写诗，弄顺口溜。

不，我听说是老刘头喊的。

究竟是谁？已在知情人的记忆中模糊。

“唐宋元明清，不如党英明。”这句老百姓创造的语言，不管谁第一个喊出，无不发自老百姓的内心。新鲜得颇如《东方红》之歌在黄土高坡唱响。这两句话已经不是一句简单口号，而是一种发自肺腑的挚爱表达，是一个时代的鲜活记忆。

流进沣水镇的水源自二干渠，该渠全长 10131 米。水经过临淄区边河乡徐旺村之后，便直入张店区地界。让沣水、南定、湖田、中埠、四宝山和卫固 6 个乡镇万余人，还有等待浇灌的 13 万亩土地受惠。

如果说张店区境内缺水，似乎不太公允和符合实际，但张店、尤其东南部所属乡镇四季水量分布不均衡，夏季涝，冬春旱成为常情。有人说“沣水水不丰，湖田田无湖”。有位老人谈到沣水原来有水，自淄川炭矿 1935 年发生大透水事故后，这儿的水就几乎跑光了。还有人描写，原来这里有一大片湿地，有水有芦苇，还有野鸭、野鸡之类的飞禽。大透水后，湿地就变成了龟板，再也见不到芦苇和野鸭野鸡了。

淄川炭矿在淄川区洪山镇，距离沣水约有四十多里路。

日本人把持下的淄川炭矿，曾在 1935 年发生过一次震惊中外和朝野上下的透水大事故，导致五百多人同时被淹死。想不到那次史无前例的大矿难，导致沣水从此缺水。

这话可信。

为了让缺水的地方用上水，淄川区修建了一干渠，张店区修建了二干渠，临淄区修建了三干渠，都是太河水库上的配套工程。

1975 年 12 月 15 日是张店区决定修建二干渠的日子。高炳旭村是指挥部所在地，那晚，村委那盏灯一直亮到深夜。傅山修和赵文远、孙以海、孙启贵、刘跃华、刘宗贵这些正副指挥，还有端木忠、赵玉山、张月生等技术人员，围着一张施工图商议方案。他们一支一支吸着烟，要议定出二干渠的行走方向和最佳方案。

人们还记得村民们投来的眼睛，期盼的，等待的，疑惑的，混合成聚光，盯向这群有决定权的人。居民渴望梦里的清溪河流快一点流淌过来，解放自己到数里外担水的肩膀，放下深井摇水的辘轴把和刺手的井绳。

水太缺了，每天用半脸盆水洗全家人的脸。有次辛家大姐用爸妈用过的水洗完脸，顺手将飘着油腻的半盆水洒向院子，结果被奶奶数落唠叨多遍：“妮子，咋那么不会过呢。”原来奶奶还没有洗脸。奶奶那天要去走亲戚，不洗洗脸怎么到人家家里去？已经退休的辛姐把过去的家事当笑话说，话语里依旧充满渴望和沧桑。

工地开挖，最欢庆的是缺水村的老百姓。那个盼劲儿啊，咋说呢，转变成了乡亲见面的问候。路上、集上碰到就相互打听，水渠弄到哪儿啦？有啥新消息没？有位老大娘把攒下的十几枚鸡蛋煮熟，送到离村五六里路的工地上，一个一个往建设者手里塞：“吃吧，孩子，吃了添劲儿，干活有力气。”有些小学生，暑假跑到工地上去搬石头、推小车，弄得浑身是土，满头大汗，稚嫩的手上磨起小水泡。

那种对水的渴望与期盼，不是久旱者，体味不到甘露降临的欢喜。

乡村盼水，许多企业也盼水。与湖田相邻的齐鲁石化乙烯工程早已投产，日用水量需要 27 吨以上。哪来那么多地下水供应呀？没有水，他们不得不压产。

村民的等待、期盼，企业的渴望成为最大的激励。原定一期工程时间 11 个月，提前 3 个月完成。

抢速度、赶进度的办法只有歇人不歇马，有的两班倒，有的三班倒。从淄博市水利勘测设计院退休的高级工程师赵玉山已八十二岁，他跟我讲过一件事儿：当时急需农田水利技术人员，但是没有啊，张店区水利局具有系统水利知识的专业人才只有他一个。怎么办？区里同意办速成培训班。每个公社（乡镇）抽一名初中以上文化程度的青年参加培训，由赵玉山负责培训，给学员们讲土方、石方、水准仪测量以及混凝土施工技术等，需要啥，讲授啥。学员边学边到现场实践，保证了二干渠的修建速度。那时真忙啊，感觉像在打仗，一环接一环，眨眼工夫水渠修进了村里。

水进村的高兴，很难形容，远远超过村里有了第一台电视机的兴奋。

缺水、盼水和旱涝不均的历史，在共产党领导下改变了。共产党领导我们改变贫穷，改变缺水，我们就念共产党的好，不忘共产党的恩。

受访的几位老人反过来问我，你说是不是？

当然是。“唐宋元明清，不如党英明”，就是当时人们感念的一个鲜明记忆。

6. 水库是节约出来的

1973年1月1日，元旦。有的工地给大家伙放了一天新年假，淄川团则没有放。总干渠开工不久，修建正忙。水渠沿线红旗招展，车轮滚滚，一会儿这儿放炮，一会儿那里炮响，一切都在紧张施工。

王复荣的儿子从广饶老家来看他，到家扑了空，来工地找他。他很高兴儿子提着两只活鸡来。他把鸡送到食堂，跟指挥部的人说，中午谁也别走，咱们有佳肴庆贺新年了。

他在工地上转了一圈，到生产组办公室看欧阳甲第。欧阳见团长推门进来，十分高兴。跟王复荣说，正想去找您呢。有事？王复荣问。欧阳说，总干渠开工五十多天，咱规定每开一方石头炸药只用0.222公斤，或用0.36公斤黑火药，导火线0.8米，雷管0.75个。可是，咱团18个营现在用药悬殊挺大，罗村营基本不用药，只用锤、錾和钎，已打料石540立方米。这样一来，每方料石可节约5毛7分钱。磁村营主要用黑药，每立方料石只需要1毛5分钱。但有个别营用炸药太多。咱需要料石10万立方米，开挖石方8万立方米，如果都像罗村、磁村两个营那样干，咱能为国家节约462600元。

46万多元，是个不小的数字，能够干很多事情。

王复荣听欧阳甲第这么一计算，眼前一亮，高兴地跟欧阳说，你这账掰扯得好啊，没想到能节省下这么多资金。明天咱开工地党委会，你在会上把这账再给大家仔细算一遍，大力推广罗村和磁村经验，把节约活动搞起来。

活动很有成效，工地费用大幅度下降。节约作为中华民族的优良传统，在方方面面留下踪影。

我们来看双沟营留下的一份食堂账单。1975年双沟营承担一干渠锦川渡槽施工任务，工地紧靠大牛山。民兵们在这里盖起土坯房。食堂也搬了过来。会计史承宗至今保留着食堂全部家当的明细单：

> 小菜板2块、大锅1口、耳锅1个、推水车1辆、推水桶2个、小水桶6个、木檩条9条、大灶用烟筒6条、油毡1卷，铁锨1张、杌子1个、凳子1条、扫帚1把、架筐2个、担杖1副、灯泡2个（25瓦）。

这些伙食家什已经简陋得无法再简陋。他们靠着这些炊具为双沟营三百多人做饭吃、烧水喝。保证民兵顺利完成长2002米、最高24米的锦川渡槽建设。在淄博市的历史上又创造了个第一。

我们再来听听黄家铺会计王凤玲挨批的事吧。

1973年夏天，指挥部分配给淄川团一车皮煤炭，有五十多吨，团部安排黄家铺营去淄川火车站卸煤，并负责运到工地。那天骄阳似火，会计王凤玲带着二十多个民兵一边卸车，一边运输。太阳将热浪喷洒在这群卸煤推车的人身上。王凤玲见大家累得张口气喘，有的干脆将被汗湿透的背心、小褂脱了，光着膀子干。王凤玲心疼这些挥汗如雨的兄弟，便给每人买了一根冰棍。这事让营长孙启春知道了。批评王凤玲，你疼他们，大家都理解，可是，工地上那么多人打眼放炮，推渣弄石，难道他们不累不热不出汗吗？一根冰棍2分钱，的确不多，但咱没有这份开支啊。王凤玲承认错误，自己付了给大家买冰棍的钱。

上面我们说周村“红管家”李佑军，把5年节约出的粮食交给了粮管所，他还是位修旧利废的“编外技工”。工地上小铁车、大抬筐使用率高，坏的也多。他瞅着那些替换下来的废铁篼子、龇牙咧嘴的抬筐发呆，能不能让这些家伙再为水库服务一次呢？他从大集上买来棉条，修编起抬筐来。那些只能当柴烧的废旧抬筐经他打扮，竟然焕发新姿，又一次被民兵抬到了肩膀上。铁篼子咋整呢？凡开裂的地方，他要么钻上眼，用铁丝缀好，要么拿到电焊师傅那里，请人帮着焊接。修好的铁篼子同样冲进了工地。单修旧利废这两项，除去买棉条和铁丝的钱，李佑军每年为周村营节省四百多元。

提高往大坝的运土速度，进一步节省人力，成为竞赛夺红旗的关键。周村团在陡坡处安装了爬坡助力器。爬坡器提高劳动效率，但是，爬坡器上的钢丝绳由于使用频率高、方法欠妥当，只用了一个月就报废了。李佑军看着堆在院子那条二百多米长废钢绳，又发呆了。五六百块钱买来的钢丝绳只用一个月，太亏了。这样用下去，一年得花多少？不行，得改。他跑到工地看爬坡器，摸钢丝绳，看了几天咂摸出了门道。那天，他带着油壶、扳手、钳子兴冲冲去了工地。先给钢丝绳打油，接着松紧螺栓，校正滑轮方向，把琢磨出来的管理方法一一告诉负责的民兵，教他如何保养等等。在他精心保养下，那条钢绳用了近半年。营长端来一碗热腾腾的豆腐脑送他，开玩笑说：“老李，你这钢绳“保姆”给咱省大钱了，奖励你碗豆腐脑……”

第十三章　水　润　青　绿

2022年10月下旬，我再次来到为绚烂秋色包围的金鸡山下，迈上熟悉的水库大坝。

是年雨水丰沛，一望无际的太河水库更加多姿多彩，水因山凸显妩媚，山依水则托出雄奇。透过秋日的宁静与辽阔，从坝顶俯视脚下的西溢洪道，五道宽宽的白链沿溢洪口飞泻而出，白浪翻卷，激荡轰鸣，有了黄果树瀑布的声响和“飞流直下三千尺”的可视镜头。

除了游人，还有一队戴红领巾的学生涌在大坝前，指指点点，兴高采烈地分享自己的发现。面对这些稚气的孩子，我想说，孩子们，你可知道这座水库的历史和故事？

1. 城　市　水　仓

太河水库的功能随着社会的进步发展、经济转型和人们的需求，也在发生嬗变。除了继续保留防洪、蓄水、输水浇灌与发电功能外，拓展了旅游的功能，丰富了红色文化教育与赓续优秀文化传统的功能，有了绿水青山就是金山银山的样板功能。还有一个越来越突出、越来越重要的功能——水仓功能。

这是淄博市所属张店、淄川、临淄三区近二百万人和众多企事业赖以生存和发展的“城市水仓”。

当我用键盘敲下“城市水仓”4个字时，心底陡然开阔，许多史料、见闻、话语、文件、故事一股脑地涌来，像水库飞泻奔淌的水链簇拥在键盘之下。

这座水库上的重要时间节点排队似的在水链上跳跃，以幻灯片或蒙太奇的影视镜头推到眼前。

1959年12月27日，淄博市人委向山东省人委呈报《金鸡山水库工程设计任务书》，为解决相邻乡村五六万人的吃水难问题、解决庄稼灌溉问题，请求立项兴建金鸡山水库。

1960年2月4日，淄博市接到山东省人委同意批文，金鸡山水库工程在这日破土兴建，有了第一次上马的建设人群和开山炸石的炮声。

1961年2月9日，因国家经济困难，太河水库作为山东省在建大工程项目之一，不得不停工缓建，有了第一次下马记录。时有两万余人参加建设，已完成土石方1480000立方米，水库大坝已展雏形。

1966年11月5日，淄博市人民委员会发出通知，太河水库续建工程是日启动。第二次上马拉开帷幕。各区调配四千余人，又一次集结在这片山凹之间。

1967年6月，续建工程被迫停工，第二次下马记录又一次被留在青山见证的淄河峪里。

1970年4月15日，河南红旗渠建成报捷不久，淄博市党的核心领导小组作出组织太河水库大会战的决定，于是有了第三次上马修建的记录。九万多名民兵，还有数万辆小车、抬筐、大锤、钢钎，从各区和厂矿企业云集于工地。

1971年3月25日，水库大坝实现一次合龙成功。

1972年5月15日，淄博市委在工地召开太河水库大坝首期工程竣工庆祝大会。

1972年11月5日，太河水库总干渠动工兴建。五千三百多名民兵又带着行李和工具，开始劈山凿渠。

1974年7月1日，太河水库第一次泄洪。新落成的西溢洪道第一期工程经受住了上游来水的重大考验。

1975年12月5日，太河水库灌区第二干渠动工；12月15日，第三干渠动工；12月22日，第一干渠动工，淄川区组织上万人参与该渠修建。

1976年4月8日，太河水库首次放水灌溉田亩。从水库兴建，到庄稼地喝上水，整整花了16年。

1979年6月，水库大坝用土、砂砾全部填筑完成，坝顶高程达到243.17米，实现设计要求。

1982年，水库大坝坝前220平台护坡翻修；234.5平台至坝顶完成水泥预制块护坡。至此，大坝工程全部结束，历时22年。

1989年5月11日，西溢洪道二期工程结束。至此，太河水库所有主体工程、主要配套工程全部完成，历时整整30年。

1989年12月，太河水库东溢洪道主要工程顺利完成。同年，淄博市人民政府第一次将太河水库列为特级水源保护区。

1990年3月14日，天大旱，太河水库干涸。这是太河水库兴建和蓄水以来第一次全流域干涸。

1993年6月15日，水库抢险应急工程完工。

1995年，淄博市人民政府第35次常务会议决定，将太河水库确定为淄博市生活饮用水水源地。用法律的拳头保护这片蓝天绿水。

1996年，淄博市十届人大常委会第26次会议通过《淄博市太河水库水源保护办法》，第一次将太河水库管理纳入法制轨道。

1998年1月1日，完成太河水库向淄川区罗村镇生活供水工程，有效解决和改善该镇15个村、22个企事业单位、超23000人吃水问题。

2000年4月12日，太河水库开始向临淄区大武水源地补充水源。

2001年12月30日，“引太入萌”（太河库水引入周村区萌山水库）调水工程竣工通水。

2005年4月6日，太河水库与张店区沣水镇签订供水合同。

2005年9月1日，淄川区政府与太河水库管理局签订供水协议。

至此，淄博市所辖5个城镇区，除博山区之外，其他4个区，即张店、淄川、临淄、周村皆与太河水库签订了供水合同或协议。在伸向每个家庭或企事业单位的自来水管线里，有了太河水库供应的水流。

我们继续往下看几个年份：

2009 年 5 月 12 日，太河水库除险加固剩余工程通过省级竣工验收。标志太河水库已经达到百年一遇设计、两千年一遇校核防洪标准。

2010 年 12 月 12 日，是个非常重要的日子，淄博市的重大项目工程之一的“引太入张”（太河水库水流引入张店区）供水工程隆重举行通过竣工验收仪式，时距太河水库兴建整整 50 年。

2019 年夏季，太河水库经受住了山东省少有的“利奇马”台风与暴雨考验，屹立在山间，守护着下游乡村企业的财产和人民的生命安全。

2020 年至 2021 年，淄博市投入乡村振兴重大专项资金，用于修复东桐古段输水干渠。

2024 年 4 月，向社会公示了《淄博市太河水库饮用水水源地保护专项规划（2024—2035 年）社会稳定风险评估》。

面对这些融有万千故事的时间节点，面对眼前这座让我们放心舒心的水库和充满诗意的一湖碧波，情感里有兴奋，有欢乐，有感喟，有痛点，当然，更多的是思索。

2. 引　太　入　张

“引太入张”在淄博供水史上有着非凡的意义。其全称叫“淄博市城乡同源同网饮水安全暨引太入张供水工程”。2011 年出版的《淄博党史大事记》这样记载：“引太入张供水工程竣工于 6 月 28 日，淄博市城乡同源同网饮水安全暨引太入张供水工程竣工仪式在新建成的净水厂举行。该工程可向中心城区日供应优质生活饮用水 10 万吨，并实现太河水、大武水、黄河水等水源的联合调度。”

市级党史大事是权威性的官方历史记录，每年从万千事情（件）里遴选十件，选择标准之高可见一斑。能够被列入其中，说明此事体例够大。《淄博党史大事记》里所用文字不多，信息量却不小。除了时间、地点，还有几个值得关注的醒目要素，一是水量，向中心城区的日供水量为十万吨；二是水质，为优质生活饮用水；三是与其他来水实现城乡联网，统一调度。为城区安全用水可靠性增加了一道保障。

这项工程的顺利实施和完成，恰在中国共产党成立九十周年之时，水利工作者为党的生日华诞献上了一份大礼。

“引太入张”工程，作为淄博市新世纪第一个十年里的重点民生项目，由淄博市委、市政府亲自挂帅督办，淄博市水利局主管，太河水库管理局具体落实。为弄清这项关系民生工程的前因后果，2022 年夏，我又来到淄博市水利局，采访该局党组副书记、副局长仇道华先生。“引太入张”工程开建时，他任太河水库管理局局长，并已在局长岗位上工作了 4 年。“引太入张”工程一筹建，他受命担任市输水工程建设项目部主任，专门负责这项有开拓意义的大工程。

我们知道，任何一个项目的推出，尤其涉及千家万户的民生项目，决策者绝不是为了施政的面子，更不是为了给自己脸上贴金，在于淄博中心城区和乡镇的水已经不宽裕了。

水乃生活之要，缺水怎么办?

这不是危言耸听。以张店区为中心的城区面积日益拓展，人口不断增加，企业、学校的数量也不断被刷新，而为中心城区供水的，近年来主要依赖客水和位于临淄区辛店镇的大武水源地。一处水源即使再丰裕，像趵突泉、黑虎泉那样兴奋鼓荡，也难以保证城区工商业和市民的用水量。淄博位于鲁中，面积不大，却是我国 110 座严重缺水城市之一。全市常年平均水资源可利用量仅为 9.83 亿立方米，人均水资源可利用量仅为 232 立方米。这个数字与全国其他城市比，不足全国人均水资源可利用量的九分之一；与省内其他地市相比，尚达不到全省人均水资源可利用量的三分之二。降水量少，地表水不足，地下水有限，对淄博城市发展而言，其影响难以低估。况且，1989 年和 1990 年遭遇历史少有的特大干旱，导致全市农业受旱面积多达 13.33 万公顷，40000 公顷基本绝产。2000 年淄博又一次遭遇大旱，临淄区许多机井抽干报废，主要供水的临淄大武水源地水位下降，一些等水喝的庄稼得不到浇灌，青苗萎缩以至枯死在地里……

缺水，给全市人民又一次拉向了警报。

缓解缺水现状，改变水资源紧张局面，成为一个城市能否得以发展与进步的战略命脉。

让企业不再“喊渴”，让居民放心用水，“引黄入淄工程”伴随新世纪而来。黄河水进城，极大地缓解了淄博中心城区的用水问题。淄博水脉里，第一次有了被称作“客水”的黄河之水。“奔流到海不复回”的黄河水，从此在淄博人的茶杯里沸腾。

两股水合龙，能否让淄博中心区域从此一劳永逸，远离缺水窘况，谁也不敢打包票。水脉与水系的变化，社会经济与城市发展走向，都是动态的。月有阴晴圆缺，水也有涨有消，万一出现缺与消的歉收景况，我们该如何应对？

仇道华到太河水库管理局工作之后，经常沿水库上下和一干渠、二干渠、三干渠察看，思索如何让这泓清水发挥更大作用。他把这泓水叫做“战备水”，张店和附近乡镇一旦缺水，这股“战备水”能否立即派上用场？

为了解决缺水村的人畜用水和土地灌溉，太河水库之水尽管在20世纪80年代初已引入张店区沣水镇，但没有与自来水管线相连接，也没有继续北行进入张店城区，远水怎能解近渴呀？仇道华向市领导和相关部门汇报这些想法，邀请省市区三级人大代表到太河水库视察。水患与水的危机意识很快得到响应，人大代表开始重点关注身边的水。引太河水入张店的代表提案也摆进了淄博市人大常委会的议程，出现在市委书记、市长的办公桌上。把太河水引进城，给城区水网再加一道保险，不能临渴掘井和临时抱佛脚，“未雨绸缪”成为上下共识。

2008年1月8日，在淄博市第十三届人大会议第一次会议上，政府工作报告第一次向全市人民明确，将太河水库向中心城区供水工程列入淄博市五年工作计划，并列为市级重点工程。

2009年7月，山东省发展改革委下发（鲁发改投资〔2009〕974

号）文件，对《关于淄博市城乡同源同网饮水安全供水工程输配水管网建设项目可行性研究报告》予以批复立项，批复工程总投资两亿一千五百六十九万元，其中输水工程投资超过九千九百五十八万元。

是年8月，淄博市水利与渔业局颁发文件，对《关于淄博市城乡同源同网饮水安全供水工程输水工程初步设计》给予批复，批复概算总投资为九千七百七十九万余元。

全部由政府投资。

水利人捧着那两份沉甸甸的文件，笑了，在山里鼓荡的太河水终于进城了。

淄博人放心了。中心城区的人笑了。

太河水脉历来有天然山泉水的美誉，今天终于不出家门，就可以用上好的水沏茶煮饭了。

投资九千多万元人民币，捍卫近二百多万人的家庭水缸，这钱花得值。

我们来看这项关系千家万户的用水工程。“引太入张”安全供水工程包括两部分，一是输水工程，二是净配水工程。输水工程全长31.1公里。由太河水库放水洞引水，经过26.3公里的总干渠，到达我们已经熟悉了的临淄赵庄分水池。全程流经淄川区太河镇、黑旺镇，临淄区边河乡，张店区沣水镇，涉及29个自然村，还有潍坊青州市的庙子镇。也就是说，三十多公里长的路径，要跨两市、三区和五个乡镇。继而在张店区沣水镇梁鲁村新建净水厂，由此接入城区自来水供应管线。

“文件”对工程总工期做了严格限定，共14个月。

14个月相对于太河水库修建时间而言，的确有些不宽裕。况且输水管线所经之路，山区居多，地形较为复杂，要贯穿总长超过3600米的7座石洞，长度超过2240米的12座土洞，还要穿越长短不一的24座渡槽。尽管如此，也不用怀疑和担心400天他们能否完成。信心与使命永远是克服困难的法宝。时代发展了，科技进步了，太河水库凝聚传承的艰苦创业精神依然在赓续。况且新世纪的施工技术与管理要素，与挖建太河水库主体时的一切已不能同日而语。放眼南水北调、高铁桥涵、港珠澳跨海大桥等项目，这些称之为中国建设地标的靓丽风景线，无不证明中国工程建设技术已经走在了世界前头。

开建这段工程，也不用担心因为时间紧、工程量大、会“快了萝卜不洗泥”。质量无须担忧。手边这份写于2012年的《建设管理工作报告》告诉我，工程一经筹备上手，质量就印在淄博市水利局领导班子和仇道华他们的脑子里。我引几段文字，看他们是怎样来严把质量关的：

为确保工程质量，结合该工程特点建立了三个质量管理体系，即政府部门的质量监督体系，建设（监理）单位的质量控制体系和施工单位的质量保证体系。

施工过程中质量保证体系按照法人负责、监理控制、施工单位保证、政府监督的原则开展各项工作，施工单位严格按照施工规范、设计文件、合同约定，采用“三检制”等措施进行质量管理；监理单位严格按照监理合同的约定开展各项工作，实行工序报验、重要隐蔽工程和关键工序旁站等原则进行质量控制；法人单位定期对监理单位和施工单位的质量行为进行检查，发现问题及时督促整改，并参加规范规定和合同约定的质量管理行为。质量监督项目站定期对工程建设行为进行全方位的监督和检查，发现问题及时下发监督检查整改通知并定期复查，直至问题彻底解决。

各分部工程完成后，由监理部门及时组织各参建单位进行分部工程的验收工作。

在施工过程中，监督承包商严格执行施工合同，按照批准的设计文件和国家行业技术标准要求，对工程质量、投资、进度和安全进行控制。每周召开一次监理例会，每月核实一次完成的工程量，签发工程付款凭证。协助建设单位进行单元工程、分部工程、单位工程的质量评定及验收工作；协助设计单位进行设计变更工作；协调建设单位和承包商的关系，处理违约事件。

从上述表述中，我们不难看到，他们没有因为工程紧张而忽视对质量的管理。也没有给任何问题“找借口”“开后门”。他们将现代管理中的合同管理、定责管理、目标管理、跟踪管理、问题管理、分段管理等技术要素合理穿插使用，环环相扣，使这项全市人民瞩目的工程以“优良”工程圆满落下帷幕。

民心工程就要站在民心上去干。仇道华说，这项工程自 2011 年 7 月 28 日通水试运以来，安全达标，没有跑冒滴漏，流量完全达到 10 万立方米每天的设计供水规模。

“引太入张”供水项目从竣工到现在，已经过去十多年了，回望隐蔽于山间地下输水管线，对于合理配置和利用水资源、保障城乡居民饮水安全、进一步增强城市承载的水利服务功能、促进经济社会全面协调可持续发展，具有重要且深远的意义。

望着他抽烟瞭望窗外的背影，两句话出现在眼前：“待到山花烂漫时，她在丛中笑”。这即是仇道华一个人的胸襟，更是淄博水利人的胸襟与时代担当。

3. 问渠那得清如许

我在其他地方采访时，曾经问过不同层阶的人士，守护一方水土，促进经济发展，保持社会稳定，人民安居乐业，主要靠什么？这是个大命题，可能一两句话回答不清楚，但有一点可以肯定，把人民的事情装在心里，想人民所需，解决好、处理好老百姓的“急难愁盼”，超前谋划，守土（岗）有责，就没有解决不了的困难。

水也是。发展好全市流域的城乡水脉，成为所有水利人的不二命题。

我在水利系统采访，无论在河湖池塘边，还是在坝上，经常听到他们念叨“守护”二字，其使用频率远远高于其他行业。守护是什么意思？说白了，就是管理。管理本身不易，况且包括太河水库在内的一百多座水库大多藏在远离城区的地方。他们作为呵护水的一线哨兵，水就成为他们的哨位。

水库周围除了山，就是相邻的村庄。为了解决那些可言、抑或不可言的“难题”，他们在管理上不断探索新办法，去处理水利人与农民的关系，水务与农业的关系，环境保护与企业效益的关系，旅游与水质生态的关系，国家和个人利益的关系等。一句话，一旦有问题出现，谁也不能等，也等不得，必须把已经出现的、或可能会出现的问题处理好。解决好一个问题，等于给山林掐灭带火的一个烟头，给水系拦住一个污染源头。唯有这样，管理才会主动，充满迷人的魅力。

仇道华坐在我面前，回忆他在太河水库管理局任职的往事。

他又一次使用“魅力”二字强调带队伍的意义。2007 年，一场建局以来、触及观念和利益的大整顿活动在全局上下展开。主题被他简化为“三破三树立五不让”。内容毫无疑问是针对当时问题提出的。虽时过境迁，过去许多年，但听许瑞平、赵宝山等人介绍，依然给他们留有很深的印象。在浮躁的时候，在困惑的时候，在不知如何向前迈步的时候，怎样才能保持一个清醒的自我，不被眼前利益左右和迷惑。这些内容十分朴实，今天看也有意义，我把它抄录在这里，或许能引起人们一些思考。

“三破”很有力，对着束缚行为的观念“做手术”。破除看门守摊、求稳怕乱的观念；破除不求有功、但求无过的观念；破除只求过得去、不求过得硬的观念。树立兢兢业业、堂堂正正做人的道德风尚；树立任劳任怨、廉洁奉公的良好形象；树立求真务实、雷厉风行的工作作风。做到不让领导安排的工作在自己这里失误；不让职责范围内的事情在自己手上积压；不让各类失误在自己身上发生；不让来人在自己这里受冷落；不让水利形象在自己这里受损害。思想观念、工作标准、自身要求三者拧在一块，凝心聚力，既依法依规给附近村的农民讲道理，打造良好的水库周边环境，更将眼睛向内“刮骨疗毒”和“强身健体”。总之，管理只有敢于讲规矩，身板才能硬起来，当老好人不行，怕得罪人更不行。目的很明确，管理必须出效益，工作必须上台阶，让每个人成为岗位上的负责人。

敢抓敢管见成效了。半年时间，被“蚕食”去的土地收了回来；肆意钓鱼、炸鱼、游泳的现象被彻底遏制住；偷偷往河流排放污水的“老大难”问题得到有效控制，员工的工资奖金也由此水涨船高。

自信与惬意又回到曾经愁眉不展的脸上。

太河水库管理中心副主任许瑞平感慨说，那次活动让他明白一个理，管理者的腰杆子不能缺钙，软了不行。在法律法规范围内，要对一些违规行为敢说“不”字，如果畏畏缩缩地做“老好人”，不但管不好水库，还会给自己、给别人带来麻烦和烦恼。

一个敢，一个硬，激发管理者提升精气神。

道理说透，占公家便宜和损公肥私的现象就会减少。人的心里都有杆是非对错的秤，胡搅蛮缠的总是极少数。我很欣赏挂在他们办公楼内的两句话：城乡供水是太河水库发展根本；保护生命之源是太河水库生存根本。可以说，这“两个根本”发人深省，也是水库管理的要义。保护好这方水脉、才能保障好城乡供水，为这座工业大城的稳定、发展、改革、前进和 GDP 作出了无可替代的贡献。

心境与意识永远是启迪行为的力量。

回望 75 年的水利奋斗，一刻也离不开相伴相随的规划、制度、管理与维护，无论对水库还是对所有水脉，管理只有变化常新，永远不会画上句号。

数次与仇道华拉呱，他没有什么豪言壮语，却把保护水资源安全作为水利人头等大事说得严肃而明白。

他讲，保护好水源地治理好水脉环境，是咱们肩膀上的事，用必须、务必、一定这些词来表达其严肃性一点都不过分。管水库管水利的人没有第二个选项：不能让美丽的河流和水库湖泊再出现过去那些事情。

仇道华回忆，二三十年前，人们想发家致富，想当“万元户”，这都没有错，但不能忘了保护水脉。那时，对保护水源地的重要性认识不足，又因当时法律法规不健全，水利部门又没有执法权，无法让库区村镇的大小企业关闭或者挪走，即使个体户开的小饭馆、小商店也劝阻不得。所以，保护河湖水源，要有法治效力的“组合拳”，才能保证好美丽的水系颜值。

他依然记得与一些违纪者的斗争，也记得20世纪90年代那场大旱情。关于淄博那场罕见的旱情，淄博市政协原主席陈家金将其经历留在文字里：

> 1990年上半年，淄川境内除孝妇河排放污水外，其余大小河全部断流，地下水位普降20～60米，全区1481眼机井，枯竭986眼，占66.6%，造成全区大面积人畜用水紧张。城区日供水量由原来日采13000立方米锐减至5000立方米。299个村靠车拉人抬取水，有的村每担水高达0.7元。太河水库干涸后，一干渠沿线8个乡镇严重缺水，庄稼浇不上水，麦子颗粒无收，玉米基本绝产。水荒给城乡群众造成了严重的生产生活困难……

那年干旱相当普遍。淄川缺水，周村缺水，临淄缺水，有“小泉城”之称的博山城区也严重缺水。1990年出版的《博山区志》记载，该区有名的神头泉群、秋谷泉群、珠龙泉群和良庄泉群，“由于地下水开采量逐渐增加，现已全部枯竭”。秋谷泉群中的“范泉”位于清代大诗人赵执信故居内，其泉枯竭，使立于泉边的“山高水长”石碑，还有从明朝走来的那座“桥下行人、桥上流水”的后乐桥，桥下的范河失去了独有的魅力风姿。

面对严重旱情和曾出现过的涝灾，我们不能不去拓宽思考的维度和深度。毫无疑问，旱情与天气有着极其密切的重要关系，天公不降雨水，谁也无奈。除此之外，也给人们敲响警钟——怎样运用法律的武器，精准管理好人们的生命之本？为群众保驾护航，驾驭好生活之舟？

淄河和孝妇河沿途一带水质相当好，富硒，完全达到国家优质矿泉水的标准。明末清初史学家、文学家张岱曾在《禊泉》一文中赞淄水："昔人水辨淄、渑，侈为异事。诸水到口实实易辨。"（渑河在临淄区一带）话不多，却留下一段让人想象的至味佳话。

望着一泓蔚蓝水库和清澈流淌的淄河，我思绪万千，似乎看到"乡愁"二字在水面上跳跃。乡愁在余光中先生那里是枚邮票，在我的行程和接受采访的许多人心里，乡愁更是一种味道，一段石板路，一棵老树，一条小溪或者一眼清泉。呵护好清泉水脉，某种意义上就是呵护不会枯竭的乡愁。

4. 水 利 在 "利"

每逢碰到音乐喷泉，碰到儿童在水里嬉戏，碰到人们在河湖泉边纳凉或静静垂钓，就会想到"水利"二字。脑子便跳出一个有趣、或曰幼稚的问题，水利单位为何不用"力"字呢？如电力、火力、动力之所用。为什么在水利设施、水利工程、水利枢纽之类的表述上，毫无疑义地选用了"水利"，且古之亦然？这种选择，显然不是为了标新立异和卓然不群。大小字典、词典或者网络上都有解释，措辞尽管不同，其意则基本一致：用水为人类造福利之谓也。科学地利用水、使用水，是人类大智慧，前面提到的都江堰、宋代的范公堤，人们耳熟能详的大运河、红旗渠，当下壮观的三峡大坝、宏伟盖世的南水北调工程，还有我笔下的淄博水脉和太河水库，无一不是对"水利"和"利水"的完美书写。

水利之利——利什么？

其一利，利在当代。

解决好淄博缺水问题，解决好水系、空气与土壤污染这些无法回避的事情，成为蓝天保卫战和碧水保卫战的重中之重。

民生是生动的，也是具体可感的。不仅摆在历届市委和市政府的重要议题里，也摆进了淄博市人大常委会地方立法项目中，更成为水利主管部门和单位的主要使命内容。

我在水利系统采访，无论碰到谁，他们都跟我念叨，对自己选择干的事业很自豪，戏称自己是“水官”。无论管理哪座水库，哪条河流渠道，作为“水官”管辖的一方重要领域，管好水成为没有任何异议的首要任务。

市水利局局长于亦恩说，思路决定出路。干事情说得嘴皮子上起泡，不如扑下身子实实在在干几件实事。

仇道华回忆他的经历，不搞好城乡供水，太河水库自身会偏离社会期待和发展航道，不下决心保护好水源，要我们这一百七十多人在这里干什么？

一路风景伴随一路芳华，每个时期有每个时期的机遇和机缘。抓住就是一种进步。于是他们有了治水、管水的新措施。若用2023年“淄博烧烤”火出圈的那句话概括：若不尽责管好水，砸了淄博人民的水缸，对不起，咱就端掉谁的茶杯。

一言以蔽之，管好水，自己首先正起来，硬起来。那些歪的、野的、邪的、黑的，在水库、在河湖上下就没有市场。面对经济利益和民生，水利人亮出了正义之剑。

放眼来看，水的治理与管理已经超越一个人、一个单位的担当，而是淄博水利人的使命所在。

社会稳定离不开水，和谐生活离不开水，社会主义现代化进程同样需要水的保障与滋润。“水利万物而不争”的当代主题恒久不变，不但保证城乡人民不缺水，而且要让身边的水美起来、大起来，丰润起来。我从淄博水系管理实践中，有了“一斑窥全豹”的领悟，也略略清楚国家投巨资搞“南水北调”的重大时代意义和战略意义。

2022年5月，我与淄川区政协常委冯英玲先后去赵瓦、杨寨、土湾、大窎桥一带村庄看水。村民一听说来看水，七嘴八舌说他们的感受：现在的孝妇河从来没有这么俊过，这么清过。水质一好，沿河的树长得格外旺，每年蹿一大截子，鸟也多了。枕着水声睡觉，过上了神仙日子。

淄博矿业集团原党委宣传部王部长喜欢写诗，前两年乔迁，将新家安置在孝妇河湿地不远处。只要谈他新居便有说不尽的话题。他说，原来体味不到“千里莺啼绿映红”之类的描写，以为已经成为“过去式”的古代风景，想不到自己住进新世纪的风景里。

淄博知名画家田根承、李振奎、王光存、冯衍成、桑度云等都把自己的画笔倾泻在淄博大水墨里。“留住风景”成为他们的共识。博山大成电机厂职工孙建萍家住神头村附近，面对日日变化的孝妇河和文姜泉，情不自禁地留下一组组短视频，“水鸟掠着湖面盘旋啁啾，远处的水汽与水面融为秋水一色，曾经向往的江南水乡和眼前的美丽书签融为一体……”

华能白杨河电厂退休职工崔颖是淄博市有名制砚工艺人，他跟我说：“原来不愿沿着孝妇河遛弯，现在不一样了，河床硬化美化了，水清了，杂味没了，鱼多了，鸟也来了。鲫鱼、白条鱼、傻瓜鱼一群一群的。”

人们虽然天天与水打交道，可能不会感觉到水的伟大与意义，却在生活中享受水利人用汗水换来的成果。

水有万般柔性，也有“滴水穿石”的坚韧与刚性，水利人也将水的刚柔秉性集于一身，默默书写自己的芳华。

其二利，利在千秋。

一部中华民族的发展史、文明史、奋斗史，毫不夸张地讲，也是一部绵延不断的治水史、斗争史，不断兴水之利、除水之患的历史。中华民族的治水业绩有进入世界文化遗产的伟绩，有至今尚在利民的工程，也有许多为此拼命和贡献一生的先辈。如果将治水镜头从遥远的年代拉到中华人民共和国的年轮里，我们看到，兴建水库、改造河道、筑坝拦水、灌溉农田，如果说这是新中国成立后水利建设的基本主题的话，那么，改革开放四十多年间，治理大江大河，南水北调，贯通运河，焕发其利，推进生态安全和社会文明，更加光彩夺目，彰显着大国担当和大国气象。

请看我抄录在采访本上的这些事情，足以让享受改革开放和新时代成果的我们去分享水的幸福与快乐。

大江大河大湖的防洪减灾能力明显增强。江河治理力度不断加大，一大批控制性水利枢纽工程相继建成并投入使用。

三峡工程是治理和开发长江的关键性骨干工程，是当今世界综合规模最大的水利水电工程。

1994 年 9 月 12 日，治理黄河的战略性工程——小浪底工程正式开工。

1994 年 12 月 14 日，举世瞩目的长江三峡工程正式开工建设。

2002 年 12 月 27 日，世界最大的跨流域调水工程——南水北调工程正式开工。

南水北调作为世界上规模最大的调水工程，通过东、中、西三条调水线路，与长江、黄河、淮河和海河四大江河连通，构成四横三纵、南北调配、东西互济的水网格局，是实现中国水资源优化配置、促进可持续发展、保障改善民生、推动生态文明建设的重大战略性基础设施。

从 1978 年至 2017 年，全国水库由 75669 座增加至 98795 座，水库总库容达 9963 亿立方米，新增库容 6393 亿立方米，相当于 16 个三峡水库库容。全国堤防总长由 13 万公里增加至 30 万公里，可绕地球七圈多。

步入新世纪的第二个十年，金沙江白鹤滩水电站首批机组于 2021 年 6 月 28 日安全准点投产发电。

省市县乡村五级 120 万名河湖长上岗履职。全国上下实施母亲河复苏行动。

党的十八大以来，坚持习近平总书记“节水优先、空间均衡、系统治理、两手发力”治水思路和“确有需要、生态安全、可以持续”的重大水利工程建设原则，部署实施一百七十多项节水供水重大水利工程，推动现代水利设施网络建设迈上新的台阶。

也请诸位看看在新时代，淄博中心城区的水系管理和调配成果：淄博自东向西依次分布着淄河、东猪龙河、玉龙河、涝淄河、云影河、漫泗河、孝妇河、范阳河等 8 条主要河道。通过治理和常态化调水，这些河流如今实现了长流水和流清水。

无论哪个领域，哪个地方，什么成果，都是“中国速度”“中国智慧”与“中国能力”留在中国式现代化进程上的耀眼符号。

5. 水利是干出来的

或许我走过一些水库，看过一些河流，淄博当下的水脉生态已经与十年前、三十年前不能同日而语。水作为城市的灵魂更加生动，人与水的关系更加密切，也使城市的宜居温度更加精神和妩媚。

我多次留连在孝妇河湿地公园和淄博市植物园，在沂源河旁漫步，眺望飞翔在马踏湖上空的鸟儿，也去看萌山、石马、源泉、田庄等水库领略山中景色。掬水叩问，改变的力量来自哪里？

河流走向未变，水库大湖未变，可是，同样的河流与库湖则发生了巨变，河已不是往日瘦弱疲惫的河，湖也不是愁眉苦脸的湖，河湖已超越人们的思维速度在发生裂变。我追问自己，巨变的能量在哪里？我感觉到，太河水库传承下来艰苦奋斗精神，敢打硬仗的拼劲，不畏浮云遮望眼的胆识，正在人们身边发生着质的裂变。

2023 年冬，踏着还没有完全融化的积雪，我再一次走进淄博市水利局党组成员、副局长贾希征的办公室。他个头中等，白皙，说话干练，温文儒雅，极像大学任教的教师。

交谈中，方知他已在水利岗位上打拼 33 年，是位典型的“老水利”。我想，33 年干一件事，咬定青山不放松，肯定有故事。

时光与经历是故事的最好切入点。他像许多挚爱本职岗位工作的人一样，一说到水利上的大小事儿，话题瞬间涌了出来。

话题已开，便直入对水系的改造。改造就是治理。贾希征语速不快，娓娓道来，对水系、抑或水脉而言，治理是个恒久的大题目。淄博市作为重工业、化工业、陶瓷业聚集的城市，水质曾遭到过严重污染，也影响了市民居住环境。现在呢？早已不是原来的样子了。

他是淄川人，自己幼时家乡的景况历历在目，也记得蒲松龄夸赞孝妇河的话：“柳暗花明，水碧沙清。”而今不但要恢复好、保护好老先生笔下的漂亮生态，还要更上一层楼，让更美和更多姿多彩成为淄博的新图画。

2014年始，市委、市政府下力气投资改造治理淄博水脉。而今整整10年，10年不懈用功努力干一件事，颇如“愚公移山”，从孝妇河、淄河、猪龙河等所有河湖源头，到流经的沿途各区县，上下一张图，将“环境美”作为淄博治水的一张靓丽名片来打造。

他跟我说，你可以去采访任何一位市民或村民，看看他们的表情。说到这些，他有些兴奋，告诉我一个喜讯，孝妇河作为淄博市的“母亲河”，目前已成为淄博市“拥河发展”的一个典型案例，入选水利部《全面推行河长制湖长制典型案例汇编》，也被选入《山东省“八大发展战略”典型案例汇编》《全省深化推动黄河流域生态保护和高质量发展竞赛活动典型案例》里。

望着他那红润的脸颊，我也被深深感染了。孝妇河完全实现了蝶变。

功成不必在我，但成功的路上必须有我。我钦佩贾希征副局长讲的这些肺腑之言。

淄博人民翘首渴望的“清水润城”已经不是遥远的梦境，而真真切切在市民身边洋溢。“水韵淄博”的生态蓝图，也从梦想的画卷里徐徐展开，挂在人们欣喜的眼睛里。

2023年夏，我站在孝妇河湿地公园内的跨桥上，望着宽阔清澈的河水，游弋的鱼，飞翔的鸟，在沙滩嬉戏的儿童，休闲和健身的人群，感觉哗啦流淌的水里，不仅有让人驻足倾听的音乐和声，还有两句话在水浪上弹跳：水利兴则天下定、水利兴则仓廪实、水利兴则百业旺，斯言如是。

水利人干的何止这几条河呢？

老一辈人开渠挖河建水库，有老一辈人付出和贡献，现代人让水脉靓起来，丰润起来，有现代人的付出和贡献。传承的都是红色血脉里的红色基因。清江永流传的基因是不会枯竭的。礼敬贡献者，在于长河长流，把不忘初心夯实在每个细节里。

贾希征副局长拿给我一些资料，我突然明白现代水利与过去的不同，站位的、视野的、境界的、无不超越过去的思维，不再从一隅一地出发，而是谋全局。全局意识让我明白，淄博水网已被构成一张关系经济与民生的网，在社会和城市进步的大网里，一条河、一条溪，一座水库、一个池塘都不能少。

我在他的指点下，去领略水利人“八水统筹，水润淄博”的行动风采。

“八水统筹”是哪八水呢？是“引客水、蓄雨水、抓节水、保供水、治污水、用中水、防洪水、排涝水”的汇总。八水立体交叉构成一个水网骨架。

八水很全面，客水就是引入淄博的长江水和黄河水，雨水就是天上来水。其他的水都在我们身边。既有实施水环境的治理、水资源集约节约利用，也有水旱灾害防御、水生态保护修复能力的提高，还有全面提升河湖治理体系和治理能力共赴时代的现代化水平。总之一句话，八方来水，以人民为中心，推动全市经济社会高质量发展和现代化组群式大城市建设提供安全水资源，打造良好水生态和宜居水环境做保障。

远的不说，看看近年我们身边的变化。

2021 年以来，水利人组织实施城镇污水处理厂提标改造、工业污水深度治理、农村生活污水治理、雨污管网分流改造、中心城区调水配套工程等重点项目 95 个，3512 个入河排水口全部建立“一口一牌一码”。通过综合施策，2021 年，淄博水环境质量指数由全省第十三名一举跃升至全省第一名，至今稳居全省前列。

不断提升节约集约、利用效能的成绩斐然而醒目。还是看燃烧的数字。城市再生水利用率达到百分之五十一点多，新发展水肥一体化面积实现 18.77 万亩，全市万元 GDP 用水量较 2020 年下降 11.11%……还有许多值得我们骄傲的数字，这些有温度的数字汇集到 2023 年 10 月，“国家节水型城市”省级复核顺利通过。

安全永远是第一位的，水涝干旱都是社会和人民生命财产的安全天敌。两手抓两手硬此刻显得尤为重要。新世纪第二个十年一拉开帷幕，水利人便布局实施河道综合治理、山洪沟治理、水库塘坝的除险加固、雨水情监测预警等重点项目，想方设法用智慧、用科技、用胆识防旱防涝。投资四十多亿元人民币，治理小清河、孝妇河、淄河等骨干河道。成绩单很醒目。实现病险水利设施存量清零，中小河流达标率82.4%，这份业绩，高于全省平均水平。

2021年后，水利人躬耕用力河湖生态修复、水土保持和美丽河湖建设。美起来不是一句简单说辞，而是用脊梁和汗水筑造的成果。成果出现了，全市478条（个）河湖全部创建为市级美丽幸福河湖，其中还有30条（个）创建为省级美丽幸福示范河湖，并在全省率先建设出12个效益河湖。这是一份怎样的成绩单啊！

还有，全市重要饮用水水源地水质达标率稳定保持在100%，太河水库水源地成为全省唯一达到Ⅰ类水质标准的水源地。请大家记住，这是“全省唯一”。

还有，一度被人们疏远过的桓台县马踏湖，经过彻底修复改造，美丽重现，入选中组部《贯彻落实习近平新时代中国特色社会主义思想在改革发展稳定中攻坚克难案例》，获评全国首批“美丽河湖”优秀案例第一名，并被纳入党的二十大“奋进新时代”主题成就展。

名不见经传的淄博水利，已经乘上时代快车，跑在了前头。

我还得知，在2023年金秋10月，全国“美丽河湖美丽海湾优秀案例研讨会”在淄博举办，会议对孝妇河、文昌湖、马踏湖综合治理工作进行了专题研讨和现场观摩。

我每次到水利局去，看着熟悉的朴素院落，进进出出的背影，就会想到贾希征说的一句话，水是谦虚的，它往低处走；水利人又是高昂的，把八水之歌唱响平原山坡。

6. 生态文明，水利人不会缺席

生态文明，是当代文明的题中之义。水利人是这一文明生态的重要书写人。任何一个地方的生态衍化，都不可能缺了水的映照和滋润，水利人在文明建设过程中，是永远不会缺席的主力军。

2022年春，我问陈淑新，库区有没有子女接父辈班的“库二代”？他笑着回答：“本人就是‘库二代’啊。”

他的回答让我很有些意外。他接着告诉我：“现在不仅有七八位像我一样的‘库二代’，也有十几位‘90后’的‘库三代’。”

许瑞平和陈淑新一样都很感慨，他们“70后”这代人没有赶上修建水库，但走上了管理库区之路。既然选择了水，就不能只拿工资白吃饭，尽责任保卫好和管理好水库。他俩虽然已经迈上五十岁门槛，依然充满年轻人的飒爽和蓬勃。

他们对太河水库的喜爱是发自肺腑的，讲当下的库区越来越漂亮，水库景色越来越美丽，讲2019年抗台风和2021年抗大雨，讲水库职工怎样去巡检、去制止一些不当甚至违纪行为，也讲水库人的一些纠结和无奈。一句话，如果管不好这座水仓，怎么向全市470万居民、向10万水库建设者交代？

中国人有句话，叫“守土有责”。这群管水的人则以守水为天职，“守水有责”成为这群人立在心尖上的职责。

担当不需要过多的语言表白。为了今日水脉和水源地的安全、健康、丰裕，我想到采访过、至今还在与水打交道的人，还有杨寨村那些白发皓首的村民，还有淄博市水利局、太河水库管理中心、淄博市党史研究院的领导和专家，还有大口头村、东下册村、东崖村、山桥村、张庄村、响泉村、桐古村、台头村、西河村、土湾村、龙泉镇、昆仑镇、源泉镇、南博山、石马村、五龙村、域城镇、边河村、皇城镇、高唐村、齐鲁石化、淄矿集团、山东铝业、博山电机厂、淄博供电公司那些给我讲述真实故事的人，还有关心和参与过太河水库建设与管理的市区有关领导和专家……

管理担当的要义，比修建更恒久和更重要。我听到从“50后”到“90后”“水官”们的各种建议，他们用不同语速、不同乡音、不同语调、不同学识表达相同的心思和愿景：

依法管理是法治社会保证水资源不枯竭、水质不污染的最有效管理方式，要把淄博市人大常委会颁布的《太河水库管理条例》切切实实落实到位。

借鉴长江、黄河的管理模式和经验，由淄河区域管理向淄河流域管理转变；

管好淄博这座最大“城市水仓”，还有其他“水仓”，必须树立河湖水仓是我们大家的理念：谁家的水缸不擦得干干净净呀？除了水利管理部门，自然资源、环保、文旅、公安等以及相关区县乡镇都要参与进来，形成合力，共同担责，形成有水的地方，就有人管理。

务必将生态文明建设和太河水库管理紧密结合为一体，将各级水库管理与乡村振兴拉起手来，与文化旅游管理结合起来，织成共享、共管的管理网，不能“敲锣卖糖，各管一行”。

在淄河上游两岸，尤其在移民移出的土地上务必搞好植被，防止“卷土重来”；杜绝任何不利水库安全和水质管理的设施、建筑、企业、餐饮出现；要与淄河源头的相关区镇搞好协调，确保源头不受污染。

听到这些似乎从河里捞出来的清澈建议，第一感觉是充满滚烫的温度。任何人、不管是城里人、乡村人，老年人、年轻人都没有置身事外，而是以一个市民或农民的良知，期盼包括淄河流域在内的山水更加美好。

太河水库作为淄博人民自力更生、艰苦奋斗的一座立体丰碑，艰苦创业的历史读本，应与英雄马鞍山、“太河惨案”纪念地、小口头村第一个党支部等融为一体，构成一条红色文化带，发挥爱国主义教育基地作用。

应该感谢守护家庭水缸和城市水仓的所有人。他们在不同时期、不同历史阶段，用自己的智慧、能力、付出，抑或可以使用的力量来保护、疏通、调剂、畅通我们的水资源，无论地表水，还是地下水。

他们和我们一样，黑头发黄皮肤，却用我们不熟悉的脊梁肩负让水脉清澈的重任。也感受上下同欲者胜的力量。当然，维护好水利之利，离不开所有水利人。

用绣花般的功夫去管理水系，需要撑腰壮胆的“尚方宝剑”，法律、法规作为水脉的保护神，也是水利人用来呵护水源、河溪、泉井等一切水的武器。

我从省市颁发的法律法规文件中看到，如今淄博任何一处水源地和河流都被法律之手所覆盖，而且十分具体详细。单就太河水库及其上游水系而言，法律有规定：

> 一级保护区：水库百年一遇设计洪水水位线（236.71 米）向外径距离一百米范围内的区域，饮用水引水渠纵深十米范围内的区域。
>
> 二级保护区：东至洪峨公路及淄河西皮峪村至东太河村段东岸纵深五百米，西至辛大铁路，南至源泉镇淄河桥，北至太河水库大坝范围内的区域（一级保护区范围除外）。
>
> 准保护区：水库上游淄博市境内整个流域（一级、二级保护区范围除外）。

保护区以不可逾越的法律红线，守护人们须臾不离的水脉。

近年，太河水库和其他 19 处水源地还被纳入《淄博市重要饮用水水源地名录》内。请记住文件里用了“重要”二字。

历史名相管子（管仲）在《水地》篇言：“水者，地之血气，如筋脉之通流者也。”水作为生命之源、生产之要、生态之基，早在齐桓公、管仲、晏子生活的鲁中名城——齐国故都临淄，就已经有了让他们刮目相看的清水流贯和水光潋滟。

在齐国故城西北处，还有一处向游人开放的遗址，即被称作齐国大城西墙的排水道口。遗迹全部石头垒砌，规规矩矩，虽时过境迁，依然挺立着旧时壮观模样。据考证，这一重要排水设施大约建于西周时期，兼具城市防洪排涝和守城御敌的功用，距今差不多三千年，一直使用到宋元时期。两千多年的使用期，长长的寿命该是世界级别的工程样板了。排水道口作为有效治理水系的见证遗迹，彰显着改善生活环境，让五谷排涝得润，保证丰收的古代智慧。确如《管子·立政》篇所道："决水潦，通沟渎，修障防，安水藏，使时水虽过度，无害于五谷。岁虽凶旱，有所秎获。"

"秎获"恰是水脉卓越奉献的写照。

"水是什么呢?"水利局长于亦恩像在问我，又像在自问自答。

"水是不可替代的自然资源、战略性经济资源、生态环境的控制性要素，在人类文明进程中地位不可替代，重要作用同样不可替代。水利既是农业的命脉，也是经济社会发展的命脉！一切与水有关系的，无不与生命有关系。防洪、供水、生态、粮食瓜果蔬菜丰收诸多方面的安全，无不建筑在水利之上，是实现中国式现代化的重要基础支撑和保障。"

于亦恩局长坐在办公桌前，话一入主题，就让人眼前一亮、精神一振，话语间充满对水的战略洞察，洋溢着对水利的自信和满满的正能量。

这位清瘦睿智的当家人，五十多岁，说话干脆、爽快，谈到水利，如数家珍。他对淄博的河流水系和各项水利工程莫不了然于胸。他指着墙壁上悬挂的"淄博市水系图"，从黄河、小清河说到淄河、孝妇河和沂河，从太河水库、萌山水库讲到引黄供水和南水北调工程。他尽管自谦是水利新兵，在我看来，则完全是位对淄博水脉有深入了解和独特见识的水利专家。

他讲，近年来，特别是 2019 年"利奇马"台风灾害之后，淄博市以防大水和抗大旱为主线，进入了水利大投入大建设大发展的新阶段，面对防洪、生态、经济和社会综合效益，先后实施了一大批重点水利工程。

在防洪治理上，2019 年至 2021 年，投资 56 亿元实施了小清河、淄河、孝妇河等防洪巩固提升工程，治理骨干河道 262 公里，骨干河道基本达到了设计防洪标准，全市河道防洪排涝能力大幅提升。

在水生态治理上，2021 年至 2023 年，投资 65 亿元实施了孝妇河生态修复工程，建成了从博山到周村出境段总长 64.7 公里的全市最大的带状公园，沿线已经建成投用节点公园、口袋公园、体育公园、湿地公园等 30 余处，成为贯穿我市南北的一条靓丽景观带。

在水资源综合治理上，坚持治污与治水统筹推进。在 2021 年启动实施了“八水统筹，水润淄博”水资源保护利用行动，“十四五”规划总投资 297 亿元，组织实施水环境治理、水资源节约集约、水旱灾害防治、水生态修复“四大能力”提升行动重点项目建设，目前已经完成投资 224 亿元，为全市水环境质量指数持续稳居全省前列、国控断面优良水体比例达到 100%，作出了重大贡献。

他条分缕析这些年的水利事儿。尤其说到投入与产出的各组数据，明显感到于亦恩局长眼里如同清河之水，波光粼粼，胸中充满热情，闪耀着一代水利人的光华。

成绩干出来了，但也成了过去式。在中国式现代化建设的新征程上，提升新质生产力能力，淄博水利人依然面临着新形势新任务和新追求。于亦恩话锋一转，平复一下略有激动的心情，继续讲述当下淄博水利人的故事。

淄博作为鲁中工业城市，地跨黄淮两大流域，目前已经构建起“南蓄北引，三河相通，两库相连，客水补源”的骨干水网工程体系。如果分开看淄博水网，现有 478 条（个）河湖，若将它们连接到一起，总长度可达到 2713 公里；有 2 座大型水库，6 座中型水库，还有 157 座小型水库，329 座塘坝。若从空中俯视，可谓星罗棋布。他喝口茶接着说，淄博盛水的“家什”不少，湖呀，水库呀，塘坝呀，可是总蓄水能力远远不够，我们只有 5.5 亿立方米。淄博依旧是全国 110 座严重缺水的城市之一，也是全国 80 座重点防洪城市之一。

水不多，还要防洪，矛盾不矛盾？淄博东南部是山区，北部是平原，旱涝不均。夏季雨水多，自然要防洪。他讲了 2019 年淄博“利奇马”台风暴雨，讲了 2021 年和 2022 年疯狂的大雨，还讲了郑州、北京和今年以来广东和广西发生的大水。

警钟长鸣历来不是一句空话，尤其对水利人来讲，警钟在耳一点也不虚。

他讲得很凝重。

淄博市的居民应该了解些本市的水情。

沿着水脉，又跨到他们正在追求和践行的现代水网建设上。

他在解释我提的几个问题后，感慨道，原来我们对水系、水库无不以管为主，管当然是需要的，更重要在“理”，理了就顺。一句话，你不理水，水不理你。

淄博水利有“理水”的优秀传统，让淄博水系顺起来、美起来，既要借鉴古代经验，更要用新质生产力的思维调整管理者的定位，走符合中国式现代化的水利之路，走“现代水网＋”的融合发展之路，运用新质生产力来推进淄博水网的科学管理与发展。

他站起来，踱步到窗口，望着满眼翠绿讲道，所谓淄博“现代水网＋”，说白了就是“1＋N”的现代水网建设和发展模式。

他掐着手指说，第一个是“水网＋安全”。这个很重要，关系国计民生和生命财产，一点不能马虎，必须实施好、巩固好。为了水网安全，2023 年以来我们连续搞了 48 项防洪治理提升工程，治理完成主要防洪河道超过 420 公里，除险加固了 15 座小型水库。从多次检查情况看，骨干河道基本达到规划防洪标准，病险水利工程的存量也被全部清零。

第二个是“水网＋民生”。没有水，或者缺水了、少水了，第一个受影响的就是“民生”。人们都有体会，家里停半天水，就难为得不得了。菜没法洗，马桶没法用。作为一个区、一个县，乃至一个市，若不能保证水的正常供应，我们这些大大小小的“水官”就无颜见江东父老。所以，这些年我们下力气抓城乡供水一体化，建立起黄河、长江客水与当地水互补共用多水源供水保障体系。现在全市城镇供水能力能达到 193 万立方米每天，农村自来水覆盖人口比例达到 99％以上。

第三个是“水网＋生态”。现在市民都感到淄博比以前俊俏了，也比从前靓丽了，没有臭水湾、臭水河了。听到老百姓的这些谈论，我们心里特别舒畅，仿佛得了大奖似的。这里面应该有治水、理水的功劳。

这些年扎扎实实做了几件事，坚持把山水林田湖草沙进行系统治理，实施水土保持，建设清洁型小流域；坚持孝妇河、范阳河等河流生态修复，恢复河流生态流量，维护河湖健康生命。我们从祖先那里继承来“驽马十驾，功在不舍”的精神，学习老牛耕地的精神，俯下身子，心无旁骛坚持干，干就有收获了。浅层地下水超采区水位、深层地下水超采区水位上升幅度均位居全国前列。除了累计创建 30 条（段）省级美丽幸福示范河湖之外，还完成 478 条（个）美丽幸福河湖的达标建设，示范打造效益河湖 12 个，孝妇河“拥河发展”也以示范典型的名义走向了全省。

“水网＋经济”是水利局上下抓的第四个“＋”。淄博作为缺水城市，必须下大力气纠正一些人对水的认识误区，还有大大小小的浪费现象。他递给我一份文件，只见上面写着，这些年，（他们）积极探索建立市、区县、园区、企业四级“水务经理＋专职水管员”的基层用水节水管理和服务体系，取水户计划用水管理覆盖率达到 100％，万元 GDP 用水量较 2020 年下降了 14.66％，万元工业增加值用水量较 2020 年下降 13.7％，城市再生水利用率达到 52％，公共生活领域节水器具普及率达到 100％，持续保持“全国节水型社会建设示范市”和“国家节水型城市”荣誉称号。

“示范”两个字吸引了我的眼睛。这可不是一般意义的“示范”，是“全国的示范”，多么了不起的成绩！开源不忘节流，实现同频共振，抓出了效果，影响了人民，社会与经济效益获得双丰收。

我们清楚，现在全国都在践行美丽中国建设，让美丽走近身边，不仅是号召和导向，更是一种动态的标率行为，这种行为覆盖每个区域，每个乡村街道和每户人家，人人都躬身而为，美丽才会在我们身边恒久绽放。

最后一个“＋”是“水网＋信息化”，再深入一步就是“＋智慧化”。神舟飞船在天上周游了，嫦娥号可上月球挖土了，AI 时代，智能化时代，水网怎样追逐先进的科技潮流，让科技为水服务是个大课题、新课题。

我知道，这些年，水利局一直在积极推进智慧水利建设和水利工程智能化改造，建成投用水旱灾害防御“一网统管”平台，推进建设数字河湖（库）和数字孪生流域，打造了数字萌山水库、数字孝妇河和沂河等示范典型样板，实现了数据资源一屏化、运行管理数字化、巡视管控智能化、数字孪生全程可视化，这些，已经走在了全省前列。

现代水网建设，我们刚刚迈出了第一步，在推进“十四五”重点水利建设任务的同时，目前已经启动“十五五”水利规划建设的相关工作，早规划，早主动，也是“笨鸟先飞”。

他望着窗外迎风摇曳的法国梧桐，深情地说：“我们爱我们的城市，就要建设一张集防洪安全、供水保障、河湖生态、资源管理、智慧水利等多功能为一体的富有淄博特色的现代化立体水网，真正在中国式现代化践行路上作出淄博水利人的新担当、新作为!”

从于亦恩局长办公室出来，阳光和煦地洒在熟悉的院子里。我与送我的贾希征副局长讲，水利人做了很多事情，群众知道的、了解的可能很少，但却能够从身边的变化切身感受到。我把在湖边、公园听到的谈论告诉他——老百姓在日常生活中的感受，实际在享受水利人付出的成果。

他很有同感，边走边说，市里领导多次强调要为老百姓管好米袋子、菜篮子和水缸子。水缸子我们水利人要管好。在健全和发展绿色低碳上、完善水资源总量管理上下些工夫。

在我的感官里，淄博水利与50年前、30年前甚至10年前都不一样了，用城乡巨变来形容也不过分。“淄博烧烤”之所以火出圈，除了美食，还有越来越靓丽的城市色彩。在温馨的城市行走，离不开管好老百姓米袋子，菜篮子和水缸子那句接地气、又富有哲理的话。这生命的“三子同科”，如同三方大鼎支撑着民生和民心，什么时候都小瞧不得。民众的健康、顺畅、放心、舒心、坦然、自信，无不从这几方大鼎起步，雕塑日复一日的生活和越来越美好的日子。水呢，也以自己的精灵，配合水利人不断挖掘智慧和潜能，运用数字化、智能化突破自我，向更高、更强和更幸福的目标进发。

曾参与太河水库建设的张福信先生曾在《太河水库赋》一文中，热情表达这层美意：

> 昔老子曰，上善若水，水善利万物而不争，处众人之所恶，故几于道。今众人云：壮哉太河水库，千秋伟业，灿烂辉煌；妙哉太河水库，百姓福祉，万古流芳；圣哉太河水库，滋润众生，地久天长！

无论千秋伟业、百姓福祉，还是淄博这个最大水仓和条条河流与湖坝的地久天长，关键在于一代代人的奋斗，将历史赋予的责任始终扛在肩上。书写掷地有声的实践和水利辉煌。

这一目标，如今人们看见了，感受到了，它在奋斗者手上不断突破和实现。你看，在人与自然和谐共生，厚植绿色，丰润碧水，装点群山。在推进美丽淄博前行路上，水脉作为不可或缺的生态廊道，不仅要满足防洪抗旱和供水，更要让河流、水库、湖泊成为城市的绿色屏保和生态文明的重要载体。

这一渴望的生命坐标，在勠力攀升中不断向高处推进。面对浩淼的太河水库、五阳湖和文昌湖，掬起汩汩流淌的淄江和孝妇河水，瞭望起伏逶迤的青山和霓虹灯闪烁的都市夜景，习近平总书记关于生态文明建设的嘱托在前面闪烁着光芒：

> 生态文明建设同每个人息息相关，每个人都应该做践行者、推动者。要强化公民环境意识，倡导勤俭节约、绿色低碳消费……推动形成节约适度、绿色低碳、文明健康的生活方式和消费模式。要加强生态文明宣传教育，把珍惜生态、保护资源、爱护环境等内容纳入国民教育和培训体系，纳入群众性精神文明创建活动，在全社会牢固树立生态文明理念，形成全社会共同参与的良好风尚。（摘自 2017 年 5 月 26 日《在十八届中央政治局第四十一次集体学习时的讲话》）

第十三章　水润青绿

红日、蓝天、碧水、低碳、节约、环保、科技，永远是时代的青春符号和生命前行的不朽华章；忠诚、敢赢、担当、科学、求实、创新，新时代的水利精神，“水清、岸绿、河畅、景美、人和”的生态愿景，更像一面耀眼的旗帜，在江河湖库之上猎猎飘扬……

跋

因为水在身边

自己对水有种天然的亲近，逢泉见河遇湖，都要去探个究竟，看个高兴，为什么如此，自己也说不清楚。

2020 年元旦前夕，淄博市党史研究院原副院长王世伟先生找我说，他们想围绕太河水库做些文章，拍摄一部纪录片，写一本书，如果可能的话，再与淄博市水利局和太河水库管理局（即现在的太河水库管理中心）办一个展览，全方位展现淄博人民艰苦奋斗的创业治水精神。他问我能否担纲此书的写作？我以为他们的策划和设计起点都很高，既符合时代精神和社会需要，也能够为淄博水利发展留些珍贵镜头，但没有想到他让我承担本书创作。那年，因为母亲过世不久，还没有完全从悲痛中走出来，加之还有一些其他事情做，当时尽管没有拒绝，也没有完全答应。

不久，为迎接和庆祝中国共产党成立 100 周年，淄博市政协主持编写《百年之光：党领导中国（淄博）工业百年里程》一书，邀请本人作为主创人员参与其中。期间，太河水库作为淄博市的一大亮点、一段红色血脉又被提了出来。

关于以太河水库为代表的淄博水脉，特别是淄博境内的孝妇河、淄河、沂河、猪龙河等河流治理，周村萌山水库、博山石马水库分别改建为文昌湖和五阳湖，桓台马踏湖、锦秋湖一改旧貌，太河水库作为淄博市重要水源地得到法律保护，无不给人留下深刻印象。在绿水青山就是金山银山召唤下，水美了，山俊了，但在享受美丽的同时，很多人并不清楚“水润淄博”的过程与细节，书写淄博水脉，并不是件容易的事情。

后经数次到太河水库，到五阳湖、马踏湖、孝妇河、峨庄、源泉等地察看水系，特别在了解太河水库30年建设经历，探访震惊中外的万米山洞后，写作便成为一种无法放下的担当。感觉若不把淄博水脉70年的建设历程表达出来，不把当年水库劳动者的吃苦、奋斗、激情、牺牲传递出来，作为一名写作者，似乎对不起那些成千上万的建设者。中华民族有“吃水不忘挖井人”的优良传统，当我们端起茶杯喝水、用水煮饭的时候，当我们漫步河溪休闲的时候，应该记住“为后代建水库、为水系改面貌、为淄博增美丽”的水利大团队。于是我推掉了一些事儿，专注本书写作。

一跑就是三年。

三年之间，迎来了中国共产党成立100周年，历经了新冠疫情爆发和全民防治。这些都成为人们记忆犹新的国家版本。在此阶段，采访相当困难，我便采用“游击战法”，疫情弱时，突击采访；疫情紧时，关在家里潜心写作。其间，得到许多组织和相关人士的支持。为创作提供了许多有价值的一手资料和素材，为还原历史、贴近现实、完成书稿提供了极大的方便。淄博市水利局党组书记、局长于亦恩先生专门为本书作序。淄博市水利局一级调研员仇道华先生、淄博市水利局党组成员、副局长贾希征先生更给予热情支持和帮助，审阅了全稿，提出了许多宝贵的修改意见，使书稿内容更加充实和完善。

淄博市水利局为本书提供照片，更使本书增色，增添了阅读吸引力。

本书出版之际，向给予此书大力支持的淄博市委宣传部、淄博市水利局、淄博市党史研究院、淄博市文联、淄博市太河水库服务中心、淄川区委宣传部、淄博市档案局、博山区档案局、杨寨村委会、大口头村委会等单位和部门表示衷心感谢！

向为本书创作和出版给予关注和帮助的仇道华、贾希征、王鹏、陈淑新、卢俊德、李成刚、韩裕、田裕娇、崔凤敏、孟明、翟乃文、薛燕、蒋衍岗、冯英岭、杨传勇、赵增双等领导和同道表示衷心感谢！

向所有关心此书创作的组织和朋友表示衷心感谢！

深深感谢家人在创作期间给予的理解和无私支持。

我和所有热爱这片土地和水脉的人一样，对淄博水利的未来充满热忱的期待，让我们跟随大河向上的不息浪花，到达一个未来已来的时代高点。

谨以此书献给为淄博水利事业付出心血汗水的所有建设者！献给中华人民共和国成立75周年！

书中若有不妥之处，敬请读者朋友批评指正！

蒋新

2024年6月16日

淄博母亲河的孝妇河源头：颜文姜雕像

穿越中心城区的孝妇河

孝妇河湿地公园：张店段

孝妇河湿地公园：淄川段

孝妇河湿地公园：周村段

博山五阳湖（石马水库）

周村文昌湖（萌山水库）

桓台马踏湖

高青湿地公园

张店段猪龙河

淄博南水北调工程

市民参观水务公司污水处理

新城净水厂

流经淄博全境的淄河

淄河中游

淄河岸边：临淄段

沂河：沂源段

齐盛湖公园

喷涌的博山凤凰泉

为了一方碧水蓝天

太河水库秋景

孝妇河湿地公园音乐喷泉

注：所有新旧照片均由淄博市水利局提供。